海上大型砂岩气藏开发中后期综合调整与开发策略研究

高东升　成　涛　杨朝强　著

石 油 工 业 出 版 社

内 容 提 要

本书以崖城 13-1 气田和东方 1-1 气田为例，研究了海上大型砂岩气藏开发中后期综合调整技术及开发策略，其成果可用于我国未来的海上大中型气田的开发工作。

本书可供从事海上气藏开发工作的人员及石油高等院校相关专业的师生参考阅读。

图书在版编目（CIP）数据

海上大型砂岩气藏开发中后期综合调整与开发策略研究 / 高东升，成涛，杨朝强著. — 北京：石油工业出版社，2021. 1

ISBN 978-7-5183-5172-5

Ⅰ. ①海… Ⅱ. ①高… ②成… ③杨… Ⅲ. ①砂岩油气藏-油气田开发-研究-南海 Ⅳ. ①TE343

中国版本图书馆 CIP 数据核字（2022）第 007091 号

出版发行：石油工业出版社
（北京安定门外安华里 2 区 1 号　100011）
网　址：www. petropub. com
编辑部：（010）64523708
图书营销中心：（010）64523633

经　　销：全国新华书店

印　　刷：北京中石油彩色印刷有限责任公司

2021 年 1 月第 1 版　2021 年 1 月第 1 次印刷
787×1092 毫米　开本：1/16　印张：11. 25
字数：270 千字

定价：110. 00 元

前　言

南海海域天然气资源丰富，是中国海油天然气主要生产基地，亦是我国四大天然气产区之一。南海西部的莺歌海盆地和琼东南盆地是中国海油湛江分公司的两大天然气生产区，已发现天然气探明储量为3400亿立方米以上，三级储量及资源潜力超过万亿立方米。莺琼盆地的中国近海最大的合作气田崖城13-1气田和中国近海最大的自营气田东方1-1气田，探明储量均为千亿立方米左右。

海上天然气田的开发不同于陆地天然气田的开发，其有三大特点：一是高投入、高风险，体现在钻完井、采油、生产管理、工程运输及销售等各个环节，均要面临海上恶劣的作业环境、海况及气候；二是海上气田开发井大多集中在采油平台，由于平台空间有限，开发井大多为定向井、大斜度井和水平井，使增产作业和维修作业难度增加；三是对天然气的处理、运输要求高，海上天然气大多在中心平台处理后通过海底管线运输至终端处理后再销售，对输送安全性要求非常高。

本书系统总结了崖城13-1气田和东方1-1气田两个海上大型砂岩气田开发中后期综合调整技术和开发策略，为相似气田的开发和生产管理提供开发经验借鉴。

海上天然气田的开发从1996年崖城13-1气田投产至今，已取得了辉煌的成果，高峰年产气超过70亿立方米，创造了巨大的社会效益和经济效益，同时也取得了一系列重大技术成果，为后续投产的类似气田开发提供了重要指导作用，经过多年的研究实践到再认识再实践，形成了一些海上气田开发特有的技术。

（1）形成了海相强非均质性储层表征及预测关键技术：包含两大技术系列—层序、沉积体系控制下基于井资料的精细地震相约束储层沉积微相精细刻画技术和基于相控的多属性融合储层非均质性多学科综合描述技术。两大技术系列结合大地构造演化背景及多尺度沉积特征研究，重新厘定了东方1-1气田莺歌海组沉积模式，提出了本区特有的低位期沉积新模式，结合地震相研究，重新划分了沉积相及沉积微相；并综合多种地球物理手段完成了针对低渗透率、强非均质性储层的储层精细刻画及甜点预测，有效地指导了储量研究及东方1-1气田二期调整研究。

（2）建立了海上水驱气藏采收率标定图版：通过活跃方程及端点方程创新建立了考虑残余气、体积波及系数及水侵常数的水驱气藏采收率标定方法（图版）。

（3）通过引入气水两相拟压力，建立了产水气井产能方程，定量评价不同水气比下产水气井的产能。无阻流量随着地层压力的下降而下降，但是下降幅度减小，说明生产初期产能下降较快，中后期产能下降较慢；水气比越大，气井的产能越小，因此生产时应尽量减缓水的侵入；随着输气压力的下降，含水饱和度增加幅度较小，降压开采含水饱和度的变化对产能的影响较小，地层压力下降对产能的影响较大。

（4）建立了复杂组分气藏气田产（供）气一体化优化研究方法和技术。针对海上气井大量采用大斜度井或水平井由于井身轨迹复杂、井斜角大，也使得气田在压力、产能等气藏的资料录取和研究工作面临种种困难。另外，气田天然气非烃含量高，且气田内不同气井天然气层组分含量差异大，而下游不同用户不仅对供气量的需求不同，而且对供气层组分含量的要求也不一致，使得气田在开发研究、生产及供气等方面面临诸多难题。通过研究分析，最终形成了适合于海上复杂组分气田从气藏→井筒→井口→地面生产集输处理系统→下游的整个气田产（供气）一体化优化研究的方法和流程，编写了配套程序，保证了莺歌海盆地复杂组分气田上下游一体化联合最优化供气。

（5）形成一套海上气田从地下、井筒、地面生产系统的一体化降压提高采收率预测技术，成功指导了崖城 13-1 气田降压开采有效实施，为海上气田创造超低降压极限采收率提供了有力依据。

（6）建立了高温超低压气井治水工艺技术：形成一套高温低压气井治水技术体系，主要包括高温、低压、超深气井管内机械堵水技术，高温、低压、高渗气井暂堵压井技术，超深、大斜度、超大尺寸油管切割打捞技术，高温、低压、超深气井深穿透补射孔技术，高温气井气举诱喷缓蚀防腐技术，高温、低压、超深气井复合诱喷排水技术。

（7）通过多专业、多学科结合，从理论到实践，形成了一套完整的海上大型砂岩气田开发策略。

这套海上大型砂岩气田开发中后期综合治理技术及开发策略成果在崖城 13-1 气田和东方 1-1 气田用于指导实施调整井 2 口、控水治水井（包括补孔井）8 口，并实施了崖城 13-1 气田的降压开采。截至 2015 年底，已实现累计增气 9 亿立方米，预计整个研究成果在崖城 13-1 气田和东方 1-1 气田的广泛应用可提高采收率 7%左右。

随着中国海上天然气勘探的突破和新发现，在南海西部、东部及东海均发现了大型天然气田，在高温、高压、深水、深层气田均有重大发现，且储量均超千亿立方米。海上必将有越来越多的天然气田投入开发，总结海上大型天然气田开发中后期综合治理技术及开发策略，可为海上大中型气田高效开发提供技术指导及经验借鉴，为我国南海大气区的早日建成打下坚实的基础。

目　　录

第一章　气田地质特征

第一节　气田构造特征

一、莺歌海盆地区域构造特征

东方 1-1 气田位于莺歌海北部海域，东距海南省东方市莺歌海镇约 100km，构造位置上位于莺歌海盆地中央泥底辟背斜构造带的西北部。

莺歌海盆地位于海南岛和印支半岛之间，盆地总体为北西—南东向走向，呈长条纺锤形，其面积为 $1217\times10^4\mathrm{km}^2$。莺歌海盆地以快速沉降充填、高地温及高地温梯度、大规模异常压力体系和热流体底辟为重要特征，新生代最大沉积厚度超过 10000m。在大地构造上，莺歌海盆地夹持在印支、华南两个微板块之间，南部为南海微板块，为受红河断裂走滑作用影响的新生代转换—伸展型盆地，具典型的早期断陷、晚期坳陷的构造样式。莺歌海盆地的形成受印度板块作用的影响，在盆地东北和西南两侧形成北西向的走滑基底大断裂，盆地内发育向海倾斜的沉积楔，断层与构造少，但盆地中部泥底辟构造十分发育。

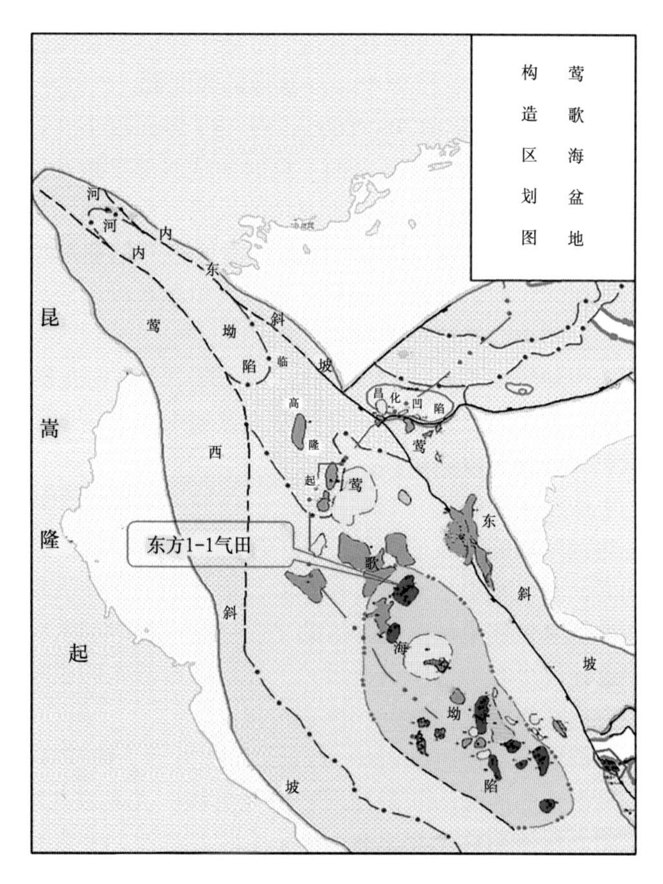

图 1-1　莺歌海盆地构造区划图

莺歌海盆地主要由东南部的莺歌海坳陷和西北部的河内坳陷组成，两个坳陷被临高隆起所分隔。据构造区划研究，由四个一级构造单元组成，即莺东斜坡、莺歌海坳陷、河内坳陷和莺西斜坡（图 1-1）。泥底辟构造带位于莺歌海坳陷，属二级构造单元，是由于泥底辟的发育而形成的一系列背斜构造，长轴近南北向，呈雁行式排列。东方 1-1 构造位于泥底辟构造带的西北端。

从始新世至今，莺歌海盆地经历了三个构造演化阶段，即始新世—渐新世或中新世初期的张裂阶段、中新世的裂后热沉降阶段和上新世以后的裂陷阶段，沉积了巨厚的、以海相沉积为主的地层，自上而下新生代地层可划分为6个组段、4个二级层序和21个三级层序。盆地边缘薄、中央厚，古近系分布范围窄，受断层控制，新近系分布范围大，地层从老到新，层层向边缘超覆，北边不断上升抬起，南部不断下降，沉积中心不断向南迁移。

二、莺歌海盆地沉积地层与沉积体系

莺歌海盆地在前新生界构造基底上，发育了古新统、始新统、渐新统、中新统、上新统、更新统及全新统。由于红河断裂右旋张扭作用的影响，沉降中心总体上由北北西向向南南东向大幅度迁移。从底部的冲积扇、河流、湖泊沉积向上过渡为滨浅海碎屑岩相，直至半深海沉积，总体显示一个海进充填序列。

古新统、始新统（Tg—T80）：莺歌海盆地尚未钻遇古新统、始新统，但钻井证实在临近的北部湾、珠江口盆地这两套地层为河湖相沉积，并含煤层，推测莺歌海盆地仍为河流湖泊相沉积充填。

渐新统崖城组（T80—T70）：顶部T70界面存在明显削蚀和不整合面特征。仅在盆地边缘钻遇部分地层，主要为含砾岩砂岩、中砂岩夹泥岩，属于冲积—河流—湖泊沉积体系的产物。T70以前，沉降中心在盆地的西北部。

渐新统陵水组（T70—T60）：在T70界面以上，盆地充填已从陆相过渡为滨浅海相，其顶界T60为一破裂不整合面。此时盆地北部已抬升，盆地北部的物源主要来自西北的红河，岩性较细，而东部来自海南岛的近源沉积物则以粗质为主。

下中新统三亚组（T60—T50）：盆地边部钻遇厚度0~205m，下部多为砂砾岩、含砾砂岩夹泥岩，向上为粉砂岩夹泥岩，沉积体系以滨浅海碎屑沉积体系占优。盆地南部开始下沉，沉积中心继续向南转移。

中中新统梅山组（T50—T40）；沉降中心略向北转，但南部仍继续下沉，沉积面积加大，越过Ⅰ号断层进入东北斜坡带。盆地中部已出现底辟活动，沉积体系仍以滨浅海碎屑岩沉积，尤其是以三角洲沉积为主。

上中新统黄流组（T40—T30）：以低海平面的粗碎屑沉积为主，地层厚度明显变薄，具有热沉降坳陷的典型特征。T40界面见明显冲刷，为不整合界面，早期（T40—T31）沉积期间，其沉积中心南移，在T40反射界面上，在大规模海平面下降的背景下，发育了大范围的低水位体系域；而其后的T31—T30沉积期间，沉降中心又向北西方向迁移了一些，并使盆地的可容纳空间迅速增大，在盆地西部先形成较为典型的陆架陆坡，其沉积体系由滨浅海向浅海、半深海沉积体系转化。

上新统莺歌海组（T30—T27）：T30以后，由于Ⅰ号断裂的再活动，沉降中心向东迁移，沿海南岛周缘的陆架（坡）开始形成，尤其在T27以后，随着南海盆地的急速沉降，沉降中心迅速南移，并逐渐退出了莺歌海盆地。来自海南岛的沉积大规模前积，最终自北向南将盆地填满，形成了碎屑供给充足的海退层序。钻井遇地层厚201~2325m，以灰色泥岩为主，夹水道砂，大陆架砂岩为浅海相—半深海相沉积。还有另一种地层划分方案，是将黄流组与莺歌海组合并，称莺黄组，再自上而下划分出一段、二段、三段、四段，后两段（T40~T30）属于黄流组，前两段属于莺歌海组（T30—T20），莺二段对应地震反射层组为T30—T27。

全新统：厚度66~1275m，上部为灰色黏土夹粉砂岩，下部灰色泥岩夹灰色泥质粉砂岩，为浅海陆架或陆坡沉积。

三、东方1-1气田构造特征

东方1-1气田为中浅层大气田，储层段位于新近系莺歌海组二段，划分为Ⅰ、Ⅱ、Ⅲ、Ⅳ、Ⅴ共5个气层组，气层主要分布在Ⅰ气层组、Ⅱ气层组及Ⅲ$_{上}$气层组（图1-2）。

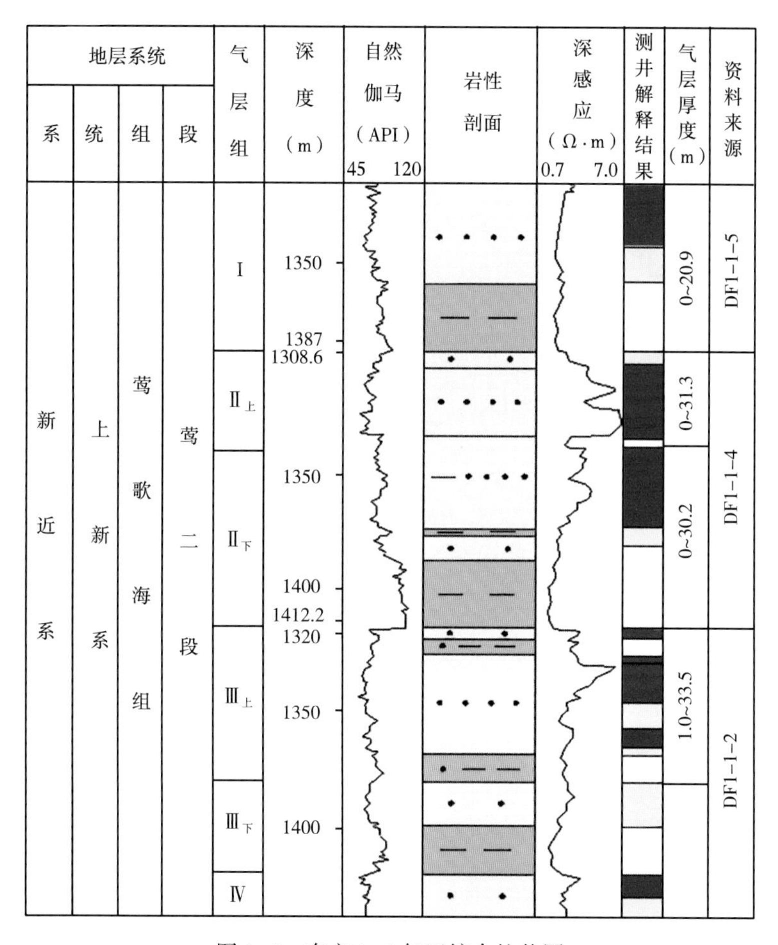

图1-2　东方1-1气田综合柱状图

东方1-1气田构造是一个近似穹隆状的短轴背斜构造，其长轴约21km，短轴约12km，构造面积大，超过200km^2，幅度大，超过200m（图1-3）。构造东翼产状较陡，地层倾角5°~10°，西翼较缓，地层倾角一般都小于5°。东方1-1构造属大型泥底辟构造，其构造特征和泥底辟活动密切相关。由于深部泥底辟的活动，导致构造中心地带发育南北向断裂复杂带，使得构造分区复杂化。深层的欠压实泥岩在高温高压作用下，塑性流动上拱，使上覆地层局部隆起，形成穹隆状的背斜。由于泥底辟是多期次活动，并具有较好的继承性，因此构造的发育也有较好的继承性。上下各层构造高点是重合的，构造中心部位即为泥底辟。Ⅱ$_{下}$气层组与Ⅲ$_{上}$气层组、Ⅲ$_{上}$气层组与下部地层之间呈现顶部薄、翼部厚的特征。

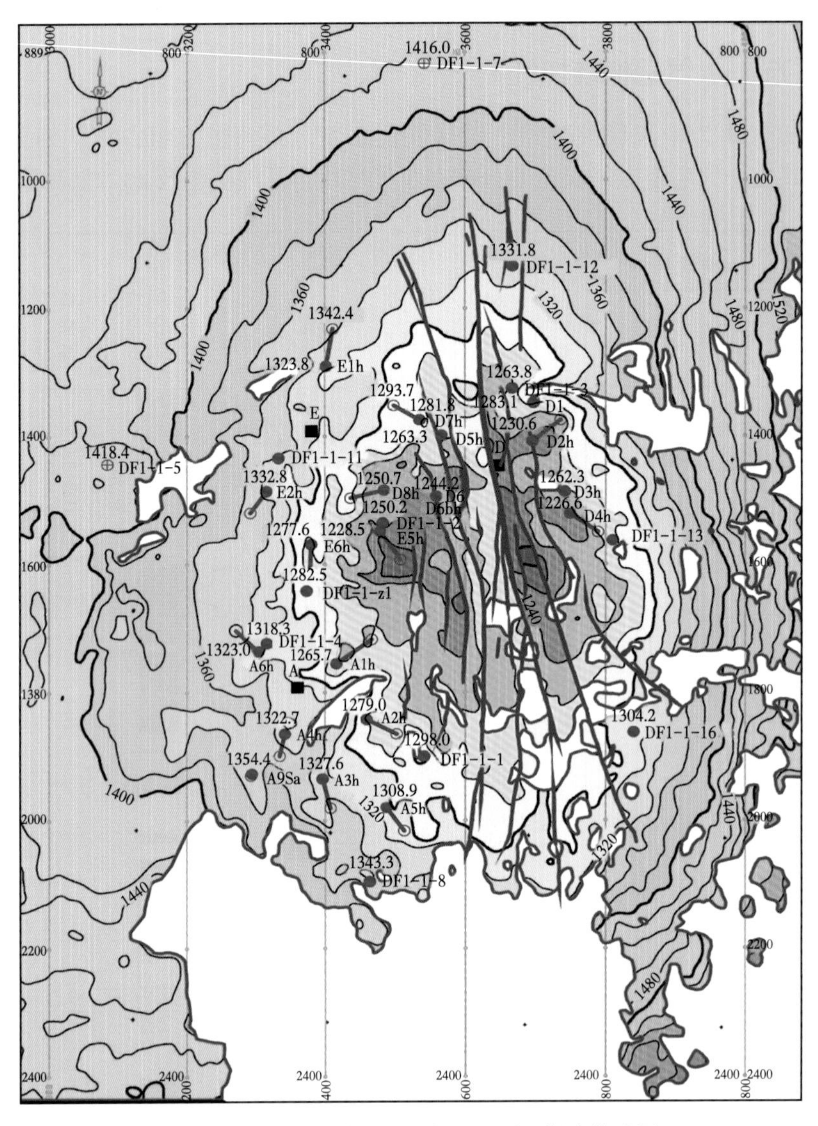

图 1-3　东方 1-1 气田Ⅱ$_{下}$气层组顶面深度构造图

东方 1-1 构造形成发育于浅海沉积背景，海流以泥流的特征对储层砂体进行冲刷、改造，使得最终储层段构造特征进一步复杂化，尤其在Ⅲ$_{上}$气层组南区和Ⅱ$_{上}$气层组，完整的穹隆状背斜构造被破坏，表现出构造+岩性构造的特征。Ⅰ气层组发育时，泥底辟不活动，局部构造的形成受区域沉积、构造格局的控制，发育数个构造+岩性砂体。

东方 1-1 构造的形成没有受到区域性大断层的影响。构造中心部位发育南北向断裂复杂带，复杂带由一系列断层组成，这些断层都是在张扭背景下形成的张性断裂。可识别的断层共 16 条，断层落差大小不均，有的落差仅为 4~5m。

四、琼东南盆地区域构造特征

琼东南盆地位于海南岛以南、西沙群岛以北的海域中，以Ⅰ号断层与莺歌海盆地分界。琼东南盆地是新生代沉积盆地，古近系—新近系厚度达万米，面积达 $4\times10^4km^2$。盆地进一步划分为三个次一级构造单元，由北往南依次为北部坳陷、中部隆起及南部坳陷。北部坳陷由崖北凹陷、松涛凹陷和宝岛凹陷等组成。南部坳陷由崖南凹陷、中央凹陷组成。琼东南盆地的构造发育及地层格架特征与莺歌海盆地类似。琼东南盆地具有早期裂陷、晚期热沉降（坳陷）的特征，属被动大陆边缘盆地。琼东南盆地作为一独立盆地主要形成于古近纪，以后逐渐发展为南海盆地的一部分，崖城 13-1 气田位于崖南凹陷的西北角（图 1-4）。

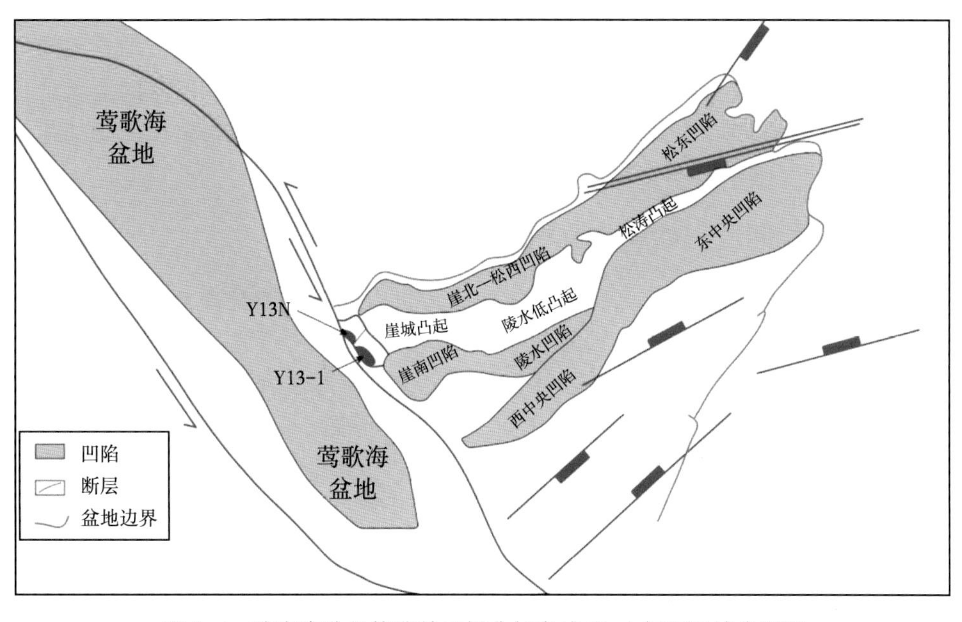

图 1-4　琼东南盆地构造单元划分与崖城 13-1 气田区域位置图

琼东南盆地是在古近纪基底之上发育的新生代断陷盆地，主要经历了古近纪断陷、新近纪坳陷大陆边缘拉张型盆地。从区域构造背景分析，琼东南盆地位于南海盆地的西北缘，而南海盆地又位于欧亚板块的东南前缘。盆地东面是太平洋板块，西面和南面为印度—澳洲板块，它夹于三大板块之间，故其形成和发展，与这些相邻板块的活动密切相关，同时也影响和控制着周缘盆地的生成与演化。

对于南海成因的机制，国内外的相关研究较多，主要有三种观点：弧后扩张说、陆缘主动伸展扩张说、碰撞—挤出说。南海区是三个板块联合作用的地区，各种作用交织、相互影响。印亚板块的碰撞挤出效应在很大程度上影响和控制了琼东南盆地的几何学特征及演化过程。

钻井揭露琼东南盆地及周缘基底的岩性主要为中生代花岗岩、浅变质岩和古生代的石灰岩、白云岩，亦有火山岩及少量沉积岩。这种陆壳性质的基底在大地构造单元上主要属于华南陆块。华南陆块基本上为古生代褶皱基底，但在侏罗纪—白垩纪受到强烈改造，表现为广泛的中酸性岩浆侵入，大规模北东向断裂活动及边缘上的陆壳增生。这些构成了本区新生代盆地发育的深部背景。

琼东南盆地张裂活动的发生不晚于始新世。始新世，太平洋板块向欧亚板块俯冲产生的伸展作用控制了琼东南盆地的形成。据前人研究，在这一裂陷作用发生时期，沉积充填的是一套陆相地层，在北部湾盆地和珠江口盆地，这套陆相地层已被钻探证实为良好的生油岩，但在琼东南盆地尚未钻遇。

渐新世，南海海底的扩张使琼东南盆地北部和中央坳陷带发生明显的差异沉降。裂陷范围进一步扩大，以半地堑、地堑等形式发生。在这一时期盆地开始发生海侵，沉积充填从海陆过渡相逐步发展到半封闭浅海相。

进入早—中中新世，琼东南盆地由断陷阶段向坳陷阶段转化，沉积充填逐步向开阔浅海相和半深海相演化。进入晚中新世—第四纪，盆地经历了一期与地幔活动有关的主动裂谷阶段，盆地发育了完善的陆架—陆坡沉积体系，并快速堆积了一套巨厚的上新世和第四纪地层。青藏高原自晚中新世开始再次发生快速抬升隆起，华南板块挤出活动加强，由此造成河流流向改变。这一时期玄武岩火山活动较为发育。

五、琼东南盆地沉积地层与沉积体系

琼东南盆地古近纪盆地处于断陷阶段，盆地凹凸相间，断裂发育，分割性强。沉积地层的分布受断层控制明显，往往在大断裂一侧沉积了巨厚的古近系。新近纪盆地进入坳陷演化阶段，结构较简单，断裂活动减弱并逐渐消失，同时海水大规模侵入。

始新统（T80—T100）：始新世，琼东南盆地初始拉张，早期 2 号、5 号、6 号、11 号等基底断裂开始活动，形成崖北、乐东、陵水、松南、松西、松东、北礁等若干个断陷，存在多个沉积（沉降）中心，构成了琼东南盆地的雏形。此套沉积分布于除崖城凸起、松涛凸起和中央低凸起外的广大区域。

下渐新统崖城组（T70—T80）：此阶段琼东南盆地继续拉张断陷，3 号、5 号等断裂活动强烈。崖城组遍布于琼东南盆地各凹陷中，沉积厚度一般为 1000～1200m。

上渐新统陵水组（T60—T70）：晚渐新世，琼东南盆地 1 号断裂、2 号断裂、3 号断裂、5 号断裂活动强烈，同时受渐新世晚期全球海平面下降的影响，使得以前的沉积层受到剥蚀。陵水组顶面（T60）表现为一明显的区域不整合面，这一区域不整合面将琼东南盆地分为上下两套沉积层。晚渐新世，琼东南盆地发生了大规模的海侵，海水自南向北逐渐侵入，使陵水组范围扩大。

下中新统三亚组（T50—T60）：此阶段除西部莺歌海盆地的 1 号断裂和琼东南盆地北部 5 号断裂仍活动较强外，其余断裂活动较弱，对沉积和构造一般不起控制作用，盆地逐渐过渡到坳陷阶段。三亚组广泛分布于崖北凹陷、崖南凹陷、松涛西凹陷、陵水凹陷、乐东凹陷，崖城凸起、宝岛低凸起之上。中新世早期 1 号断层仍在活动，崖 13-1 低凸起仍处于剥蚀部位，多数地区梅山组与陵水组直接接触。

中中新统梅山组（T40—T50）：据区域构造分析，中中新世构造活动有所加强，伴随全球海平面的下降，梅山组顶面（T40）形成大的不整合界面。梅山组的沉降中心南移，南部 YCH26-1-1 井钻厚 340.3m，而北部松涛 31-2-1 井仅厚 29.5m。

上中新统黄流组（T30—T40）：盆地沉降史分析表明晚中新世盆地断裂活动不强烈，黄流组沉积分布于除崖北凹陷之外的广大区域，沉积厚度近千米。南部沉积厚度由东向西增厚，LSH15-1-1 井钻厚 281m，而 YCH35-1-2 井钻厚达 717m。

黄流组以浅海相沉积为主，分布面积广，为平行连续地震相。钻井揭示 YCH35-1-1 井 4150~4404m（厚 254m）井段黄流组一段为浅海相沉积，岩性为深灰色泥岩夹薄层粉砂岩、细砂岩。

上新统莺歌海组—更新统乐东组（海底—T30）：此阶段琼东南盆地整体沉降，全面坳陷，除 5 号断裂、2 号断裂在个别地区断到海底外，其他各断裂基本消亡。莺歌海组、乐东组遍布整个盆地。

六、崖城 13-1 气田构造特征

崖城 13-1 构造位于 1 号断层的上升盘，东北、西南、西北三面高，东南低，而内部地层却呈现西南高东北低的构造趋势（图 1-5）。构造是在前古近系花岗岩、变质岩基底隆起上继承性发育起来的披覆背斜。渐新世末期至早中新世早期，区域性的解体不整合活动使隆起幅度增大，构造顶部地层遭受剥蚀，形成西部“秃顶”的半背斜。同时，在构造

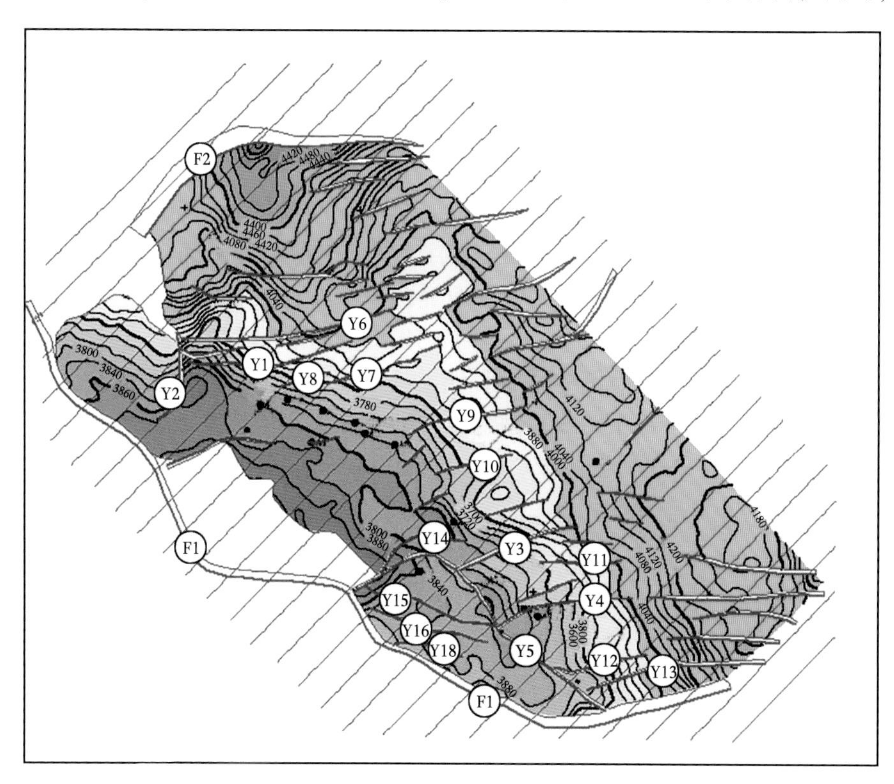

图 1-5 崖城 13-1 气田陵三段顶面深度构造图

的西北部和东南部各发育一条近南北向的侵蚀谷，西北部的侵蚀谷向下切入主力储层陵三段，将陵三段上部的地层局部剥蚀移去。早中新世以后，海水广泛入侵，三亚组、梅山组依次超覆在不整合剥蚀面上。梅山组厚层钙质砂岩和泥岩大面积覆盖在陵水组、崖城组和基岩隆起上，为崖城13-1砂岩（陵三段）形成地层圈闭提供了良好的盖层条件。因此，崖城13-1构造是在背斜构造背景上的地层圈闭，即构造—地层复合圈闭。

平面上，崖城13-1构造断层分布呈燕列式，沿北东向、北东东向和北西向展布。F1大断裂倾向向西，倾角大，是莺歌海盆地和琼东南盆地的分割断层，F2为边界大断层，贯穿整个陵水组，控制着工区的二级构造边界。陵三段上部与下部断层的发育、分布略有不同。陵三段上部沉积时期，北部断层非常发育，F2断层与Y1断层之间及周边发育较多次级小断层；西南及南部围绕Y2断层、Y3断层、Y4断层、Y5断层发育分散的次级小断层，其中大多数次级小断层未断穿陵三段；东南部发育Y6-Y11断层等6条延伸长度相当的断层，在剖面是呈阶梯式展布。陵三段下部断层发育数量有所减少，同时断层的平面长度也相对减小，断层主要位于工区的北部、西南部、南部和东南部。崖城13-1构造陵三段沉积时期为生长断层沉积时期，断陷作用较为明显，并且从下部到上部断层活动有逐渐增强的趋势，上部断层活动较下部活跃。

第二节　气田储层特征

一、层序及地层特征

1. 东方1-1气田层序及地层特征

1）层序特征

东方1-1气田含气层段位于莺二段上部，顶界面、底界面在莺歌海盆地内全区可识别，分别对应于地震反射界面T27和T28，层序上对应三级层序界面。

T27为较大的不整合面，界面上见较为明显的上超特征，界面下为削蚀特征。T27界面下未见到较为明显的前积沉积特征，反而识别出内部的准层序在朝陆地方向上超、朝盆地内部下超的特征，为典型的海侵体系域表现，且在T27之下，主要表现为海平面的快速上升时期，因此认为T27下部主要发育海侵体系域，缺失高位体系域。

2）地层（气层组）特征

东方1-1气田浅层气藏属莺二段（N_2y_2）上部。莺歌海组的主要含气层段为莺二段的Ⅰ气层组、$Ⅱ_上$气层组、$Ⅱ_下$气层组和$Ⅲ_上$气层组。

Ⅰ气层组为三套相互叠置的砂体（9井区、5井区、7-3井区），各套砂体具有相似的电性特征；伽马曲线形态上，砂体主体部位为中—低幅箱形，边缘部位为中—低幅漏斗形，接触关系为底渐变、顶突变，含气段中子曲线和密度曲线呈明显的镜像关系，Ⅰ气层组与下伏的$Ⅱ_上$气层组之间有一套厚度为20～25m的泥岩隔层，该套泥岩平面上分布较稳定。

$Ⅱ_上$气层组主体部位伽马曲线形态为中—高幅齿化箱形，接触关系为底渐变、顶突变，边缘部位由于受泥流冲沟改造，厚度减小，曲线形态无代表性；含气层段中子曲线和密度曲线呈明显的镜像关系，电阻率曲线自下而上呈由低到高的漏斗形；砂体厚度一般为30~60m，与Ⅱ下气层组之间有0~5m的干层或泥岩隔层，隔层分布不稳定，Ⅱ上气层组与Ⅱ下气层组局部黏连。

Ⅱ下气层组储层段伽马曲线形态为中—高幅齿化箱形或漏斗形，接触关系为底渐变、顶突变；含气层段中子曲线和密度曲线呈明显的镜像关系，电阻率曲线自下而上呈由低到高的漏斗形；砂体厚度一般为10~70m，顶薄翼厚；与Ⅲ上气层组之间有厚7~48m的泥岩隔层，泥岩平面分布较稳定。

Ⅲ上气层组储层段伽马曲线形态为中—高幅齿化箱形或钟形，接触关系为底渐变、顶突变；砂体厚度一般为40~65m，具顶薄翼厚特征，与下伏Ⅲ下气层组之间有厚5~15m的泥岩隔层，泥岩平面分布较稳定。

地震剖面上，各气层组顶往往具强反射特征；整体上Ⅲ上气层组北区连续性最好，厚度较大；Ⅱ下气层组次之；Ⅱ上气层组反射特征最强，但连续性最差，尤其在构造高部位，部分缺失，常与冲沟或微型废弃水道相共生，Ⅱ气层组、Ⅲ气层组南部均受到了后期较强烈的改造，局部地震反射特征与北区存在较大差异；局部区域Ⅱ上气层组、Ⅱ下气层组地震剖面上同相轴粘连，无法区分。Ⅰ气层组强反射特征明显，连续性较好，但存在分区分块的特点（图1-6）。

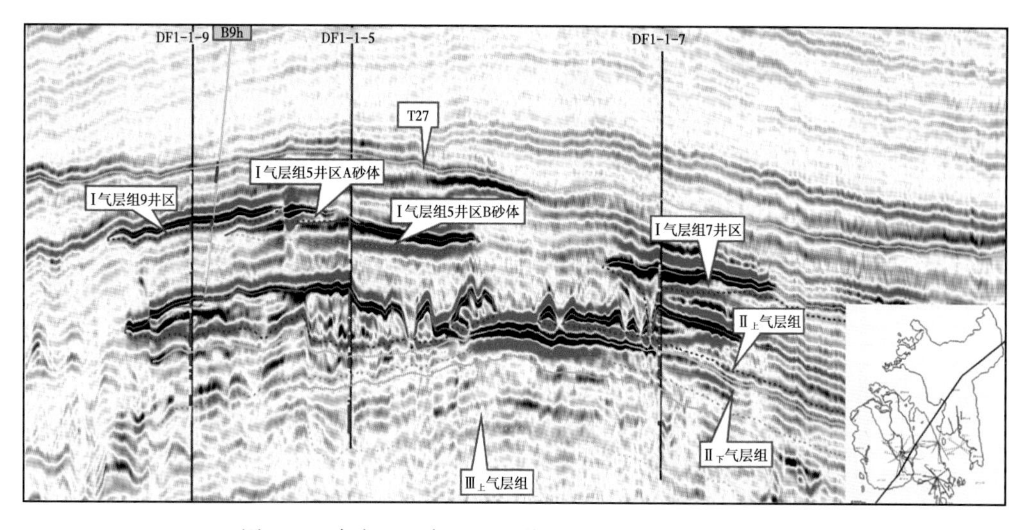

图1-6 东方1-1气田过9井—5井—7井地震剖面图

2. 崖城13-1气田层序及地层特征

崖城13-1气田主力层陵三段以含砾中粗砂岩为主，可见虫孔与生物扰动，砂岩段一般厚3~8m，夹有厚2~3m的泥岩，泥岩具有色浅质杂的特点，为粉砂质泥岩或夹泥质粉砂岩条带；可见薄煤层与植物碎片；砂岩沉积构造以下切型板状交错层理、不同方向交错层理、槽状交错层理为主，粉细砂岩中复合层理发育较为频繁，局部可见递变层理；粉细砂岩中通常可见大量的云母富集。

主力层之下的崖城组顶部有一套厚5~12m的泥岩、泥质粉砂岩层，全区都稳定分布，是陵三段与崖城组之间的层序和地层划分的标志性界面。

陵三段中部可见一个最大洪泛面，以此为界，可将该段划分为两个亚段——陵三段下亚段和陵三段上亚段。前者为水进（和低位）体系域，后者为高位体系域。陵三段下亚段的厚度比陵三段上亚段厚度要大，说明陵三段总体以海侵为主，只是在后期有海退，但这种海退规模不大，总体海域范围较大。

陵三段是一个完整的三级层序，将陵三段进一步划为分8个基准面升降旋回，自下而上为S1、S2、S3、S4、S5、S6、S7、S8，其中S1、S2、S3、S4分布在陵三段下亚段，而S5、S6、S7、S8主要分布在陵三段上亚段，S5中部为分隔陵三段上下亚段的最大洪泛面。

陵三段沉积早期（S1—S5），持续海进，物源较为丰富。该时期沉积砂体沉积厚度大，物性较好。陵三段沉积后期（S6—S8），以小范围海退为主，物源充足，该时期沉积亚相以三角洲前缘为主，河口坝较为发育，沉积砂体的展布面积较大，物性明显好于早期。

表1-1　崖城13-1气田陵三段层序旋回划分表

层序			基准面	层序特征	沉积特征
Ⅲ级		Ⅳ级			
陵三段	上部（HST）	S8		只有下降半旋回	以三角洲内前缘为主，三角洲下平原为辅
		S7		上升略大于下降	三角洲内前缘为主 三角洲外前缘为辅
		S6		基本对称	三角洲内前缘 与外前缘间互
		S5		下降略大于上升	三角洲内前缘 与外前缘间互
	下部（LST+TST）	S4		下降为主 上升为辅	三角洲内前缘 与外前缘间互
		S3		上升为主 下降为辅	主要为三角洲前缘偶见三角洲下平原
		S2		上升与下降对称	三角洲下平原为主 三角洲上平原为辅 偶见三角洲前缘，且以内前缘为主
		S1		上升与下降对称	三角洲平原，且以三角洲上平原为主

总体来看，陵三段下亚段的地层厚度要大于陵三段上亚段，且陵三段向西部减薄，主要是由于西部地区地层剥蚀较大。

二、储层沉积相

1. 东方1-1气田储层沉积相

莺二段（T30—T27）沉积时期，莺歌海盆地受全球海平面升降及构造活动共同控制，沉积了一套以半深海相—浅海相为主的地层，而气田储层段，由于泥底辟活动或古地形高，沉积物颗粒相对要粗。在区域海平面升降和局部构造地形相互作用下，形成了本区独具特色的储层沉积。Ⅲ$_{上}$气层组和Ⅱ气层组为受泥流冲沟影响的海底扇远端浊积席状砂沉积为主，Ⅲ$_{上}$气层组和Ⅱ$_{下}$气层组以席状展布为特征，Ⅱ$_{上}$气层组受泥流冲沟的影响较为严重，仅在气田北部和西南部有残余。Ⅰ气层组主要以滨外沙坝和滨外滩砂沉积为主。Ⅱ气层组沉积后期是底流活动最剧烈的时期，构造高部位先期沉积的储层几乎完全被剥蚀，其余部位残余的储层也受到了强烈的改造，这种影响由上到下（Ⅱ$_{上}$气层组—Ⅲ$_{上}$气层组）依次减弱（图1-7）。

Ⅲ$_{上}$气层组沉积时期为T27—T28层序的低位域早期，海平面缓慢下降，由于距岸线较远，来自莺西斜坡的陆源三角洲前缘砂体在波浪向岸拍打的作用下沿大陆架坡折滑塌至外大陆架非限制性环境沉积下来。依据前人的研究，莺歌海组在此沉积时期已经形成了一个古构造高地，由于水深相对较浅，因此水动力较强。砂质碎屑物质在以高密度浊流的形式搬运至沉降中心后，存在一个由深水到浅水的低密度化沉积过程，在此过程中，高密度浊流逐渐转化为低密度浊流甚至牵引流，在波浪作用下向局部水下高地迁移、富集，并且堆积下来。在重力流和牵引流交互作用下形成的沉积物受到生物活动改造，加上短周期的海平面升降旋回的持续作用，形成大范围连片分布地层以垂向加积为主且厚度较大的厚层盆底扇远端浊积席状砂体。

Ⅱ气层组沉积时期仍为T27—T28层序的低位域时期，海平面持续下降，因此前期的水下高地/地形高水位进一步下降，水体更浅。整体上Ⅱ气层组砂体以继承Ⅲ气层组浊积席状砂沉积为主，到Ⅱ$_{上}$气层组沉积时期水体已经相对很浅，水动力进一步加强，因此构造高部位局部受到海流（等深流）/波浪的侵蚀。Ⅱ$_{上}$气层组沉积末期，海平面已开始缓慢上升，此时，海流等作用最强，改造了Ⅱ$_{上}$气层组沉积，形成了剖面上所见到的冲沟和浊积席状砂相相伴生的沉积地貌特征，其中，底辟隆起区发育的Ⅱ$_{上}$气层组几乎完全被剥蚀，下伏Ⅱ$_{下}$气层组和Ⅲ$_{上}$气层组也受到了不同程度的改造。Ⅱ气层组沉积结束后，随着海平面的逐渐上升，海流等作用所形成的冲沟为后期细粒沉积物所充填，逐渐废弃，因此尽管这种剖面上所见到的水道、冲沟内可以发育一定的储集砂体，但总体上多为非储集相。

Ⅰ气层组沉积初期，为T27—T28层序的海侵期，海平面快速上升，气田范围内接受了一套外陆架泥岩沉积，覆盖并保存了Ⅱ$_{上}$气层组沉积。Ⅰ气层组沉积中后期，为T27—T28层序的高水位期，受区域构造作用影响，此时气田沉积区的物源供给由原来的西物源为主转变成东边海南岛物源为主，莺东斜坡虽发育斜坡浊积扇，但经过长距离搬运，抵达底辟带时已经是泥质含量极高的储层，在区域高水位的背景下，随着短周期的海平面升

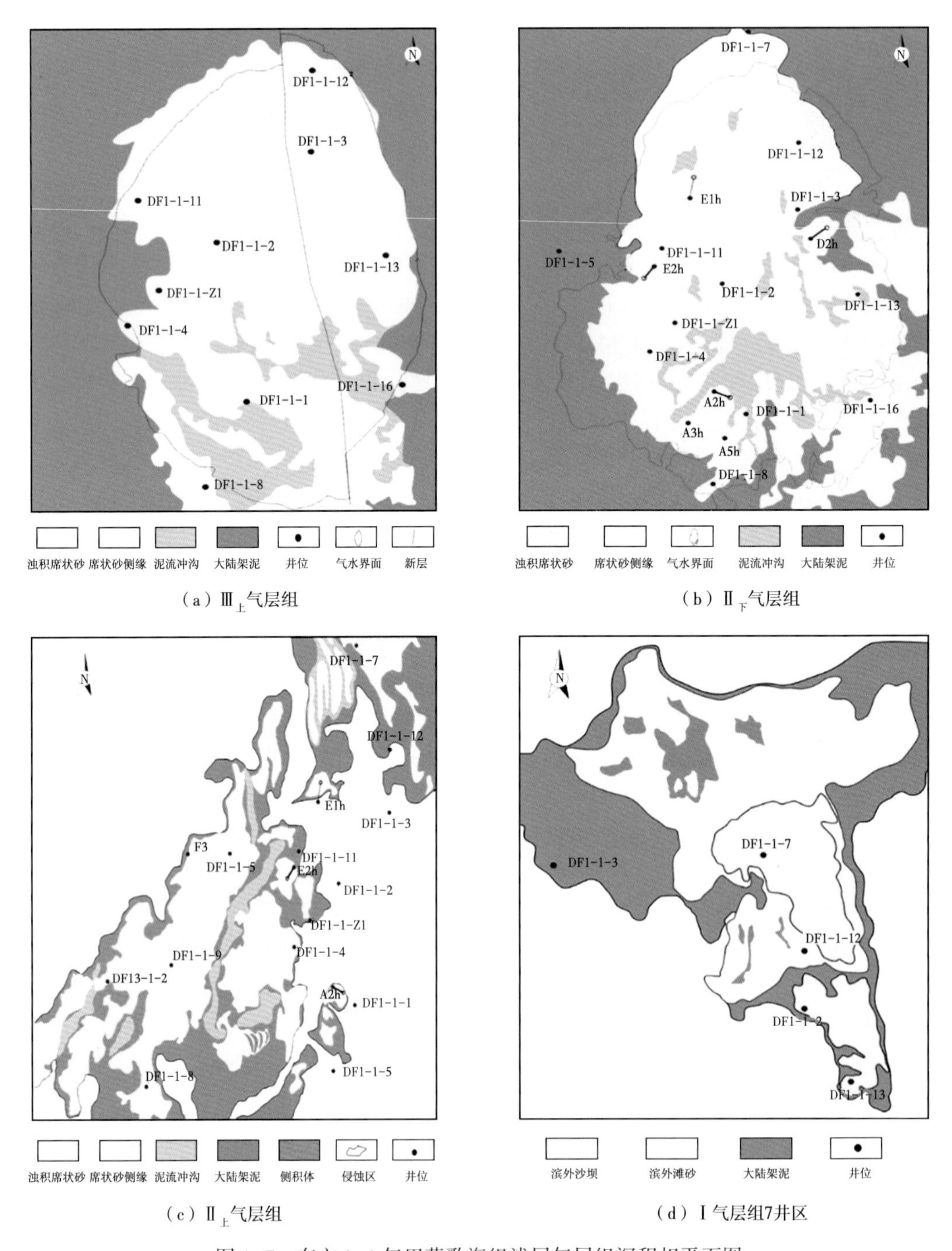

(a) Ⅲ上气层组　(b) Ⅱ下气层组　(c) Ⅱ上气层组　(d) Ⅰ气层组7井区

图 1-7　东方 1-1 气田莺歌海组浅层气层组沉积相平面图

降，局部发育了滨外沙坝复合沉积，只是此时水位相对较深，水动力较弱，砂体的规模小，砂质少。

概括起来认为，东方 1-1 气田储层砂岩沉积时，气田处于外大陆架环境，周围水体较深，只是由于局部泥底辟活动在构造范围形成局部的水下高地，或是由于地层沉积的继承性，前期沉积的地层在地形上已经形成了局部的高地形，使得储层砂岩沉积时地形幅度高于周围。受区域构造运动影响，莺歌海组沉积时期物源方向处于一个不断变化的过程中，气田所在的莺歌海组二段Ⅲ气层组和Ⅱ气层组受西物源控制明显，在这种水下高地或地形高上沉积的储层砂体受重力流—牵引流共同影响，形成了一套越过沉积坡折点后的低位沉积，属于受到牵引流改造后的盆底扇远端浊积席状砂沉积；Ⅰ气层组中后期，物源供给主要来自海南岛莺东斜坡的斜坡浊积扇，经过长距离搬运，在气田所在沉积区形成的储层具有类似于正常滨海环境的滩坝沉积的特征，考虑到其沉积的外陆架背景，特称之为滨外沙坝沉积。

2. 崖城 13-1 气田储层沉积相

崖城 13-1 气田崖城组上段为河流相沉积，陵三段为辫状河三角洲相沉积，陵二段主要为滨岸—潮坪相沉积。

崖城组主要发育河流相沉积，可分为曲流河和辫状河，曲流河沉积自然伽马（GR）曲线以钟形为主，河道微相，正韵律，岩性较粗，为中粗砂岩，多含砾；河道之间夹有泛滥平原和天然堤，前者以泥岩为主，后者以粉细砂岩为主。辫状河沉积为大套砂夹泥，河道沉积自然伽马曲线以箱形为主，为含砾中粗砂岩；河道顶部有泛滥泥和漫溢砂，岩性较细，还可见有薄煤层，表现为低自然伽马值，中子孔隙度（NPHI）为高值，高电阻率及极低密度。辫状河主要是从西北供源，当然可能也有局部近源。辫状河在气田主体区块是辫状河向曲流河的过渡区，因而崖城组主要发育辫状河心滩与曲流河边滩沉积，这一点从单井辫状河与曲流河都有发育可以得到证明。

陵三段为河流与潮汐控制的辫状河三角洲，从物源区向海盆方向依次由水上三角洲平原、水下三角洲平原、三角洲内前缘及三角洲外前缘组成（图 1-8），前三角洲在工区范围内不发育，应在工区之外较远。这一相序的变化反映出粗粒三角洲的基本分布模式，也反映出本区独特的受河流与潮汐共同控制的辫状河三角洲特点。其中三角洲平原部分以河流控制作用为主，三角洲内前缘是河控与潮控的过渡带，而三角洲外前缘是潮汐控制的范围。辫状河三角洲中主要沉积微相为辫状分流河道（水上三角洲平原中多见）、分流河道（水下三角洲平原中常见）、水下分流河道（三角洲内、外前缘中常见）、河口坝（三角洲内前缘中常见）、远沙坝与席状砂及部分重力流沉积（三角洲外前缘中常见），同时由于三角洲供给十分充足且本区离物源区不远（但不是近源），导致砂泥比很大，泥质沉积并不发育，主要由每次小规模的海侵形成，也有分流河道间的成因，因而间湾沉积在本区并不太发育。同时在本区三角洲之前发育有下滨面沉积，并向东南方向逐渐过渡为浅海相沉积、半深海相沉积。陵三段是一个完整的三级层序，虽然陵三段的上亚段与下亚段都为辫状河三角洲，但其主要发育微相类型与展布规律并不相同，最大海泛面形成之前海水逐渐侵入到本区，因而早期总体河流控制作用较强，处于海进体域，导致其三角洲平原相对发育，沉积相的分布为朵叶状，而砂体的展布特征表现明显的朵叶分布与舌形坝较为发育的特征。而陵三段上亚段虽然总体水退，处于高水位体系域，海水的波浪与潮汐作用更强，这就导致其三角洲前缘指状沙坝沉积更为发育，沉积相的分布为港湾状，但砂体的展布特征表现明显的朵指分布，舌形坝经潮汐改造成指状沙坝的特征。三角洲的前积主要由前缘形成，其砂体物性也由于波浪与潮汐的淘洗变得更好。因而总体上陵三段上亚段河口坝与远沙坝等前缘砂体发育；而陵三段下亚段各种分流河道砂体更为发育，这与河流作用与潮汐作用的此消彼长密切相关。

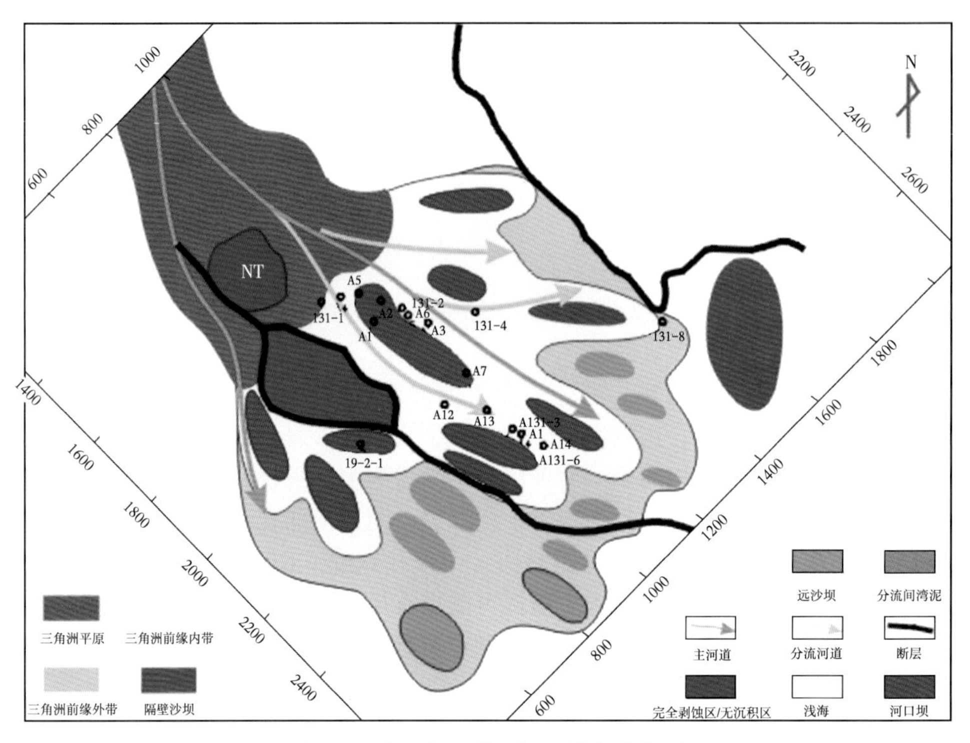

图 1-8 陵三段 D 单元沉积微相分布图

陵二段为滨岸相沉积，潮坪亚相，自然伽马曲线特征明显较下部陵三段不同，自然伽马值相对较大，一般大于 100°API，曲线幅度变化较小，以微齿平滑线形为主；岩性主要为泥岩夹有砂岩，微相见有泥坪、沙坪、混合坪、潮汐水道和滑塌重力流，障壁沙坝不太发育。从单井与岩心都可发现陵二段是潮坪—海湾环境，陵二段砂体有平行岸线与垂直岸线两种类型，为典型的潮坪—海湾沉积，与之相似的这种沉积在现状沉积中有很好的实例。

三、储层物性特征

1. 东方 1-1 气田储层物性特征

依据测井解释物性资料按气层组统计，Ⅰ气层组孔隙度中值为 21.5%，$Ⅱ_{上}$气层组孔隙度中值为 24%（图 1-9），$Ⅱ_{下}$气层组孔隙度中值为 23.0%，$Ⅲ_{上}$气层组孔隙度中值为 20.5%。由此来看，$Ⅱ_{上}$气层组的储层物性最好，$Ⅱ_{下}$气层组次之，Ⅰ气层组、$Ⅲ_{上}$气层组相对差些。岩心实测各气层组孔隙度平均值在 20%~25%，渗透率小于 100mD。依据裘怿楠的储层孔隙度和渗透率的分级标准（表 1-2、表 1-3），研究区储层以中孔隙度、低渗透率为主。

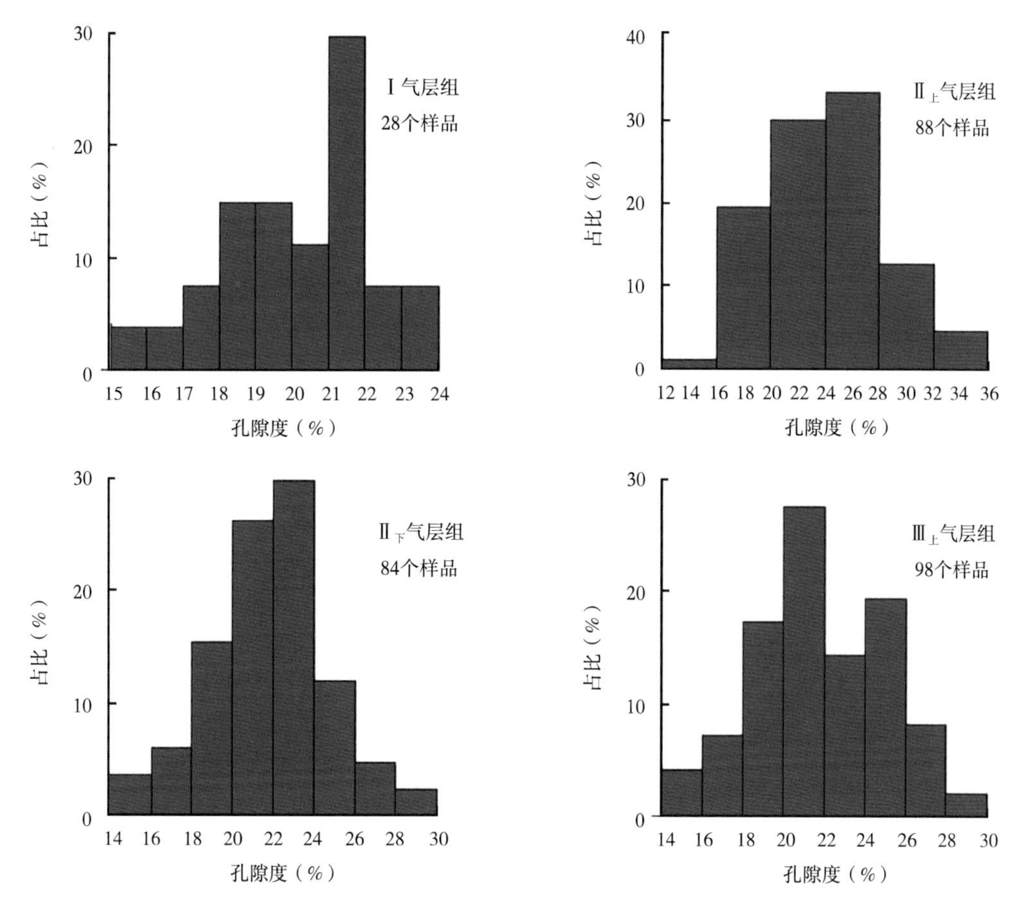

图 1-9　DF1-1 气田莺二段储层孔隙度分布图

表 1-2　储层孔隙度分级表

级别	特高	高	中	低	特低
ϕ（%）	30	25~30	15~25	10~15	10

表 1-3　储层渗透率分级表

级别	特高	高	中	低	微
K（mD）	>2000	500~2000	100~500	10~100	<10

沉积微相与其物性关系表现为：一般临滨沙坝物性最好，临滨滩砂、滨外沙坝次之，滨外浅滩物性不好，滨外泥、临滨泥不是储层或不属于有效储层。从其成因上来看，临滨沙坝主要是水动力条件最强，岩性较粗，出现细粉砂岩岩性，砂体的孔隙度和渗透率高，物性最好；临滨滩砂、滨外沙坝与临滨沙坝相比，岩性较细，主要为粉砂岩，砂体孔隙度和渗透率变低，物性相对较好；滨外浅滩的水动力条件最弱，储层泥质含量增多，孔渗性变差，物性不好（表 1-4）。

表 1-4 储层物性与沉积微相之间的关系

物性参数	沉积微相			
	滨外沙坝	滨外浅滩	临滨沙坝	临滨滩砂
孔隙度（%）	17.5~25.4	19.5~22.3	10.05~27.57	10.72~26.64
	22.23	21.05	21.73	17.39
渗透率（mD）	4.7~58.86	3~9.5	1.26~35.94	0.71~43.89
	14.72	7.04	30.69	12.48

注：数值为$\frac{最小值\sim最大值}{平均值}$。

Ⅰ气层组储层物性变化不大，DF1-1-7 井区块地震解释孔隙度一般在 18.0%~20.0%，渗透率一般在 0.3~2.0mD；DF1-1-5 井区块地震解释孔隙度一般在 19.0%~21%，渗透率一般在 0.8~2.3mD；DF1-1-9 井区块地震解释孔隙度一般在 19.2%~22.0%，渗透率一般在 1.0~3.8mD。在三块砂体内部滨外沙坝“补丁”对应相对高值，物性变化无明显方向性。Ⅱ$_{上}$气层组北区孔隙度为 18.5~23.0%，南区为 20.5~23.0%，临滨沙坝对应着孔隙度相对高值；渗透率一般在 1.75~5.50mD。虽然储层物性变化幅度不大，但是显示了一定的方向性，即孔隙度等值线长轴方向为北西走向。Ⅱ$_{下}$气层组地震解释孔隙度为19.0~23.0%，一般临滨沙坝处相对高值，且等值线走向与砂体“弓”形一致；渗透率一般在 0.7~5.5mD，呈现孔隙度相应变化趋势。Ⅲ$_{上}$气层组地震解释孔隙度为 19.0%~22.0%；渗透率在 1.0~3.3mD。变化规律性不明显，主要与该气层组临滨滩砂发育、砂体物性变化较小有关。

2. 崖城 13-1 气田储层物性特征

油田储层物性分布的研究，不仅关系着油田的开发效果，同时还是储层评价的基础，它包括有效孔隙度与有效渗透率分布特征的研究两部分内容。从单井测井数据及地震反演的孔隙度数据体中提取有效孔隙度并转化为有效渗透率，编绘两者的等值线图，反映其平面上的分布特征。根据已钻井取得的油气显示结果，取部分数据点的孔隙度与渗透率，做出孔隙度—渗透率交会图（图 1-10）。由图可知，在孔隙度大于 8%和渗透率大于 0.3mD 时，储层有较好的天然气显示。因此，确定孔隙度 8%、渗透率 0.3mD 为有效储层的下限。

根据确定的有效储层的物性下限，提取各流动单元的有效孔隙度数据，可以研究储层物性平面分布特征和各流动单元的垂向演化规律。总结各流动单元有效孔隙度和渗透率的分布情况（表 1-5），整体而言，储层孔隙度和渗透率自下而上有所增高，A 单元孔隙度和渗透率值最低，D 单元孔隙度和渗透率最高；南北区对比来看，A—C2 六个单元南区各井孔渗值要高于北区，而 D 单元南北区孔隙度和渗透率相当；结合微相分布来说，河口坝沉积的孔渗最好，河道沉积较好。结合自下而上沉积相的演变，陵三段从 A 单元至 D 单元，是一个海进过程，后期有小规模海退，三角洲由平原占主体演变为以内外三角洲前缘为主，A 单元各井主要以分流河道及水下分流河道沉积为主，逐渐演变为 D 单元井区整体以河口坝沉积为主；分区来看，南区各井多位于河口坝沉积体，北区各井河道与河口坝兼有。而河口坝沉积的物性最佳，孔隙度和渗透率高于河道沉积，因而造成 A 单元孔隙度和

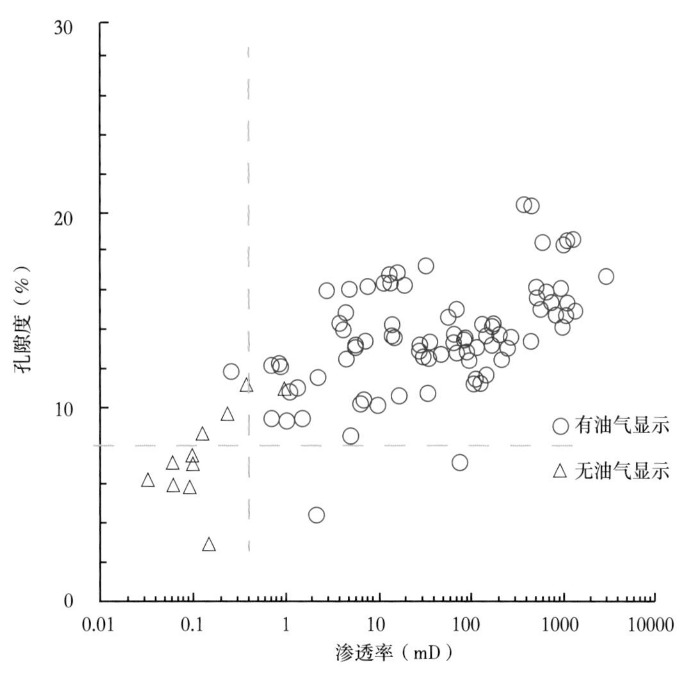

图 1-10　崖城 13-1 气田陵三段孔隙度—渗透率交会图

渗透率较其他单元低、D 单元孔隙度和渗透率最高及南区孔隙度和渗透率大于北区的分布特征。这种分布情况充分说明了沉积相带对储层物性特征的控制，也进一步证明了沉积相是储层物性的主控因素。

表 1-5　崖城 13-1 各流动单元有效孔隙度与渗透率分布一览表

流动单元		有效孔隙度（%）范围/平均值	有效渗透率（对数）范围/平均值	有效孔渗分布情况（结合微相）
D	北区	14.85～18.87/17.01	3.08～3.65/3.42	南北区孔渗值相当，高值区多位于河口坝沉积
	南区	14.65～18.53/16.68	2.98～3.58/3.32	
C2	北区	12.68～15.54/14.29	2.36～3.37/2.91	南区孔渗值略大于北区，高值区集中于河口坝及河道沉积
	南区	11.65～16.88/14.41	1.37～3.34/2.62	
C1	北区	12.94～14.73/13.92	1.88～3.09/2.65	南区孔渗值大于北区，高值区集中于河口坝及河道沉积
	南区	12.84～16.27/14.29	2.48～3.39/2.91	
B2-2	北区	12.21～14.91/13.65	1.41～3.05/2.49	南区孔渗值大于北区；高值区集中于河口坝沉积，河道沉积值较高
	南区	12.79～15.04/14.42	1.09～3.39/2.60	
B2-1	北区	11.87～14.76/12.92	1.76～3.08/2.12	南区孔渗值大于北区；河口坝沉积孔渗值高
	南区	11.41～14.75/13.21	1.45～2.94/2.28	
B1	北区	10.21～12.17/11.35	0.8～1.74/1.3	南区孔渗值大于北区；河口坝沉积为高值区
	南区	10.82～13.05/11.67	0.86～1.96/1.47	
A	北区	9.38～11.02/10.18	0.44～1.12/0.68	南区孔渗值大于北区；河口坝沉积为高值区，河道区值较高
	南区	9.64～13.29/11.25	0.61～2.24/1.14	

沉积微相对砂体的控制作用比较明显，在不同的沉积微相之间对储层物性的影响也比较明显。根据测井物性参数，结合单井沉积微相进行统计可知，工区内主要沉积微相的物性存在有较大的差异（表 1-6）。河口坝微相的储层物性比分流河道和水下分流河道微相好，再次是席状砂，远沙坝相对较差（图 1-11），其主要原因是河口坝在河道之间及河道末端，形成的时候水体能量比较强，携带的沉积物粒度较粗，在强水体能量下沉积的都是粒度较粗的砂体，其孔隙度和渗透率比较高；而位于河口坝靠海一侧的远沙坝及席状砂，其沉积物粒度相对较细，为粉细砂岩夹有粉砂质泥岩和泥岩纹层，孔隙度和渗透率相对较低，但也可作为较好的储集砂体。

表 1-6　各沉积微相环境下储层物性参数统计表

物性参数	沉积微相				
	分流河道		分流河道		分流河道
孔隙度（%）	$\frac{5.71\sim15.79}{13.38}$	孔隙度（%）	$\frac{5.71\sim15.79}{13.38}$	孔隙度（%）	$\frac{5.71\sim15.79}{13.38}$
渗透率（mD）	$\frac{51.78\sim548.89}{351.78}$	渗透率（mD）	$\frac{51.78\sim548.89}{351.78}$	渗透率（mD）	$\frac{51.78\sim548.89}{351.78}$

注：数值为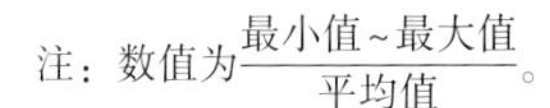$\frac{最小值\sim最大值}{平均值}$。

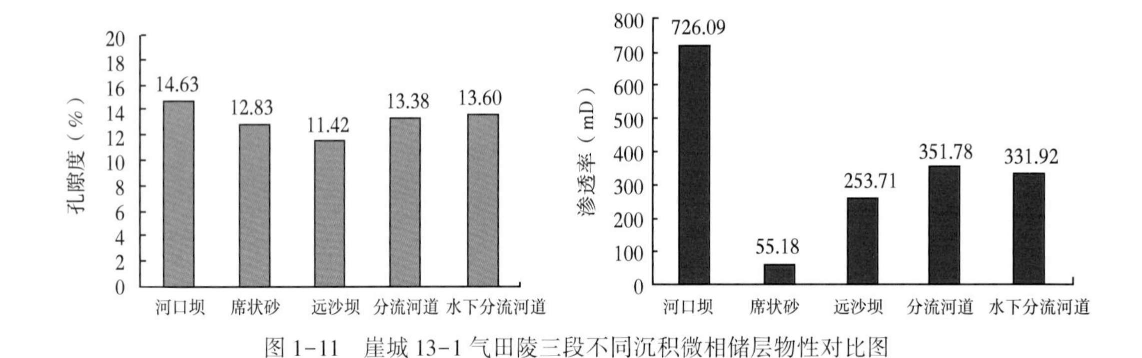

图 1-11　崖城 13-1 气田陵三段不同沉积微相储层物性对比图

第三节　气藏特征

一、温度、压力系统

1. 东方 1-1 气田温度、压力系统

东方 1-1 气田莺歌海组二段各气藏具有统一的温度系统，受泥底劈影响，地温梯度偏高，为 4.6℃/100m。各气层组属正常压力系统，压力系数为 1.03~1.14。各气层组、各区块有各自的压力系统，其压力方程见表 1-7。

表 1-7　东方 1-1 气田地层压力、温度方程表

<table>
<tr><th>气层组</th><th>分区</th><th>压力方程</th><th>温度方程</th></tr>
<tr><td rowspan="3">Ⅰ</td><td>7 井区</td><td>$p=11.2163+0.001919H$</td><td rowspan="8">$T=20.34488+0.04601H$</td></tr>
<tr><td>3 井区—D3h 井区</td><td>$p=12.6870+0.0009694H$</td></tr>
<tr><td>5 井区—9 井区</td><td>$p=12.0314+0.0009290H$</td></tr>
<tr><td rowspan="2">Ⅱ$_上$</td><td>7 井区</td><td>$p=11.6546+0.001807H$</td></tr>
<tr><td>主体区</td><td rowspan="2">$p=12.4633+0.001225H$</td></tr>
<tr><td rowspan="2">Ⅱ$_下$</td><td>西区</td></tr>
<tr><td>东区</td><td>$p=11.3795+0.001962H$</td></tr>
<tr><td>Ⅲ$_上$</td><td>西区—东区</td><td>$p=10.4648+0.002680H$</td></tr>
</table>

2. 崖城 13-1 气田温度和压力系统

崖城 13-1 气田温度和压力属正常的温压系统，地温梯度约为 4℃/100m，陵三段气藏中深（-3810m），温度 176℃，温度与深度的关系为：

$$T=24.45+0.03981H \tag{1-1}$$

式中　T——地层温度，℃；

H——海拔，m。

崖城 13-1 气田压力系数为 1.03，南块压力与深度的关系式：

$$p=30.3021+0.002121H \tag{1-2}$$

式中　p——地层压力，MPa。

北块用生产井的 RFT 压力资料建立回归关系，相关性很好，回归公式为：

$$p=31.3769+0.001881H \tag{1-3}$$

南北两块用 RFT 压力回归的方程计算，在气藏中深-3810m 处，南块的压力为 38.38MPa，北块的压力为 38.54MPa，两块的压力相差 0.16 MPa。

陵二段 WB1 气藏压力系统：对 A2 井、A3 井、A5 井、A6 井进行了 RFT 测试，获得了较可靠的压力数据，压力资料表明 WB1 属正常压力系统，压力梯度与陵三段北块相同。

三亚组 WA 气藏压力系统：属正常压力系统，具体压力方程如下：

$$p=30.84+0.001873H \tag{1-4}$$

二、流体性质

1. 东方 1-1 气田流体性质

东方 1-1 气田天然气整体上以烃类气为主，部分井区非烃含量高。烃类中以 CH_4 为主，C_2 以上组分含量较少（0.63%~2.61%）。天然气中的非烃组分是 CO_2 和 N_2。非烃含量中，CO_2 含量高时，N_2 含量低；CO_2 含量低时，N_2 含量高。CO_2 的分布相对复杂，其中Ⅰ气层组 7 井区为高 CO_2 区，其他井区为低 CO_2 区；Ⅱ$_上$气层组 7 井区为高 CO_2 区，主

体区为低 CO_2 区，但主体区西部的北面出现高 CO_2 井；Ⅱ$_下$气层组东区为高 CO_2 区，但东区北部的 D2h 井区为低含 CO_2 井；西区为低 CO_2 区，但西区北部出现高 CO_2 井；Ⅲ$_上$气层组全区高含 CO_2。天然气中含少量凝析油（小于 $10g/m^3$），其相对密度为 0.77~0.81g/cm^3，地面黏度为 0.63~1.0mPa·s。开发井凝析油产量很少，单井日产油 0.5~4m^3，油气比为 0.02~0.1$m^3/10^4m^3$。

2. 崖城 13-1 气田流体性质

崖城 13-1 气田天然气层组分以 CH_4 为主，陵三段气藏气层组分以 CH_4 为主，占 85.12%，C_2 以上含量较低，约占 5.36%，CO_2 含量为 8.33%，N_2 含量约为 0.94%，天然气相对密度为 0.684。南北两块气体性质略有差异，北块 CO_2 含量相对较高，为 9.90%，C_{2+}含量低，为 3.34%，南块 CO_2 含量低，为 6.77%，C_{2+}含量相对较高，为 7.9%。陵二段 WB1 砂体天然气性质与陵三段气藏相似。三亚组 WA 砂体天然气含烃量高达 91.7%，CO_2 含量平均值为 7.1%。地层水：根据崖城 4 井取得陵三段水样分析，水型为碳酸氢钠型，相对密度 1.0194，氯离子含量 12930mg/L，总矿化度 23510mg/L。凝析油：陵三段气藏南北两块的凝析油有不同特点，相对密度北高南低：北块 0.846，南块 0.794；含蜡量北高南低：北块 9.76%，南块 2.40%；凝析油含量北低南高：北块小于 $30g/m^3$，南块小于 $60g/m^3$。陵二段 WB1 气藏凝析油性质与陵三段气藏相似。三亚组 WA 气藏凝析油相对密度 0.840~0.861，比陵三段气藏略高；含蜡量 5.68%~7.71%，介于陵三段气藏南北块之间。

三、气藏类型

1. 东方 1-1 气田气藏类型

东方 1-1 气田是一个由泥底辟背斜和断层控制为主的构造气藏类型。Ⅰ气层组属岩性气藏，Ⅱ$_上$气层组属岩性构造气藏，Ⅱ$_下$气层组、Ⅲ$_上$气层组属层状构造气藏。气田内Ⅱ气层组、Ⅲ气层组砂体大面积分布，气藏具有一定的边水。但该区属特殊的水下高地沉积，构造外边缘储层岩性细物性较差。水层测试过程中生产压差较大，产水量小，压力恢复较慢，推测边水不活跃，估计边水能量较弱。因此，Ⅱ气层组、Ⅲ气层组驱动类型为弱弹性水驱。Ⅰ气层组含气边界受非渗透砂岩控制，砂体分布范围小，气层物性差，测试时生产压差大，产水微量，估计局部的边底水天然能量很弱，因此Ⅰ气层组为定容气藏。

2. 崖城 13-1 气田气藏类型

崖 13-1 气田属于构造地层复合气藏。从流体产状上分类，属于层状边水气藏。按气体性质分类，属于干气气藏。气田三边为大边界断层遮挡，水体仅分布在气藏东面的气水界面之下，水体最大为气田含气体积的 3.5~7.5 倍。综合上述特征分析，崖 13-1 气田的气柱高度大，水体较小。气藏驱动类型为以弹性气驱为主加局部弱边水驱。崖城 13-1 气田气水分布情况较为复杂，陵三段和陵二段气藏气水分布受构造、地层和岩性控制，除构造最高部位被剥蚀形成“秃顶”而不含气外，构造高部位钻遇的陵三段全部含气，但崖城组基本不含气，三亚组气藏气体分布受岩性控制，整个砂体全充满气。陵三段气藏三边为大边界断层遮挡，水体仅分布在气藏东面的气水界面之下。

第四节　东方1-1气田储层平面非均质特征

一、典型气层组的地震微相分类及响应特征

按Brown的概念，地震相是指有一定分布面积的三维地震反射单元，其地震参数，如反射结构、振幅、连续性、频率和层速度，与相邻单元不同，它代表产生其反射的沉积物的一定岩性组合、层理和沉积特征。因此，地震相是地下地质体的一个综合反映，可以认为“地震相是沉积相在地震剖面上表现的总和”。由于岩相的变化会引起反射波的一些物理参数的改变，因而，地震相在一定程度上可以表现岩相的特征，从而把同一地震层序中，具有相似地震地层参数的单元，划为同一地震相。地震相分析，就是由测线到平面根据地震地层参数的变化，把同一地震层序中具有相似参数的地层单元连接起来，做出地震相的平面分布图，然后对它进行解释，再把它转化成沉积相，进行沉积相分析。

所谓地震微相是指为满足开发阶段研究需求，以地震可分辨的精细地层单元为单位，分析地震振幅、频率、连续性以及波形结构等属性参数，表征储层的空间变化特征。进行地震相识别的参数有以下几类：地震波动力学参数，即振幅、频率和连续性；外部几何特征，如席状、楔状、发散状、丘状及充填状等；地震反射内部结构，即平行、杂乱、前积等。这些参数是识别和划分地震相的重要依据。

由于东方1-1气田莺二段储层砂体分布范围较广，有限的井点所钻遇的储层并不能代表每个气层组平面上所有的储层类型，因此，本次地震微相分析主要根据地震参数—地震波动力学参数、外部几何特征、地震反射内部结构开展研究，对部分有实际钻井资料的地震微相，进行测井相与地震微相的标定，无实际钻井资料的地震微相则依据其地震参数对其岩性和物性进行定性描述，将其分为有利微相与不利微相。

Ⅱ$_{上}$气层组为向北和向西南方向下倾的单斜构造，由于形成后受泥流强烈的冲刷改造，构造东南部缺失，构造主体区西区内部也多处被冲掉，形成冲沟，总体上，储层呈两个对称的扇形披覆于下伏背斜构造东北及西南部。在Ⅱ$_{上}$气层组共识别出五类地震微相，分别为：（1）类型一：充填状杂乱反射顶部强内部弱振幅中低频中连续性地震微相；（2）类型二：丘状斜交形反射中振幅中频低连续性地震微相；（3）类型三：冲蚀块状平行反射高频强振幅高连续性地震微相；（4）类型四：冲蚀席状亚平行反射中频强振幅高续性地震微相；（5）类型五：席状平行反射高频弱振幅高连续性地震微相（图1-12）。

共有20口井钻遇Ⅱ$_{上}$气层组（6口探井、14口开发井），其中，共有17口井钻遇充填状杂乱反射顶部强内部弱振幅中低频中连续性地震微相类型（DF1-1-7井、DF1-1-4井、DF1-1-Z1井、DF1-1-5井、DF1-1-9井、A2h井、A5h井、A4h井、A6h井、A7h井、A8h井、B1h井、B2h井、B6hb井、B9h井、E2h井、E6h井），其外部几何形态呈充填状，砂顶、砂底均为中强振幅，显示其岩性与上下围岩有差异，地震微相单元厚度较大，内部振幅较弱，与顶底的强振幅形成较大的反差，显示其内部岩性相对均质，没有岩性差异较大的隔（夹）层，顶底面连续性较好，可连续追踪。其内部反射结构较为杂乱，与牵引流成因的砂岩储层内部反射特征明显不同。井震标定后，显示上述反射特征的地层岩性

图 1-12　$\mathrm{II}_{上}$气层组地震微相平面分布图

为粉细砂岩，测井解释一般为高阻气层，向顶部突变为泥岩，底部渐变为低阻气层、干层，砂岩电性特征为中高幅反旋回箱形（图 1-13）。

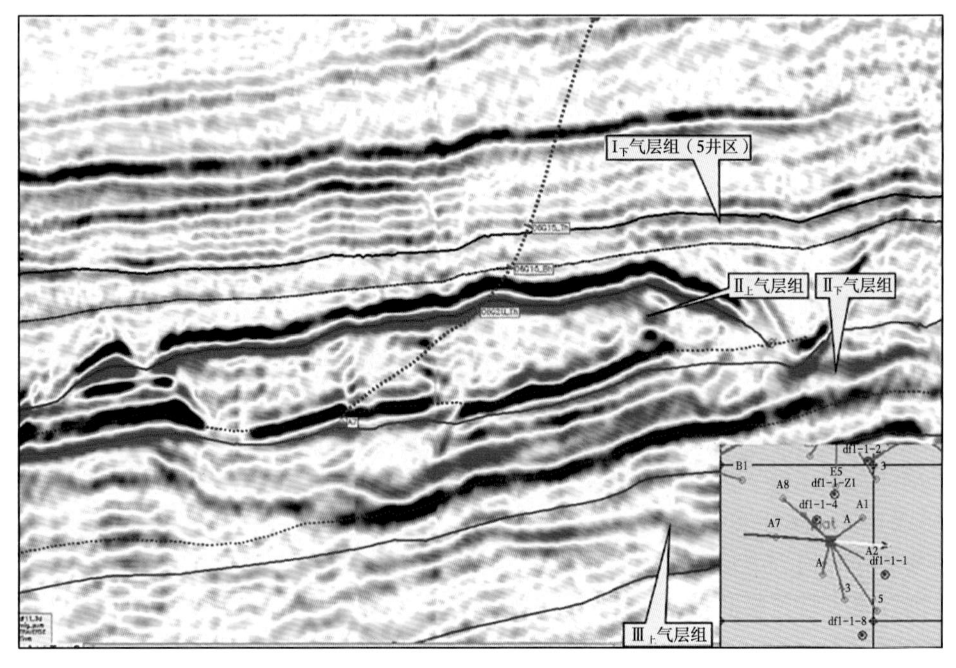

图 1-13　$\mathrm{II}_{上}$气层组地震微相类型

有 1 口井钻遇充填状斜交形反射中振幅中频低连续性地震微相（A9h 井），地震微相外部几何形态呈充填状，内部反射结构为亚平行斜交形。该地震微相顶部振幅为中等，表明其岩性与上覆泥岩有差异，但同相轴不连续，内部反射为中弱振幅，推测为多期侧向加积地质体界面反射。井震标定显示此类储层岩性为泥质粉砂岩，测井解释为干层，向底部渐变为泥岩，砂岩电性特征为低幅齿化线形。

有 1 口井钻遇冲蚀块状平行反射高频强振幅高连续性地震微相（A9h2 井），地震微相外部几何形态为“冲蚀块状”，即外形为块状，但在其某个方向上同相轴突然中断，对比为另一种地震微相，二者接触关系为突变。在研究区内这种特征一般为受泥流冲沟冲蚀形成，内部反射结构为平行亚平行。该地震微相厚度较大，地震微相顶底界面与内部反射振幅都较强，同相轴连续性较高。井震标定后显示，岩性为泥质粉砂岩，测井解释为差气层或干层。

目前无井钻遇冲蚀席状亚平行反射中频强振幅高连续性地震微相，地震微相单元外形为冲蚀席状，地震反射构造为平行反射，地震反射属性为频强振幅，同相轴连续性较高，无井钻遇，推测其为充填状杂乱反射顶部强内部弱振幅中低频中连续性地震微相受泥流冲沟冲蚀后残留的砂层，预测含气，但物性较差，厚度较薄。

目前无井钻遇席状平行反射高频弱振幅高连续性地震微相，地震微相单元外形为席状披盖，内部反射结构为平行、亚平行反射，地震反射属性为高频弱振幅，同相轴连续性较高，无井钻遇，根据其地震微相特征及已钻井推测其可能为干层或水层。

每种地震微相在外形、反射结构、振幅、频率等各方面都有不同的特征，不同地震微相之间也存在较为清晰的分界。从该气层组一条南—北向地震微相划分典型剖面可见，冲蚀席状亚平行反射中频强振幅高连续性地震微相与充填状杂乱反射顶部强内部弱振幅中低频中连续性地震微相相邻，但各自具有明显不同的地震微相特征，冲蚀席状亚平行反射中频强振幅高连续性地震微相外部几何形态为冲蚀块状，充填状杂乱反射顶部强内部弱振幅中低频中连续性地震微相为充填状；内部反射结构方面反差较大，充填状杂乱反射顶部强内部弱振幅中低频中连续性地震微相为平行反射，而冲蚀席状亚平行反射中频强振幅高连续性地震微相为杂乱反射；反射强度及连续性方面，冲蚀席状亚平行反射中频强振幅高连续性地震微相为强振幅高连续性反射，充填状杂乱反射顶部强内部弱振幅中低频中连续性地震微相为弱振幅低连续性反射。结合前人研究，认为：冲蚀席状亚平行反射中频强振幅高连续性地震微相为原状沉积地质体，沉积成因为牵引流，而类型一符合重力流沉积的特征，沉积先后顺序上，由于冲蚀席状亚平行反射中频强振幅高连续性地震微相呈明显被冲蚀切割的特征，因此，其沉积时间应早于类型一。

从该气层组另一条南西—北东向地震微相划分典型剖面可见（图 1-14），$\text{Ⅱ}_{上}$气层组 A 区地震反射特征为较典型的多期泥流冲沟侧向加积，类似于陆相河流边滩侧向加积，表明储层受后期改造较严重。

通过对$\text{Ⅱ}_{上}$气层组逐条切地震剖面进行分析，在剖面上确定 5 种地震微相的分界点，在平面上圈定了各种地震微相的平面分布范围，$\text{Ⅱ}_{上}$气层组储层呈两个对称的扇形披覆于下伏背斜构造东北部及西南部，以下分东北块和西南块分别对其地震微相平面分布进行描述。

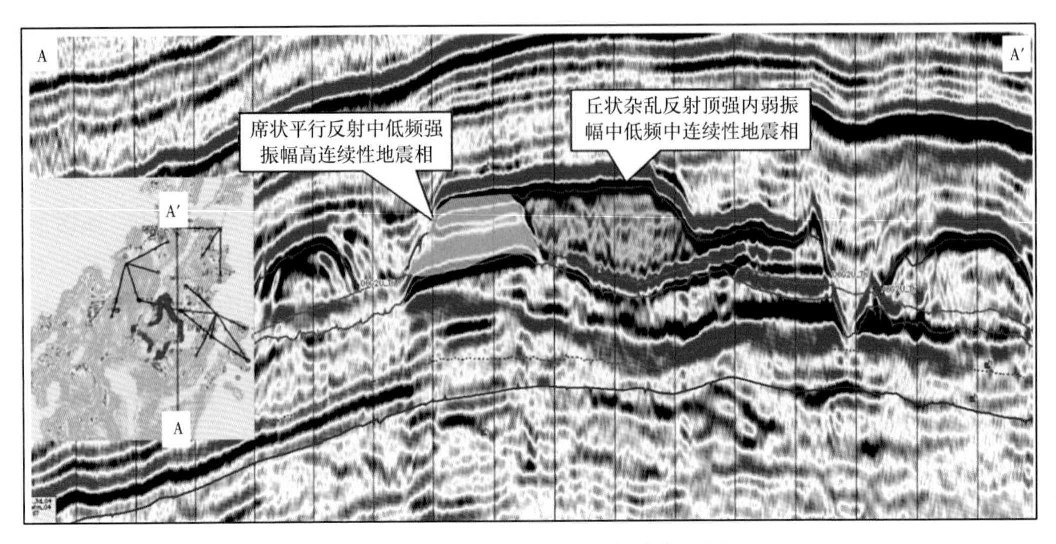

图 1-14　Ⅱ上气层组地震微相划分典型剖面

由图 1-12 可见，在Ⅱ上气层组西南块，以位于西南块中部呈北东—南西向展布的长条状冲沟为界，冲沟西侧地震微相以有利微相类型一为主，仅在中部存在呈三角状的不利微相类型三分布，分布范围较小，面积约为 1.26km^2；冲沟东侧地震微相分布较为复杂，北部微相类型为有利微相类型一，南部为不利微相类型五，主要分布在南部边缘，中部主要分布两种不利微相类型三和类型二，类型三分布于西侧，类型二分布于东侧，冲沟东侧最东段小块砂体也存在两种地震微相，北部为类型一，南部为类型二。

在Ⅱ上气层组东北块，地震微相平面分布形态相对较规则，共有三种微相类型，其中，分布范围最广的为不利微相类型五，呈席状分布于东北块东部，展布方向为北西—南东向，有利微相类型一形态较为规则，呈北西—南东向条块状分布于东北块中部，南部边缘及与冲沟交界区域为不利微相类型四。

二、地震多属性融合预测物性及砂体展布特征

地震属性是指那些由叠前或叠后地震数据，经过数学变换而导出的有关地震波的几何学、运动学、动力学和统计学特征。地震属性分析就是以地震属性为载体从地震资料中提取隐含的信息，并结合地质、钻井资料来进行储层岩性及岩相、储层物性和含油气性分析。地震属性分析的流程大致为：确定时—深关系，做好层位标定；进行地震属性的提取和优化。

地震数据体中含有丰富的地下地质信息，不同的地震属性组合可能与某些地质参数具有很大的相关性，因此利用地震属性参数可以有效地对储层进行预测。常用的地震属性主要有瞬时类参数、振幅统计类参数、频能谱统计类等。地震属性包括剖面属性、层位属性及体属性，在开发阶段层位属性最为常用。层位属性就是沿目的层的层面并根据界面开一定长度的时窗提取各种地震信息。提取的方式有瞬时提取、单道时窗提取和多道时窗提取。体属性提取方法与层位属性相同，只是用时间切片代替层位。

为了了解属性应用效果，先对 Petrel 工区的层位提取了包括振幅、频率、能量等 20 多种常规的地震属性，同时统计了各层位气层组下单井砂岩厚度、含砂率、孔隙度等相关地质参数。结合沉积地质分析，对多种地震属性进行优化，再利用 Petrel 中 TEM 模块分析了储层参数与地震属性的相关关系，优选出与地质统计参数相关性最好的属性，作交会图，利用相关性较好的属性来预测储层参数的平面分布。分析显示，东方 1-1 气田与本区其他类似气田一样储层含气后具有强振幅异常（亮点）、低频、低阻抗等特点，之所以有这些地震响应，从岩石物理角度来看，含水砂岩、干层及泥岩表现为高阻抗，在砂体含气后波阻抗会明显降低；从地震剖面上看，井钻遇气层段在正极性地震剖面上显示为强波谷，与围岩相比有很强的振幅异常特征。而不含气的储层则没有振幅异常响应，物性较好的含水砂岩则显示为波峰。以下对各个气层组的砂体利用地震多属性的特征对储层平面参数进行预测。

Ⅰ气层组 DF1-1-5 井区砂体分为 5A、5B 两个砂体，5A 砂体位于Ⅰ气层组 5 井区 5B 砂体之上，是岩性控制的气藏，该砂体面积不大，各井均钻遇气层，砂体厚度在 3. 30～9. 71m 之间，气层厚度在 3. 30～8. 71m 之间，测井孔隙度为 20%～28%，渗透率为 4～362mD。在生产的井有 B5h 井、B7sh 井，由于储层薄而没有夹层，物性较好，为低渗透层中的“甜点”储层，动用效果较好。

5B 砂体共有 24 口井钻遇，其中 17 口井钻遇气层，7 口井（B1h 井、B2h 井、B6hb 井、B7sap 井、DF13-1-4 井、A6h 井、DF1-1-4 井）钻遇干层，并且在砂体西北较低部位 DF1-1-15 井和 DF1-1-14 井两口气井钻到气水界面。砂体厚度在 4. 68～24. 85m 之间，气层厚度在 2. 26～22. 41m 之间，测井孔隙度为 20%～22%。在生产的井有 B8h 井、E3hb 井，其中 B8h 井、E3hb 井钻遇的为夹层发育的低渗透储层，产能差，动用储量小。

从钻井及生产情况连井对比分析：B7 井的储层薄，物性差；E3hb 井、8 井储层夹层发育物性差；4 井、A6 井区储层基本不发育；结合生产状况分析隔（夹）层不发育储层较厚的即为储层较好的“甜点”区域，代表的井区有 A7h 井区、A4h 井区、B6hb 井区、B7h 井区、E2h 井区、Z1 井区。

针对Ⅰ气层组的 5A 砂体、5B 砂体均提取了多个地震属性（图 1-15），由于 5A 砂体上覆在 5B 砂体之上，地震属性显示：5B 砂体的属性涵盖了 5A 砂体的地震特征，因此，把其合并在一起研究。从各个属性图看，不同属性其平面的差异较大。区域及单井沉积微相研究，Ⅰ气层组主要发育滨外浅滩、小型滨外沙坝沉积、沙坝侧缘微相；相应地在过沙坝短轴方向的地震剖面上有比较明显的滨外沙坝反射特征：顶平底凸的特征，内部反射比较连续，呈强—中等，平行反射结构，横向连续性好；沙坝侧缘位于沙坝边缘处，砂泥间互比较多，沙坝往侧缘方向砂层变薄，泥质增多，具有振幅减弱特征，同时从剖面看具有不同沙坝在侧缘相叠加的特征。受物源方向的和海平面升降变化影响，此沉积时期砂岩沉积体系为席状分布的滨外浅滩同小型滨外沙坝相叠加、复合的沉积。

通过井—震研究显示井上滨外沙坝沉的厚度一般大于 15m，在对应的地层属性上都显示出高振幅和特征，而滨外浅滩（如 4 井、A6h 井）均显示低振幅和特征。利用 15 井钻遇的气水界面边界（-1330. 2m）与能量和属性的边界二者比较吻合，可以得到 5B 含气砂体的分布范围。储层参数与属性相关分析显示：与砂岩厚度相关性最好的是振幅和属性，其

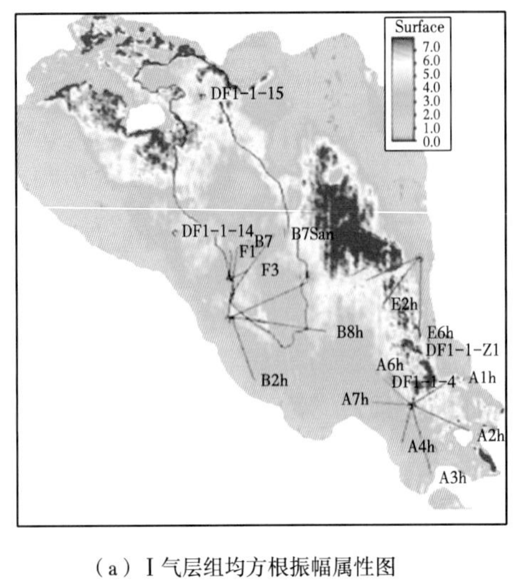

（a）Ⅰ气层组均方根振幅属性图

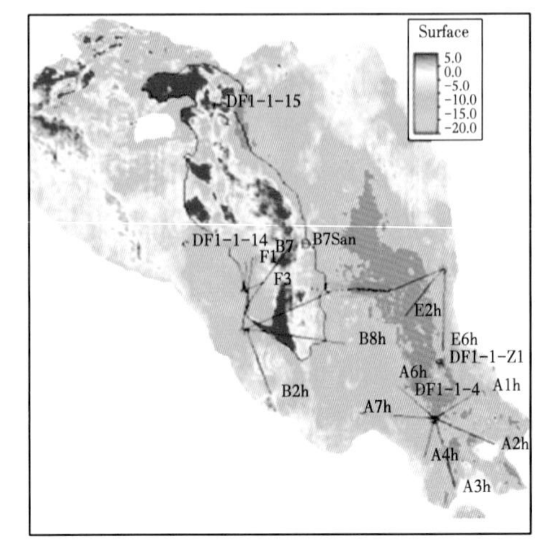

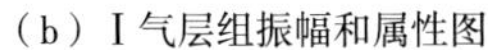

（b）Ⅰ气层组振幅和属性图

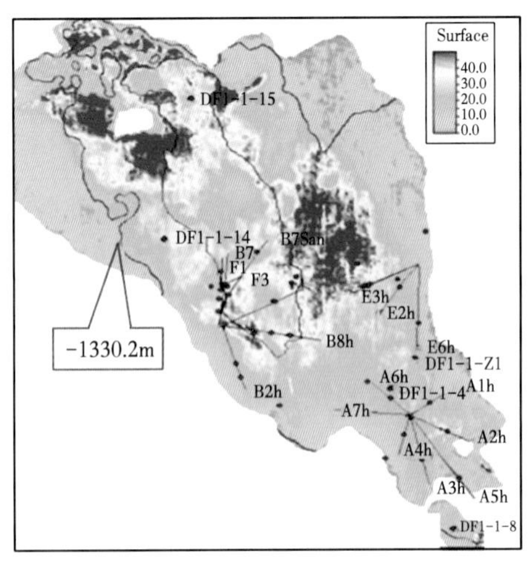

（c）Ⅰ气层组能量和属性图

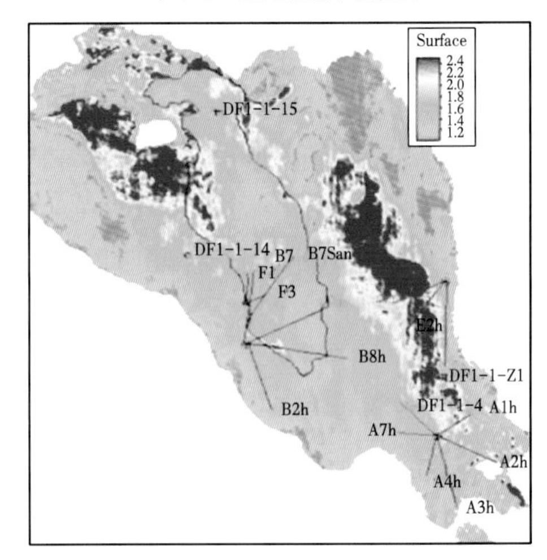

（d）Ⅰ气层组弧长属性图

图 1-15　Ⅰ气层组 5B 砂体地震多属性综合分析图

相关系数为 0.6899；含砂率与多种地震属性相关性均较差，排除水平井钻遇的薄层的高含砂率后分析，与振幅属性具有较好的正相关性；层平均孔隙度与地震属性相关性最好的为平均振幅属性，但相关性较弱，而采用小层孔隙度与切片属性引入水平井后，数据点增多且孔隙度与之相关性明显提高。

通过与井点厚度与含砂率相关性分析（图 1-16），融合能量和及振幅和属性可以刻画 5A 砂体、5B 砂体的沉积微相平面分布图，从图中可以看出沙坝体内部并不是完全均质的，而是不同的滨外沙坝相叠加。

利用井点钻遇的厚度（不包括水平井）与振幅和相关关系分别预测了 5A 砂体、5B 砂体的厚度，A 砂体厚度整体较薄，井点及平面厚度一般在 10m 以内，而 5B 砂体厚度较大，一般在 10~50m 之间。由于存在 5A 砂体、5B 砂体的叠加，孔隙度参数与多属性相关性较

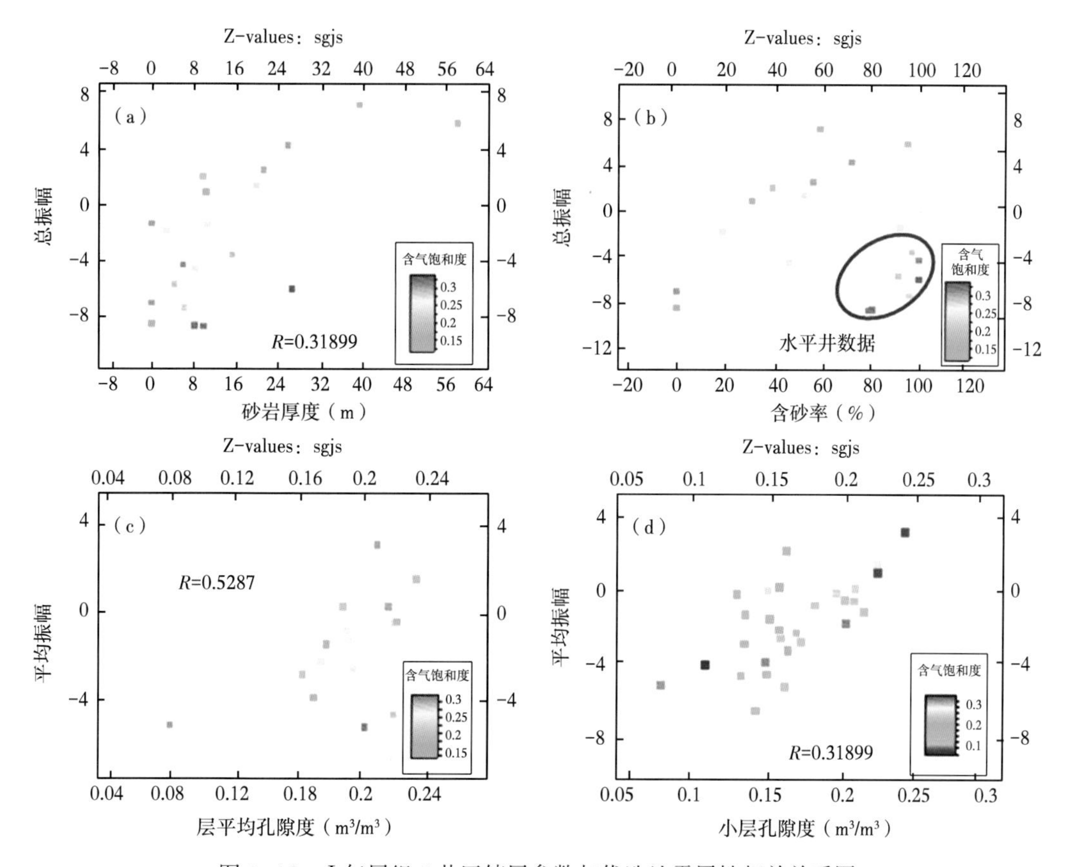

图 1-16　Ⅰ气层组 5 井区储层参数与优选地震属性相关关系图

差，但从细分小层的物性与地层切片属性的相关性较好来看，即显示孔隙度与平均振幅属性具有较好的正相关性（图 1-17），对 5 井区Ⅰ气层组的制作了 3 张地层切片并提取了其平均振幅属性，从属性分析纵向平面上均有差异：纵向上，物性由好到差依次为中部、下部、上部，从砂体演化来看有个明显向西北方向迁移的变化；平面上上部 15 井区、B7h 井区物性最好，14 井区物性较差，其钻井证实上部为干层，E3h 井区物性最差，这与该井早期无产出的特征相符合；中部砂体整体物性较好，但东南部物性较差，以 A6h 井、Z1 井、4 井、A1h 井处储层均不发育为代表；下部砂体相对中部，砂体东南部物性变好，此时 E4h 井、E3hb 井处储层发育，E3hb 井显示底部物性变好。

共 19 口井钻遇Ⅱ$_{上}$气层组砂体，所有井均钻遇到气层，其中 DF1-1-5 井、DF1-1-9 井、DF13-1-4 井、DF13-1-2 井、DF1-1-7 井均钻遇到不同的气水界面，在生产的井有 A2h 井、A4h 井、A7h 井、A8h 井，B1h 井、B2h 井、B6h 井、B9h 井、E2h 井、E4h 井、E6h 井，从钻井连井对比分析，钻遇的砂体较厚，生产井有 A7h 井、A8h 井的砂体厚度一般在 40m 以上，5 井砂岩厚度可达 51.9m，储层测井平均孔隙度为 20.4%~28.8%，渗透率为 5~517.3mD，平均为 64.7mD，为中孔、中渗储层。

针对Ⅱ$_{上}$气层组砂体提取了地震多属性（图 1-18），两张振幅类属性图中可以看出，该砂体含气异常分布比较广，该时期砂体能量和振幅属性整体较强，中间发育有受泥流改

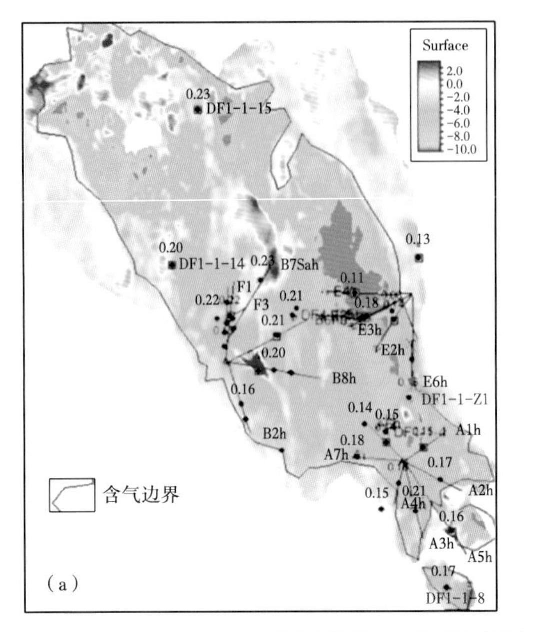

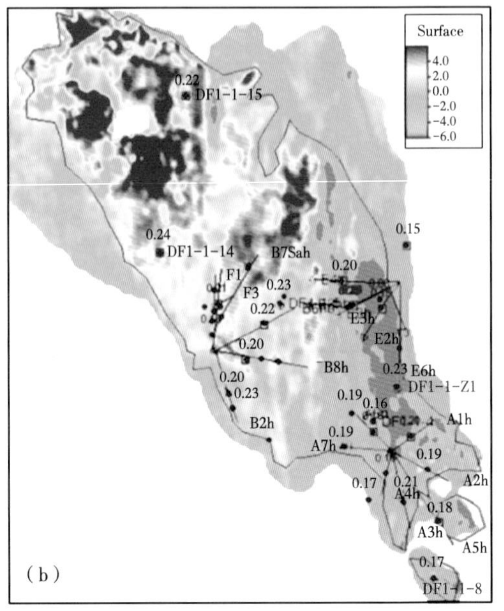

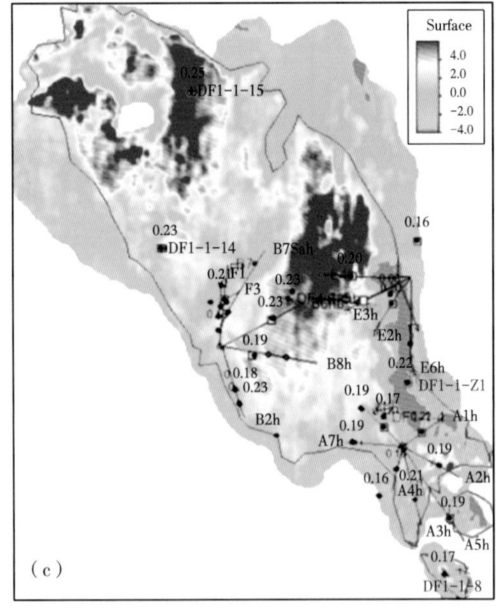

图 1-17　Ⅰ气层组 5 井区井点平均孔隙度及孔隙度随平均振幅属切片演化图

造的砂体；弧长属性显示，受泥流改造的砂体弧长值高，呈片状稳定分布，弧长值低呈席状或宽的条带状分布，与振幅类属性图高值区主体分布一致。由钻井资料分析表明，Ⅱ$_{上}$气层组主要发育席状浊积岩，沉积物以粉砂岩和粉细砂岩为主，后期被泥流冲沟改造。通过分析优选了Ⅱ$_{上}$气层组地震多属性与砂岩厚度、含砂率与相关性关系，与之相关性最好的是能量和属性及振幅和属性，Ⅱ$_{上}$气层组能量和属性与砂岩厚度具有较好的正相关性，振幅和与储层含砂率具有较好的负相关关系。振幅和低值区（橘红色、黄色）及能量和高

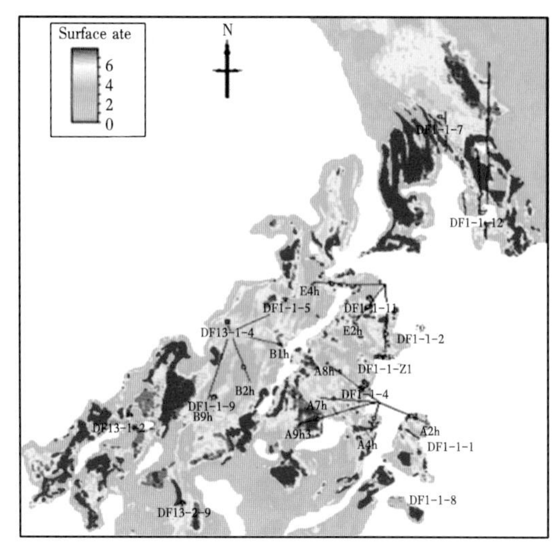

（a）Ⅱ$_{\text{上}}$气层组均方根振幅属性图

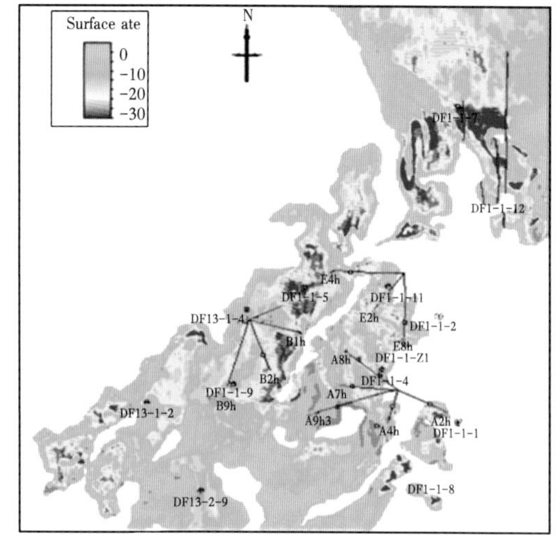

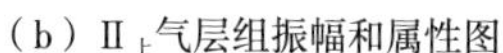
（b）Ⅱ$_{\text{上}}$气层组振幅和属性图

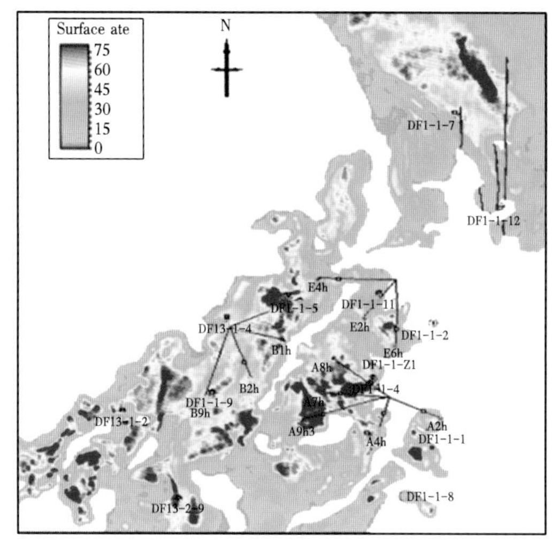

（c）Ⅱ$_{\text{上}}$气层组能量和属性图

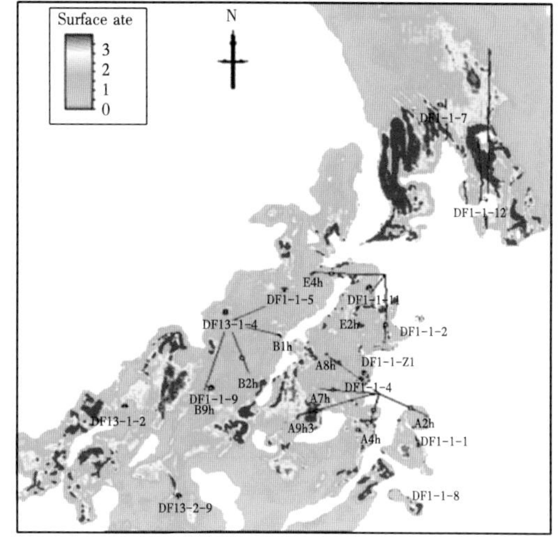

（d）Ⅱ$_{\text{上}}$气层组能量和属性图

图 1-18　Ⅱ$_{\text{上}}$气层组地震多属性综合分析图

值区（橘红色）岩性以粉砂岩和泥质粉细砂岩为主，储层厚度大，代表性的井有 5 井、9 井、7 井，生产井有 A7h 井、A8h 井，砂体厚度一般在 40m 以上，探井中 5 井砂岩厚度最大可达 51.9m，测井曲线呈箱形或漏斗形，为原始沉积的席状浊积体；振幅和的中低值区及能量和高值区（橘红色）的岩性以粉砂岩和泥质粉细砂岩为主，储层厚度分布中等—较大，内部有泥质（干层）夹层，代表性的井有 DF13-1-2 井、DF13-1-4 井、E4h 井、DF13-2-9 井，砂体厚度一般在 10m 以上，受轻微改造的砂体厚度一般在 20m，测井曲线呈箱形或漏斗形，为受改造后残留席状浊积体；砂体边部振幅和的低值区（淡蓝色区）及能量和中低值区（淡蓝色）的岩性以泥质粉砂岩为主，储层厚度较薄，泥质含量高，代表性的井有 11 井、A9h 井、A9h2 井，储层厚度一般在 5m 以下，一般处在泥流侵蚀区和储层边部的过渡带区域。由此利用地震多属性特征和钻井、测井单井微相可以较好地分析莺二段Ⅱ$_{上}$气层组的沉积微相平面分布，刻画了Ⅱ$_{上}$气层组席状浊积岩的分布和泥流冲沟的分布及其影响的区域。

储层参数与属性相关分析显示，Ⅱ$_{上}$气层组砂岩净厚度与能量和属性相关性较好（图1-19），含砂率与振幅和属性相关性较好，孔隙度与优选的地震属性中振幅和属性呈弱相关性，而通过把地层按等比切片后，在砂体内部进行细分，对上部砂体引入更多的水平井的数据点，通过属性优化后，使得井震相关性明显提高，利用该属性可使得孔隙度的平面分布预测更近地层真实值。属性与储层参数相关关系显示，可利用振幅和属性与能量和属性叠合可反映储层厚度及隔夹层的分布情况，属性分布与钻井表明的冲沟、含砂率分布相吻合：（1）从E4h井气层组分的不同，可分析砂体的分割区边界；（2）从A9h井和A9h2井处来分析，由于冲沟作用，A9h2井储层非常薄，下部物性差，而A9h井的属性也能显示储层不发育。目前振幅和属性与钻井情况一致，红色区域为厚度和含砂率较高的区域。由此根据相关性较高的属性并预测了Ⅱ$_{上}$气层组净厚度和孔隙度平面分布。

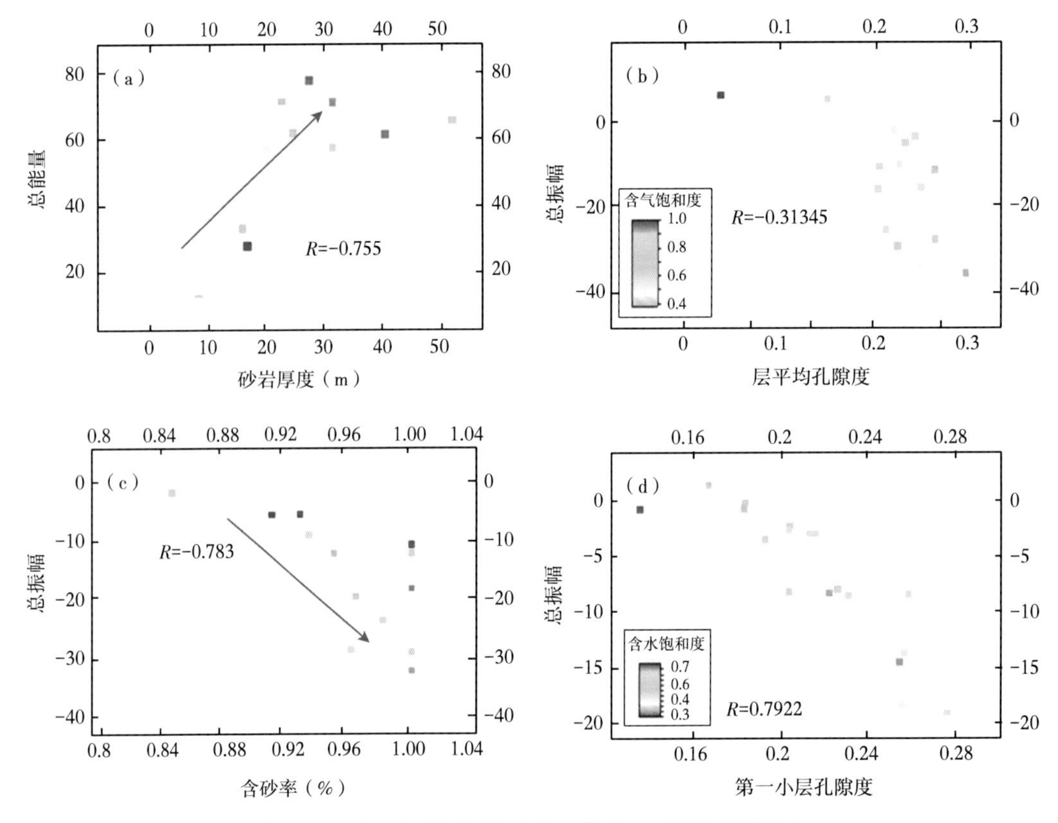

图1-19　Ⅱ$_{上}$气层组储层参数与优选地震属性相关关系

针对Ⅱ$_{上}$气层组的多属性研究显示（图1-20），其能量和属性还可反映含气性，目前开发井研究的气水界面为-1396m，钻井显示能量和值较大时，含气性好，同时在低于气水值的低部位，且能量和属性值较大的井区，如DF13-1-2井区证实了含气性，其钻遇的气水界面（-1420m）为Ⅱ$_{上}$气层组南部砂体的挖潜带来了希望，同时深度为-1420.9m气水边界线与能量和属性在南部的属性边界非常吻合，而在这种岩性—构造控制的复合型气藏具有不同的气水界面认识下，储层含气范围变大，因此预测总能量较高的区域含气性较好，并且后期在构造低部位DF13-2-9井已经钻遇17m的气层，证实了构造低部位储层的含气性。

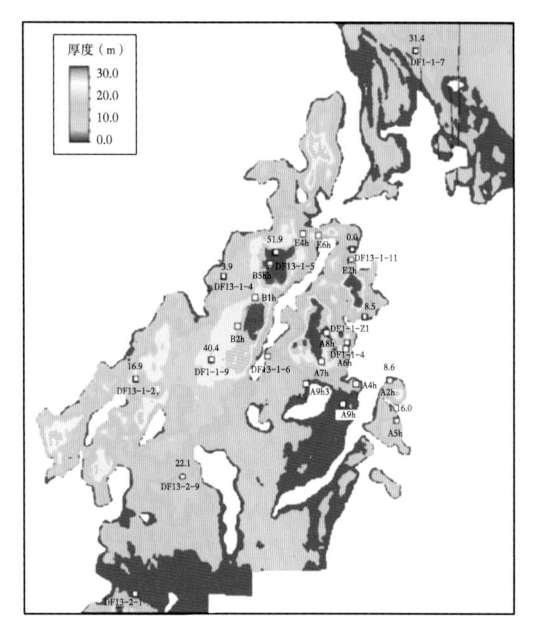

（a）Ⅱ$_{上}$气层组净砂岩井点厚度与厚度平面分布

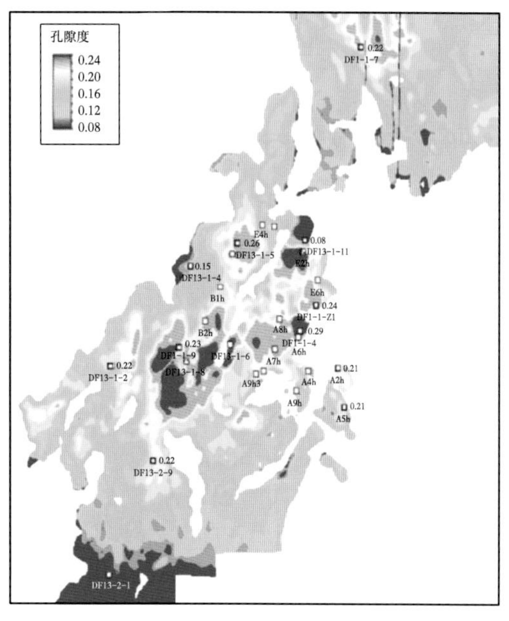

（b）Ⅱ$_{上}$气层组井点小层平均孔隙度与孔隙度厚度平面分布图

图1-20　Ⅱ$_{上}$气层组储层净砂岩厚度与孔隙度平面预测分布图

第二章　强非均质性储层预测技术

第一节　基于气田开发中后期储层描述的地震资料处理技术

一、基于储层描述的地震资料重处理技术

根据南海西部海域气田开发中后期生产动态、调整井挖潜等认识综合分析，认为其普遍存在砂体非均质性强、连通性难以判断、动静储量矛盾等问题，需要开展储层精细描述研究。而针对开发前期甚至是勘探评价时期处理的地震资料往往难以满足气田后期开发调整挖潜的要求，因此必须开展基于生产动态认识、以储层精细描述为目的的地震资料重处理。

地震资料重处理的主要目的是为了改善多次波衰减，丰富低频段的有效信息，真正做到保真保幅。以提高储层的纵（横）向分辨率，使地层接触关系更为清晰，便于刻画砂体的分布及叠置关系；同时提高断层成像精度，便于进行断层的封堵性分析来解决气藏横向压力变化大的问题。本书以崖城 13-1 气田为例，运用相对振幅保持、波动方程自由表面多次波衰减、高密度速度分析、不同偏移距的频谱均衡及提高分辨率等技术，有效提高地震资料品质。

1. 相对振幅保持

球面扩散能量补偿是为了消除地震波的波前扩散引起的能量减弱现象而采取的对地震数据进行能量补偿的方法。球面扩散补偿通常有两种方法：与偏移距无关的补偿方法和与偏移距有关的补偿方法（陈宝书等，2008）。

崖城 13-1 气田采用第一种补偿方法，通过球面扩散补偿试验，最终选取 T^2V^0 的球面扩散补偿，使地震波在传播时损失的能量得到恢复（图 2-1）。

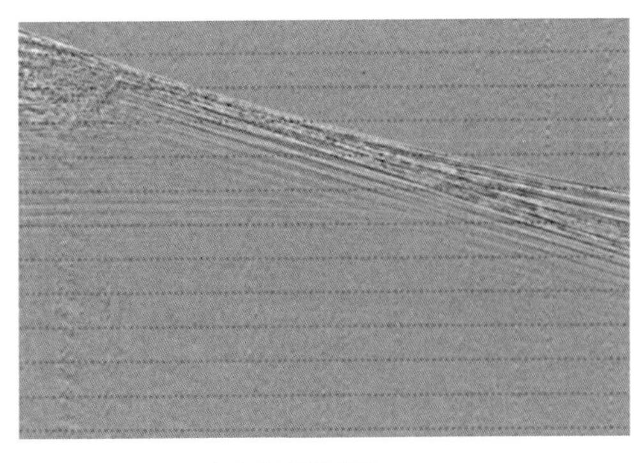

（a）补偿前单炮

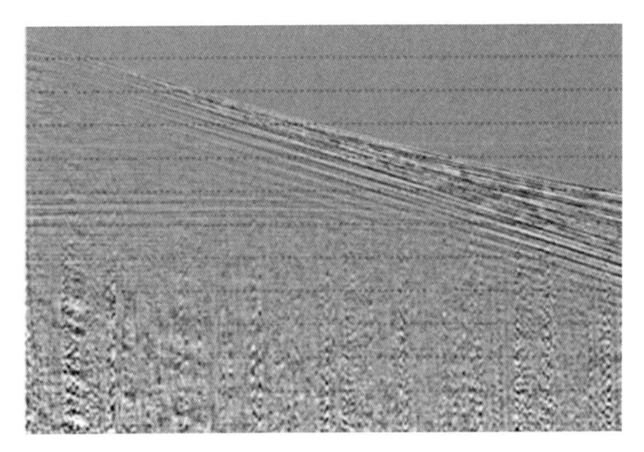

（b）补偿后单炮

图 2-1　崖城 13-1 工区补偿前后单炮对比

2. 波动方程自由表面多次波衰减

由于海平面和海底是两个非常强的反射界面，震源信号在下行或上行过程中会在海平面和海底之间形成 1 次多次波、2 次多次波、*N* 次多次波。1 次多次波和有效波速度相近，难以利用速度差的办法来压制。

目前消除这种与自由界面有关的多次波技术（Surface Related Multiple Elimination，SRME 技术）有两种。一种是基于波动方程理论，利用地震数据自身进行时空褶积来预测多次波。另一种是基于 Delft 多次波衰减方法，该方法应用于 Fourier-CMP-offset 域，不需要反射层位、速度等信息，就可以预测所有与自由表面相关的多次波。

崖城 13-1 气田采用第一种方法的 SRME 技术，首先构建多次波模型，再从原始数据中减去预测出的多次波，从而达到压制多次波的目的（图 2-2）。

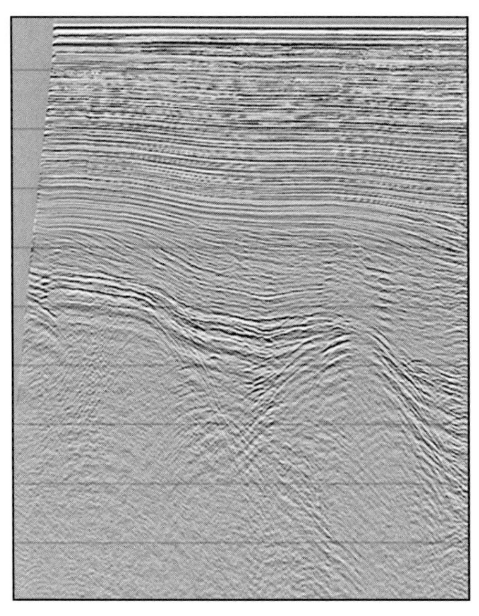

（a）多次波前叠加剖面

（b）多次波后叠加剖面

图 2-2 崖城 13-1 工区 SRME 压制自由表面多次波前后叠加剖面对比

3. 高密度速度分析

针对速度各向异性目前常用的双曲线动校正技术只适用于炮检距与目的层埋深比值较小的情况，双曲线方法的走时计算精度随着炮检距与埋深比值的增大而明显下降。当入射角大于 35°时，双曲线动校正会引起较大的叠加速度误差并使大炮检距数据动校正过量，导致道集不平，叠前地震子波提取、储层 AVO 类型判别不准确等问题。

针对这个问题 Siliqi 和 Meur 等于 2003 年提出了一种高密度双谱速度分析方法，该方法在时移双曲线坐标中拾取最大偏移距处的剩余时差和零偏移距走时来实现。该方法解决了各向异性引起的远偏移距道集拉不平的问题，延长了可用的偏移距，扩大了有效的入射角度，使地震资料处理更加保幅、保真，为后续 AVO 分析和叠前反演提供了更丰富的有效信息。图 2-3 是崖城 13-1 气田高密度双谱速度分析道集拉平处理前后的地震道集，可以看出处理后远偏移距道集也被拉平，且无振幅畸变现象。

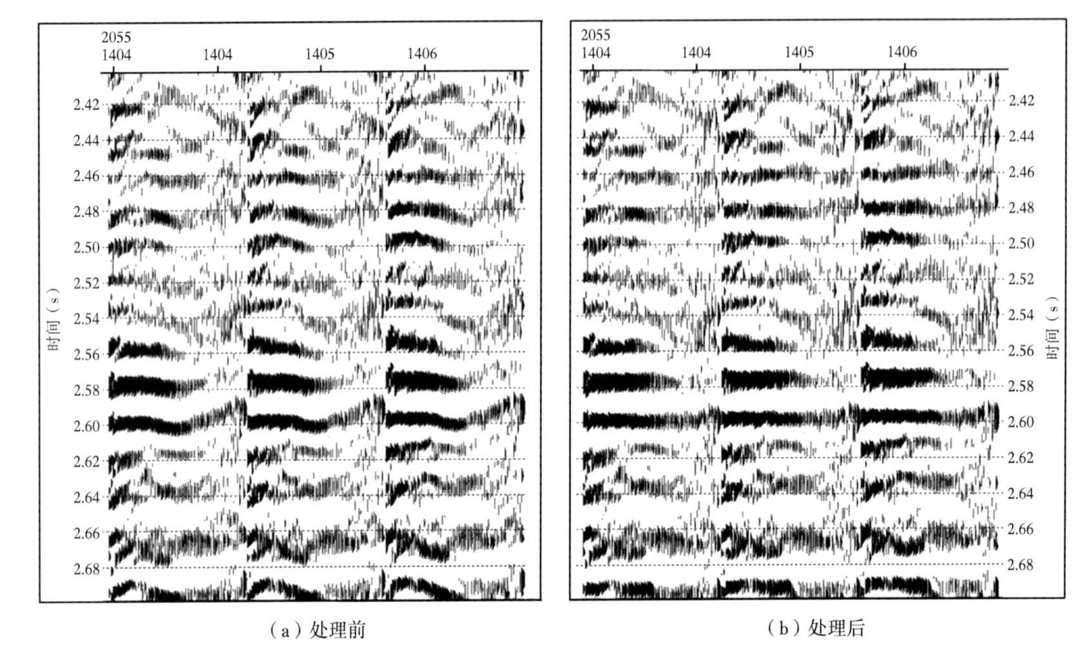

（a）处理前　　（b）处理后

图 2-3　崖城 13-1 气田高密度双谱速度分析道集拉平处理前后对比

4. 不同偏移距的频谱均衡

由于地层对地震信号的吸收作用和动校拉伸效应，不同偏移距表现出不同的频谱特征，偏移距越大在频谱能量分布的频段范围就越大。采用不同偏移距的谱校正技术处理的主要目的是针对地层吸收和动校拉伸效应进行校正，同时使地震波能量集中到有效频带范围内。针对偏移距的频谱均衡技术在不改变各偏移距道集振幅大小（即 AVO 特征不变）的前提下，将不同偏移距或角度的道集频谱整形为一致的频宽，如图 2-4（b）所示，使地震信号能量更加集中、AVO 异常更加明显、AVO 分析更加稳定。

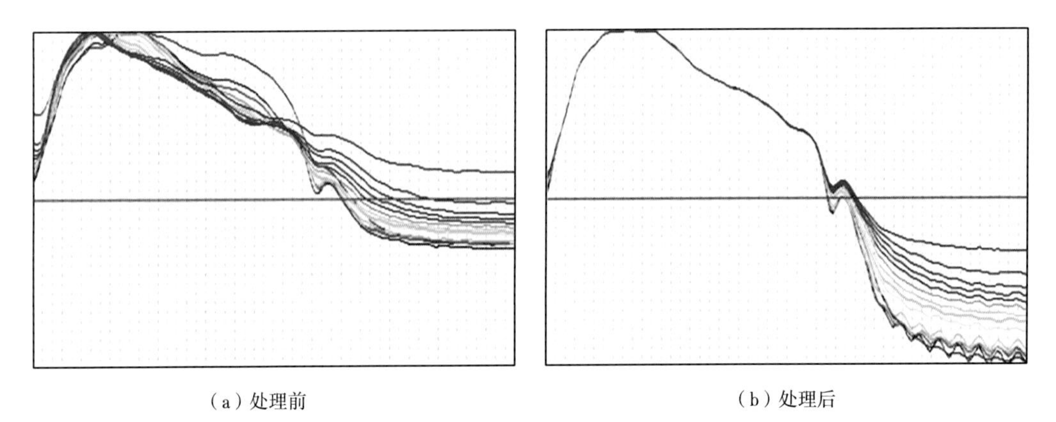

（a）处理前　　（b）处理后

图 2-4　崖城 13-1 气田不同偏移距频谱均衡处理前后的道集频谱对比

5. 提高分辨率

地震波在地下介质中传播时会因吸收衰减而造成高频能量的损失和相位畸变，从而降低地震资料的信噪比和分辨率，补偿这种吸收衰减最常用的方法是反 Q 滤波。

通过针对性的资料重处理，可以看出重处理资料的信噪比更高，基底反射更清晰，气田多次波被更好地压制（图 2-5）。

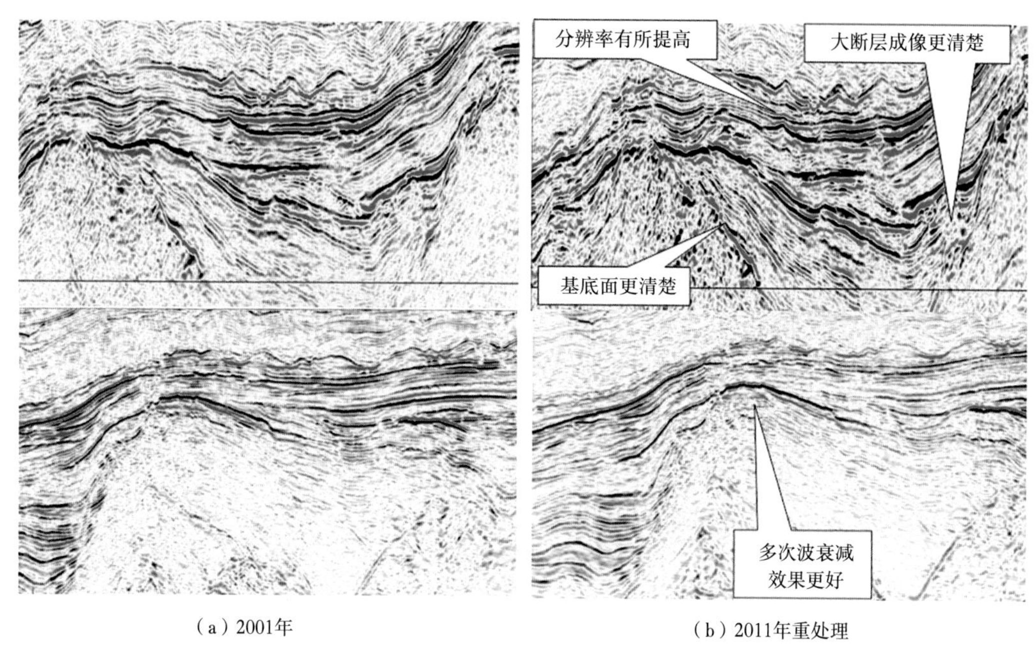

（a）2001年　　（b）2011年重处理

图 2-5　崖城 13-1 气田 2001 年与重处理资料对比图

二、基于储层描述的地震测井资料优化处理技术

地震道集、测井资料的标准化及横波速度预测等基础资料的准确性直接关系到储层预测结果的准确程度。因此为了得到较高的储层精细描述结果，应该开展基于储层描述的地震测井资料优化处理。本书以东方 1-1 气田为例。

1. 叠前地震道集优化处理

东方 1-1 气田叠前时间偏移处理地震资料的 CRP 道集信噪比较高，有效角度范围较大，但仍存在三个方面的问题：一是地震资料主频偏低，频宽 5~100Hz，主频约为 50Hz，地层速度按 2800m/s 计算，地震资料极限分辨率为 14m，而本区气层厚度多在 10m 以下；二是存在动校剩余时差，道集同相轴不平；三是 AVO 正演模拟合成道集与井旁道 AVO 特征差异较大。这些问题在一定程度上影响叠前反演和 AVO 分析的效果，因此必须进行叠前地震道集优化处理。

1）反 Q 滤波拓频处理

通过各井层速度分析、地震频谱扫描、叠加剖面对比和时频谱分析综合确定反 Q 滤波参数，对叠前道集进行反Q滤波处理（$Q=80\sim200$），在基本保证信噪比和保真度不变的条件下，可适当提高地震资料分辨率。

图2-6为拓频处理前后DF1-1-2井井旁道提取子波对比，前者主频约为50Hz，后者主频约为60Hz。

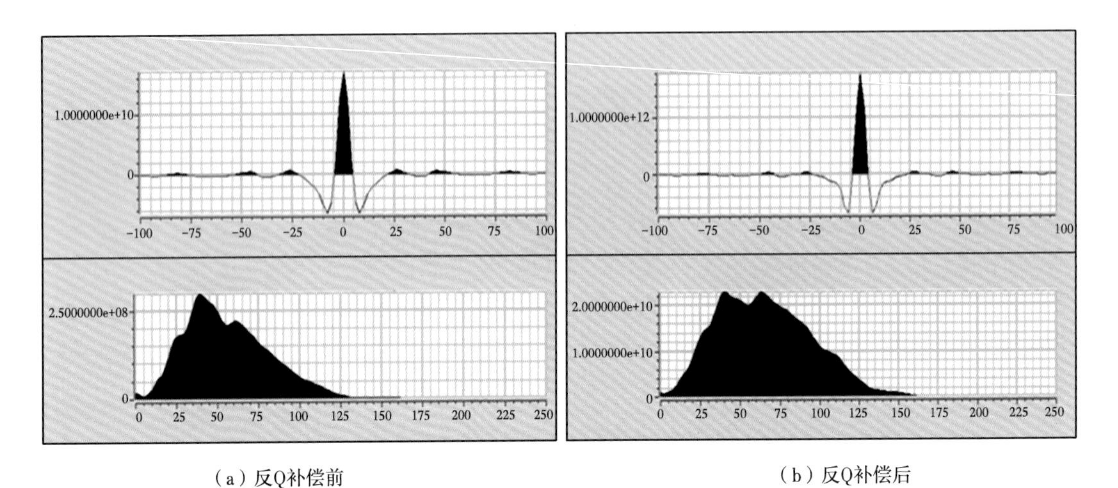

（a）反Q补偿前　　（b）反Q补偿后

图2-6　DF1-1-2井区反Q补偿前后地震子波及其频谱对比

2）动校剩余时差校正（道集拉平处理）

针对道集不平现象，采用可变时窗多级相关动校剩余时差校正技术拉平道集。图2-7为动校剩余时差校正前后道集对比剖面，校正前道集不平，校正后基本拉平，且在校正过程中很好地保持了AVO信息。

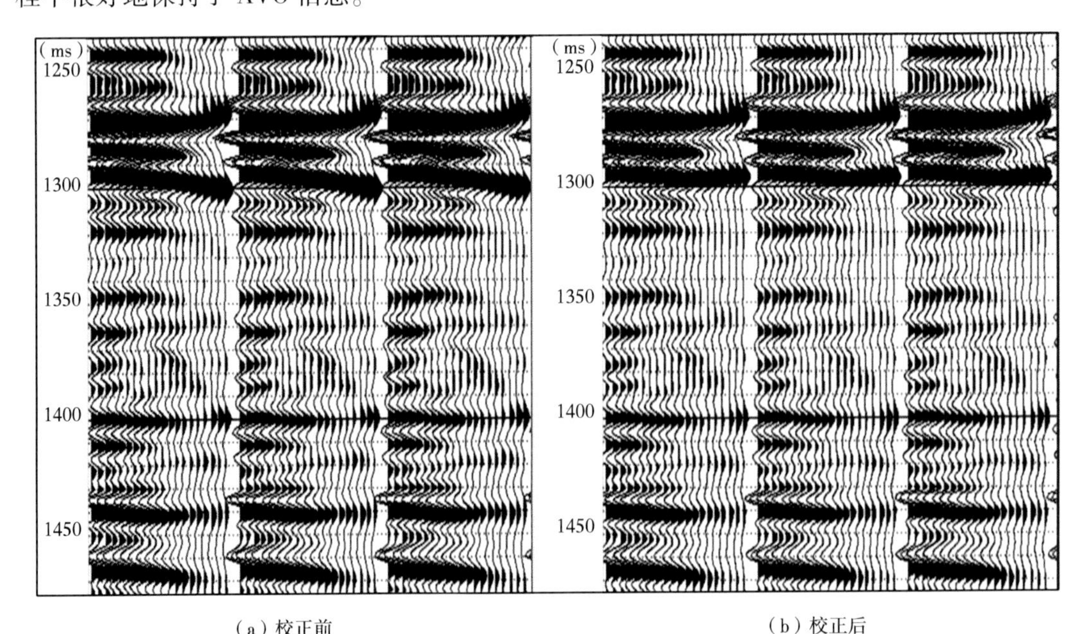

（a）校正前　　（b）校正后

图2-7　动校剩余时差校正前后道集对比

3）AVO 背景趋势校正

可采用多井 AVO 背景趋势校正技术进行实际 CRP 道集 AVO 背景趋势校正。首先选取本区具有代表性的 8 口探井作为 AVO 背景趋势校正标准井；其次选取Ⅰ气层组上覆大套泥岩—水砂层段为标准层；然后提取标准层 AVO 背景趋势线并建立 AVO 背景趋势校正公式；最后利用 AVO 背景趋势校正公式，对实际道集进行 AVO 背景趋势校正（图 2-8）。

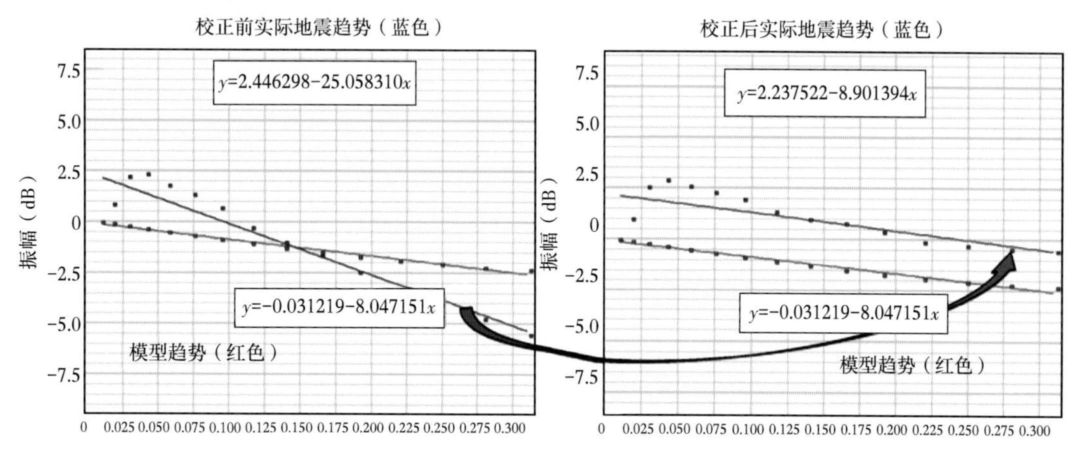

图 2-8　AVO 背景趋势校正公式建立

综上所述，经过反 Q 滤波拓频处理、道集拉平和 AVO 背景趋势校正，叠前 CRP 道集质量明显提高，目的层优势频带宽度由 23～90Hz 提高到 25～105Hz，优势主频由 50Hz 提高为 60Hz，道集基本拉平，AVO 背景趋势合理，叠加数据体保持原始数据相对能量关系，为叠前反演和 AVO 分析奠定了良好的基础。

2. 测井资料优化处理

基于井资料的地层评价和岩石物理研究是储层预测研究中非常重要的一环，是对钻遇地层的岩性、物性和流体性质进行分析和解释。测井资料的质量控制是储层预测结果可靠的保障，因此单井测井资料和多井测井资料一致性的质量控制至关重要。

单井测井资料的质量控制主要是检查各测井系列在纵向上的响应特征是否匹配，内容包括不同测井仪器系列深度匹配检查、测井响应特征一致性检查、分析受大井眼影响的井段测井曲线响应的可靠性。针对存在的问题，分别进行不同测井系列的深度校正和曲线的编辑。面向储层预测的测井评价关键曲线包括密度、纵波速度、横波速度曲线。

1）实测曲线校正方法

质量控制的主要目的是识别出测井和钻井环境引起的测井曲线测量偏差，以及校正多井间由于不同仪器、不同测量环境和井眼条件引起的测量结果系统差异。对井眼环境分析表明，工区内各井声波、密度等曲线在井眼垮塌层段，存在不合理的响应。为此需建立基准曲线和待校正曲线之间直接的函数转换关系，而后在井眼垮塌层段对密度测井响应进行校正。图 2-9 是各井经过质量控制处理前后的密度—纵波速度交会与岩石物理极限关系图，与处理前相比测井曲线质量有了较大程度的改善，储层速度和密度的关系更合理。

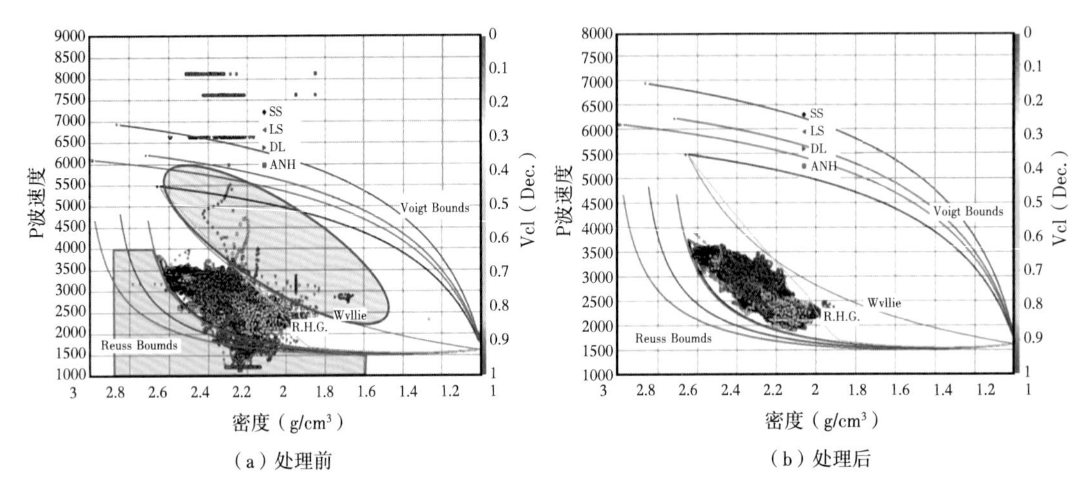

（a）处理前　　（b）处理后

图 2-9　各井质量控制处理前后密度—纵波速度交会与岩石物理极限关系图

2）井曲线标准化

不同系列测井仪器可能存在的系统误差、各井使用的钻井液性能的差异及井眼的影响等因素，使不同井之间用于泥岩体积建模的自然伽马测井、反映岩石弹性特征的密度测井和声波测井与标准层的测井响应可能存在较大差异。这种差异导致用井标定的合成地震记录和受批量井约束的地震岩性反演可能存在很多不确定因素。因此，在单井资料质量控制的基础上多井资料标准化校正是测井和地震资料结合的重要质控环节。

图 2-10 分别是标准层伽马、密度、声波曲线标准化前后的直方图统计结果。标准化处理前后对比的分析表明：标准化前各井的伽马、密度、声波响应规律不尽相同，标准化处理后多井间一致性规律明显改善，多井不同岩性的响应范围基本一致，而主峰代表的是该标准层段的主要岩性响应特征，满足储层预测对求取弹性参数的一致性要求。

3. 横波速度预测

目前横波预测主要有经验公式方法和理论模型方法。经验公式方法是通过建立纵波速度与横波速度关系来开展测井横波预测，比较简便但其应用效果难以保证。理论模型方法目前备受推崇，其中 Xu-White 理论模型方法是目前碎屑岩地层测井横波预测公认的经典方法。

Xu-White 理论模型横波预测基本原理如下：根据骨架和泥质不同的纵横直径比及其他有关参数可以估算岩石的体积模量和剪切模量，并可根据孔隙流体的性质来推算流体对岩石模量的影响；结合密度测井的密度资料和由 Xu-White 模型得出的体积模量和剪切模量，便可导出岩石的纵波速度横波速度。

DF13-1-4 井用优化 Xu-White 模型方法预测横波（蓝色）与实测横波（红色）曲线形态一致，幅值变化趋势一致，误差较小（图 2-11）。通过采用优化 Xu-White 模型方法进行横波预测，补全了所缺的横波曲线，为后续的岩石物理分析、叠前反演和 AVO 正演模拟奠定了基础。

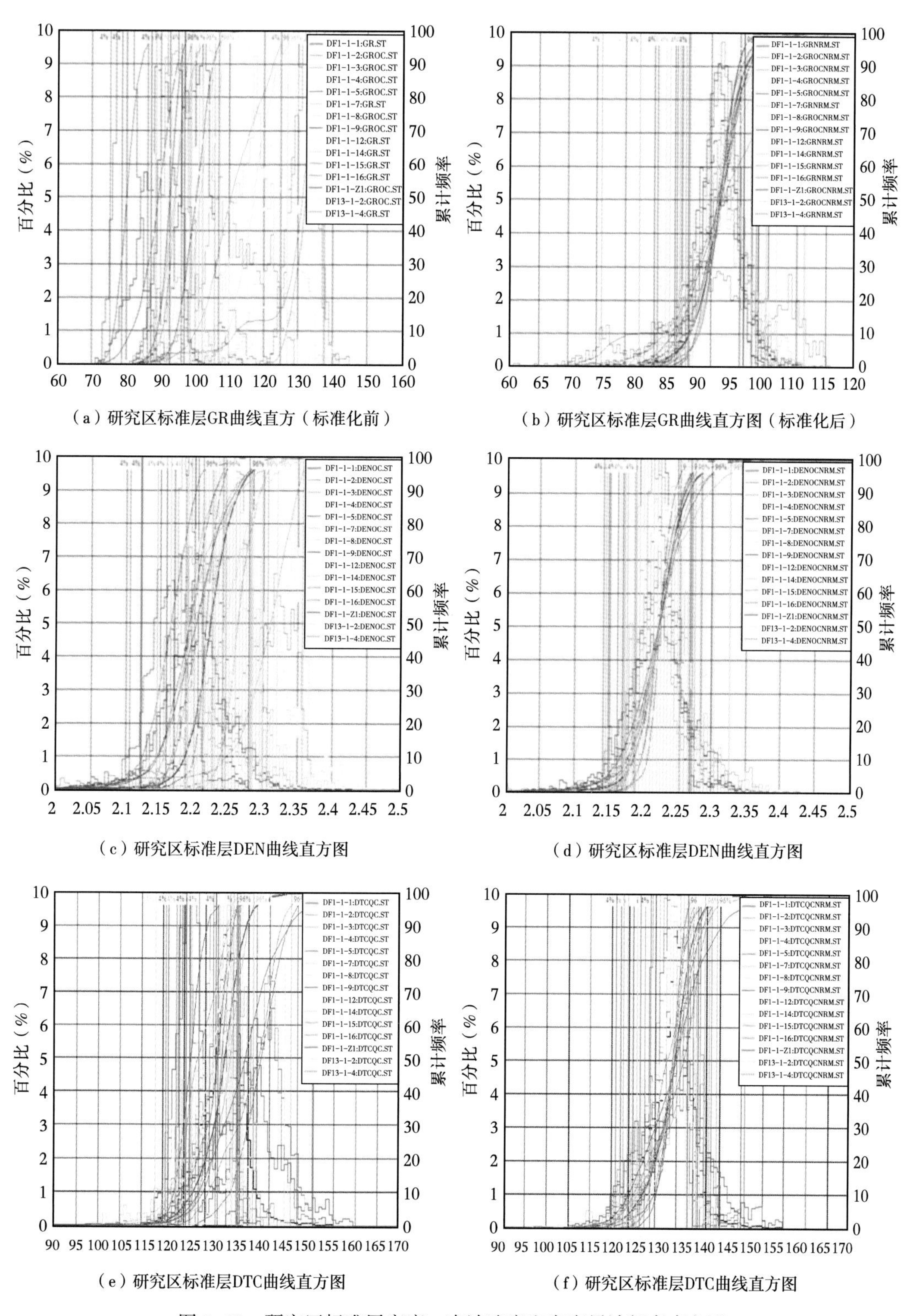

（a）研究区标准层GR曲线直方（标准化前）

（b）研究区标准层GR曲线直方图（标准化后）

（c）研究区标准层DEN曲线直方图

（d）研究区标准层DEN曲线直方图

（e）研究区标准层DTC曲线直方图

（f）研究区标准层DTC曲线直方图

图 2-10　研究区标准层密度、声波速度和密度累计频率直方图

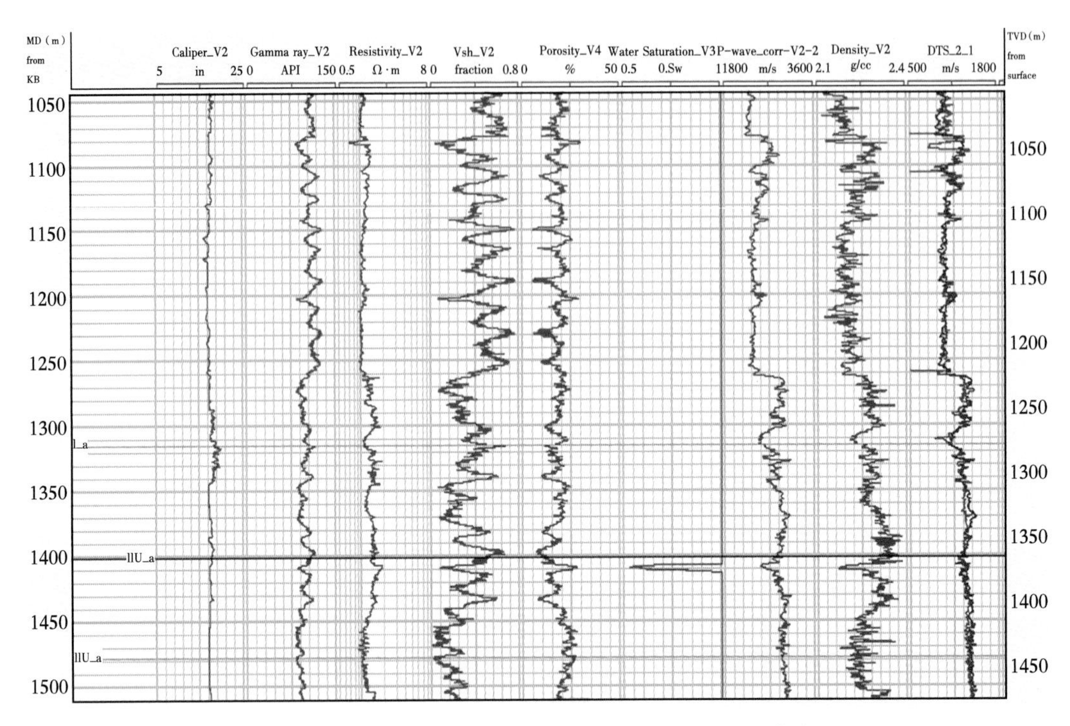

图 2-11　DF13-1-4 井 Xu-White 方法预测横波与实测横波对比

第二节　基于地震相分类和开发生产动态认识下的砂体精细刻画技术

利用地震相对气层非均质性的识别和开发井区可动单元为基础，对各开发井区地质储量及动用储量进行匹配分析，结合各开发单元的压力、组分等变化情况进行综合分析，从开发地震研究的角度去落实剩余储量分布情况及剩余油气分布范围（Hilterman，2006）。

一、地震相分类

1. 地震相综述

东方 1-1 气田莺歌海组储层埋深较浅，储层含气后与泥岩有较大波阻抗差异，在地震剖面上表现为明显的“亮点”反射特征。地震资料对“冲沟”、夹层等地质现象响应清晰。

1）水道

东方区沉积时期水动力较强，沉积时有水道伴生发育。多数水道为侵蚀性水道，侵蚀下伏地层后，水道内部沉积泥岩；在 I 气层组 7 井区发育建设性水道，对储层沉积起到控制作用。水道为东方 1-1 气田横向非均质性的最主要影响因素。

（1）侵蚀性水道（“冲沟”）。

“冲沟”地震上表现清晰，尤其在Ⅱ气层组、Ⅲ气层组沉积时期较为发育，底流对储层的侵蚀后内部沉积泥岩，两侧有较强正反射界面。根据“冲沟”规模将其分为大型“冲沟”、中型“冲沟”及小型“冲沟”（图 2-12）。

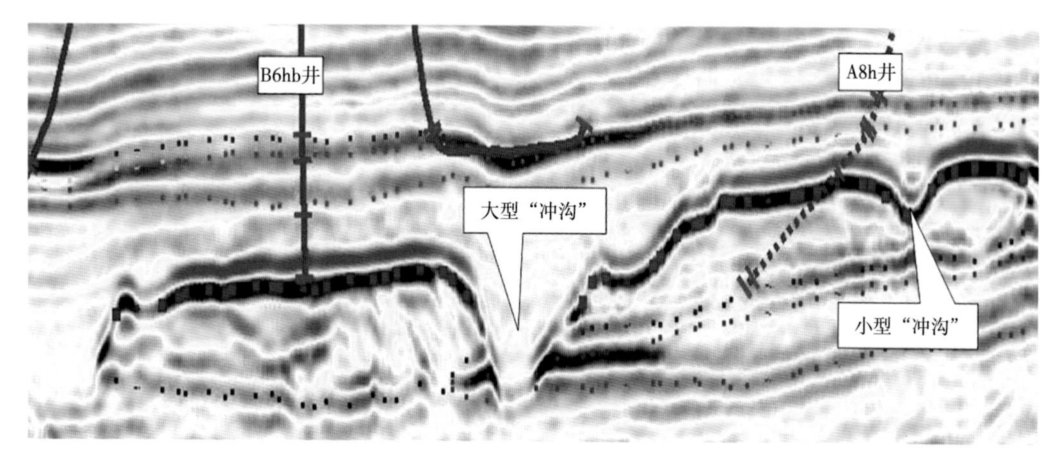

图 2-12　“冲沟”地震相特征显示剖面

大型“冲沟”形成时水动力强，能量集中，对储层侵蚀后造成储层间互不连通，如Ⅱ气层组 A 区与 B 区，相互间组分、压力等生产动态证实互不连通。

中型“冲沟”侵蚀储层，但对储层没有完全切断，表现为“冲沟”两侧储层互不连通，但随着气田开发压力和组分相互传递和连通。

小型“冲沟”在厚储层顶面呈波浪状存在，对储层侵蚀规模小，对储层连通性无影响。对薄储层来说，小型“冲沟”因水动力分散，所以对储层侵蚀后形成系列沉积间断，砂体被侵蚀后呈串珠状展布。

（2）建设性水道（水下分流河道）。

东方区储层内部存在部分水下分流河道，侵蚀下伏地层后水道内沉积砂岩。地震相表现为明显的下切特征，水道底界面为正反射界面（图 2-13），与泥岩“冲沟”相比，其水道顶界面为砂岩反射，含气后呈现明显的强波谷。东方 1-1 气田水下分流河道主要分布在Ⅰ气层组，DF1-1-12 井实钻Ⅰ气层组水道储层厚度大，水道内都为气层，无局部富集水。

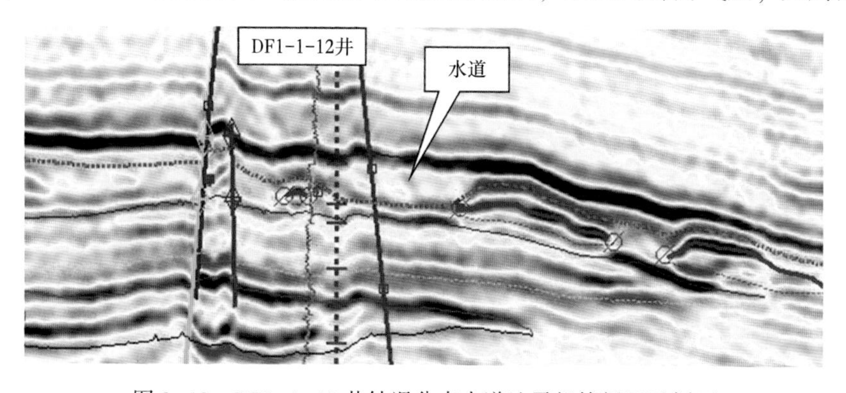

图 2-13　DF1-1-12 井钻遇分支水道地震相特征显示剖面

（3）侵蚀再沉积。

“冲沟”侵蚀下伏地层后，内部呈砂岩、泥岩叠置沉积，地震相显示为正负反射相位交错叠置，平面上呈条带状展布（图2-14）。A9h井实钻证实正负相位叠置处为砂泥岩交互沉积，储层物性较差，该区域含气风险非常高。

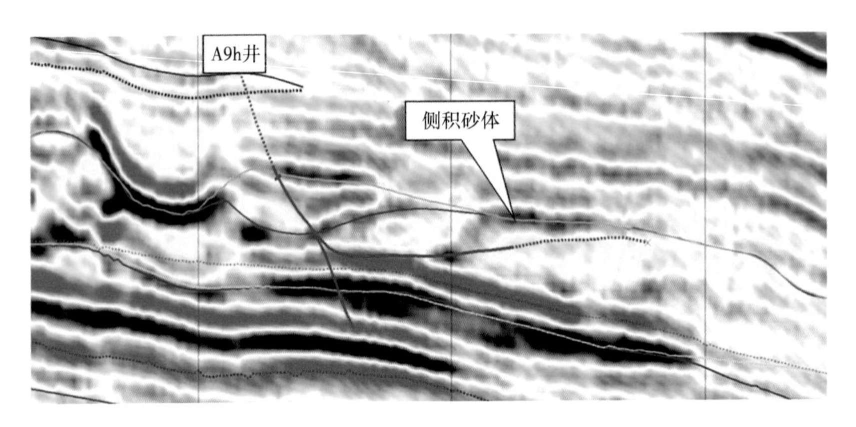

图2-14　Ⅱ气层组侵蚀再沉积地震相显示图

2）隔（夹）层及物性界面

东方1-1气田Ⅱ$_{上}$气层组、Ⅱ$_{下}$气层组间部分区域存在泥岩隔（夹）层，为储层纵向非均质性的主要控制因素。

（1）隔层。

东方区Ⅱ气层组内隔层展布范围广，受沉积作用影响，为两期砂体沉积界面。泥岩隔层地震相显示为强波峰、高频反射，泥岩厚度与正反射强度呈正比（图2-15）。无隔层区域为水道侵蚀影响了泥岩展布，若无隔层则表现为明显的低频、无明显反射界面，存在与

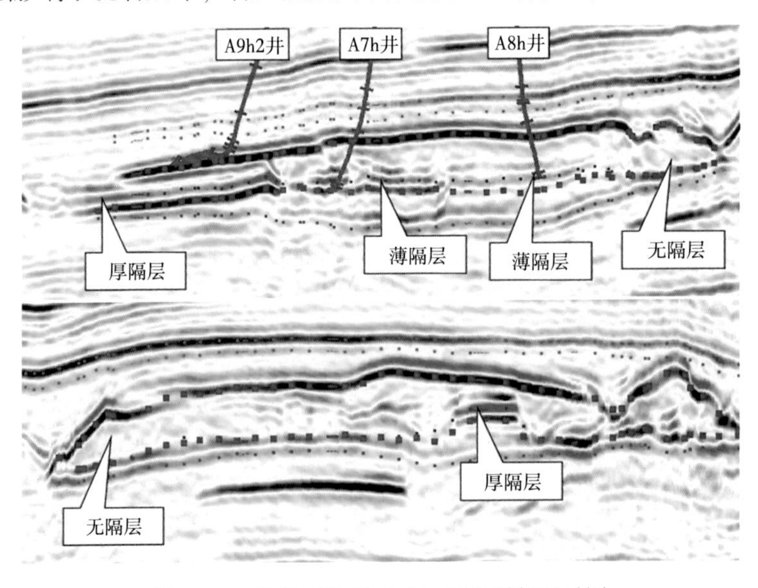

图2-15　Ⅱ气层组隔（夹）层地震相显示图

储层顶面产状相似的子波旁瓣。

（2）夹层。

东方区Ⅱ$_上$气层组、Ⅱ$_下$气层组内部泥岩夹层并不发育，在Ⅱ$_下$气层组A区多井钻遇储层内部高阻抗界面，实钻证明为物性界面，而非岩性界面。仅A9H2井钻后在Ⅱ$_上$气层组内部钻遇泥岩夹层。泥岩夹层在地震相显示为强波峰、高频反射。因为夹层造成的厚度调谐作用，夹层上覆气层反射及夹层本身正反射都较强（图2-16）。

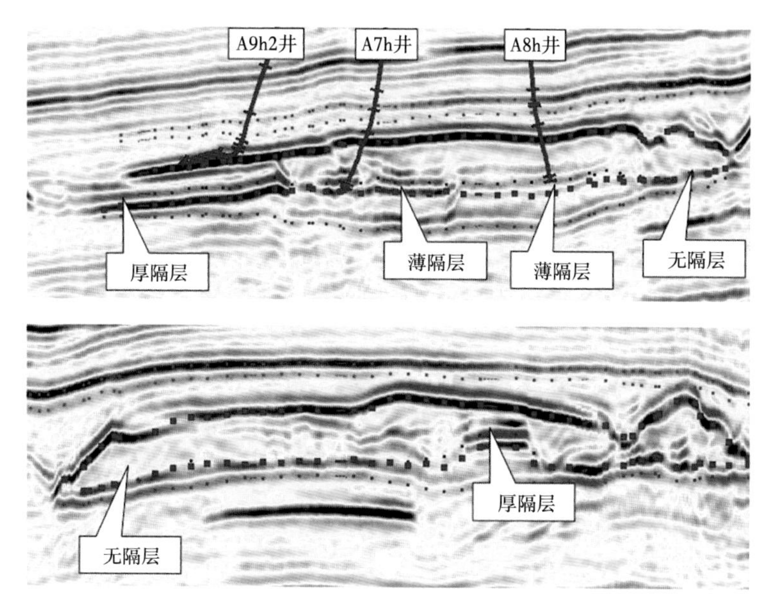

图2-16 Ⅱ$_上$气层组隔（夹）层地震相显示图

Ⅱ气层组厚度较大，在无隔（夹）层存在区域，地震显示厚度大，层间呈现明显低频特征，砂岩均质时无强反射存在。隔（夹）层形成前提为储层较厚，沉积不稳定，呈砂岩、泥岩交互沉积，且存在明显强正反射相位（图2-17）。

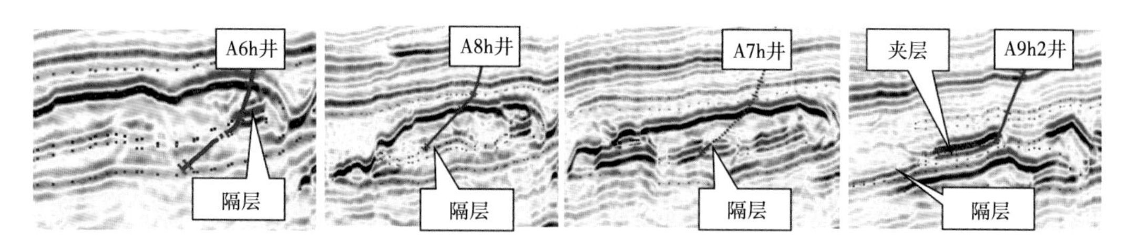

图2-17 Ⅱ气层组有隔（夹）层开发井地震相显示图

（3）物性界面。

在厚储层内部存在中等强度正反射物性界面，与泥岩夹层反射特征类似，不易分辨。该界面为弱水动力条件下形成，沉积稳定，故产状与底界面平行，展布范围受限于砂体范围，与气水界面相交后反射消失。

有多口井钻遇Ⅱ$_上$气层组物性界面，如A3h井、A4h井、A5h井等，多井显示所钻遇层间强反射是因储层物性变化引起的阻抗差异而产生的反射特征（图 2–18）。

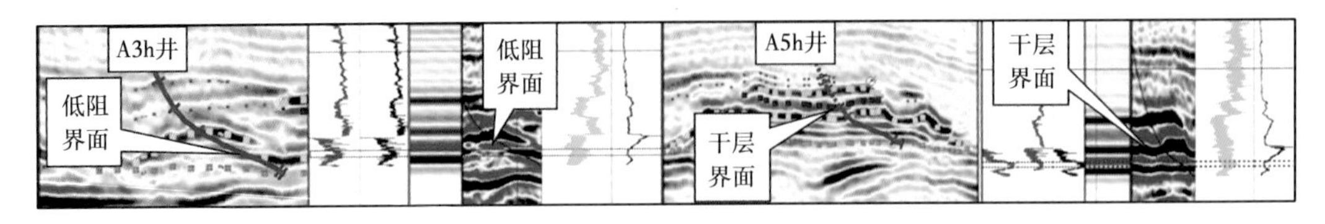

图 2–18　Ⅱ气层组 A3h 井、A5h 井物性界面地震相显示图

物性界面与隔（夹）层地震反射强度几乎一致，单从反射特征方面无法分辨。其与隔（夹）层最大差异表现为地震相所代表储层产状的变化，故开发阶段需要结合地震相及沉积规律进一步深入研究。

3）低渗透储层“甜点”及西物源高渗透储层

东方区低渗透储层主要分布在Ⅰ气层组，沉积时水动力强度较弱，储层厚度较大。低渗透储层地震相表现为平行反射，高连续性，中等反射强度，频率、振幅受储层厚度影响；砂体展布范围广，与下伏地层整合接触。Ⅰ气层组 5 井区低渗透储层上覆一套物性较好的砂体，通过该砂体能够有效动用低渗透区储量，为低渗透储层开发的“甜点”。“甜点”储层地震相表现为亚平行反射，中连续性，强反射，振幅强于下伏低渗透储层，尤其在厚度较大区域存在明显高阻抗界面；砂体展布范围较小，与下伏地层呈角度不整合接触（图 2–19）。

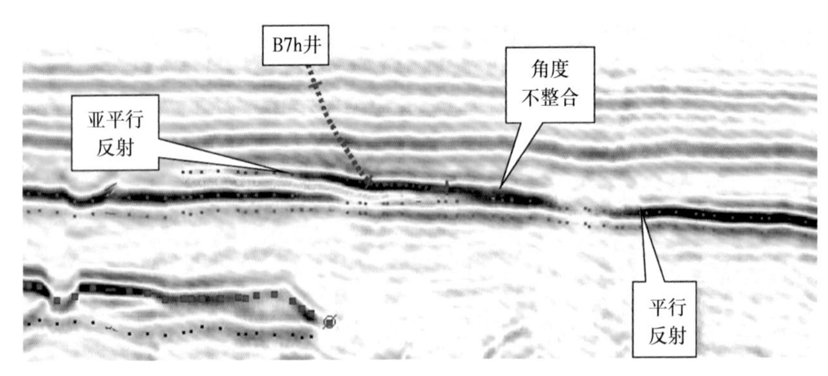

图 2–19　Ⅰ气层组“甜点”储层地震相显示图（B7h 井）

东方 1–1 气田莺歌海组受西部越南与东部海南岛双物源影响（图 2–20）。东物源砂体内无明显反射，富泥沉积，而西物源砂体成层性较好，砂质含量较高。钻井结果也证实了这一认识。

综合地震相、古生物及重矿物等资料分析，认为东方 1–1 气田Ⅱ气层组、Ⅲ气层组为重力流海底扇沉积。受水流改造影响西物源砂体在Ⅱ气层组、Ⅲ气层组主要表现为两类：下切填充或围区被侵蚀后丘状残留沙坝和稳定沉积砂体。

残留沙坝地震相表现为顶面无水道发育区域平行反射、高连续性、强反射、低频率、侧翼有明显“平点”响应，砂体厚度大；水道发育区域呈明显角度不整合接触，控制砂体

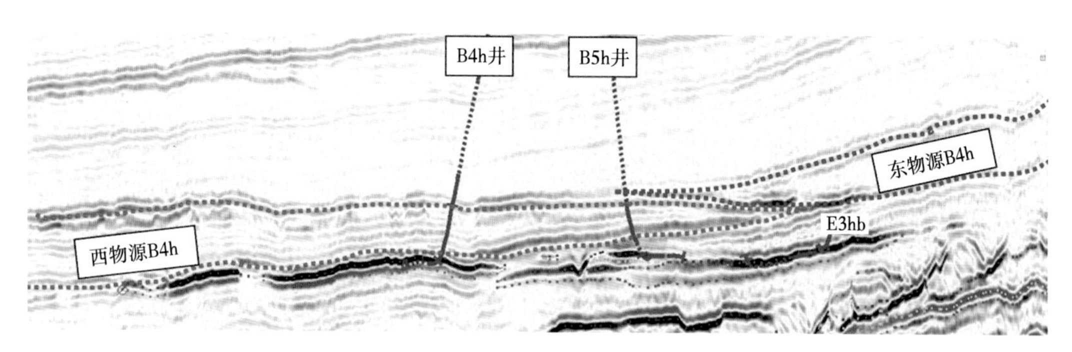

图 2-20　东方区东西物源交会显示剖面

空间展布，内部呈杂乱反射（图 2-21）。该类储层主要分布在Ⅱ$_{上}$气层组 B 区，组分为高烃，单井动用储量大，储层物性较好。

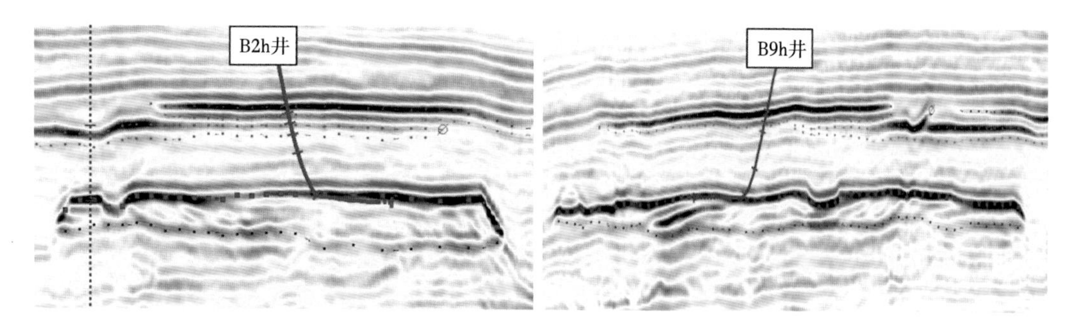

图 2-21　西物源残留沙坝代表井地震相显示图

稳定沉积砂体地震相表现为板状平行反射、高连续性、中等反射强度、低频率、侧翼呈明显“平点”反射。砂体厚度大，展布范围广，与下伏地层呈整合接触（图 2-22）。该类储层主要分布在Ⅱ$_{下}$气层组及Ⅲ$_{上}$气层组北区，组分为高碳，单井动用储量大。

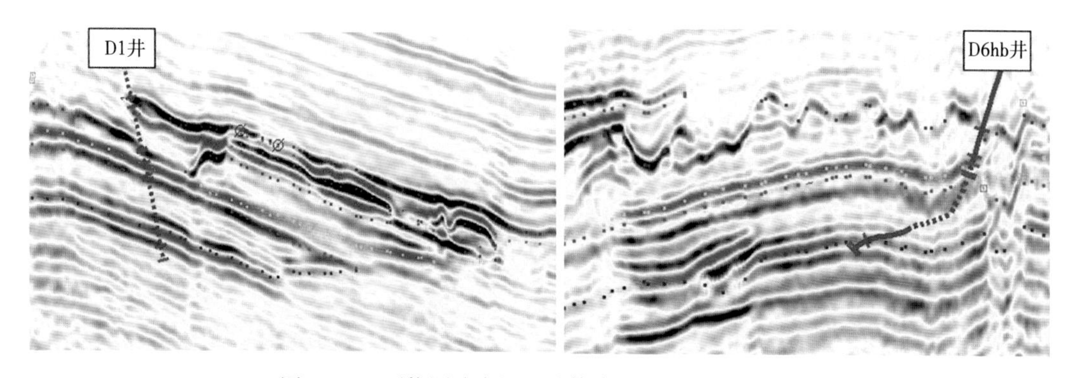

图 2-22　西物源稳定沉积砂体代表井地震相显示图

2. 单井地震相分解归类分析

东方 1-1 气田地震相种类较多，分布复杂，但综合现有开发井所钻地震信息及产能动态，大致可以将地震相分为 8 种（表 2-1）。从气田开发的有利性又可以将其分为两大类，即利于开发地震相及高开发风险地震相。

表 2-1　东方 1-1 气田单井地震相分类统计表

分类	涉及井	特点	地震相	代表图例	产能动用评价
残留沙坝(剧烈改造)	A1、A2、A4、E2、E4、D2、D4	储层物性好，砂体周围被水道侵蚀尖灭，动用范围受砂体大小限制	巨型丘状反射、强振幅、中连续	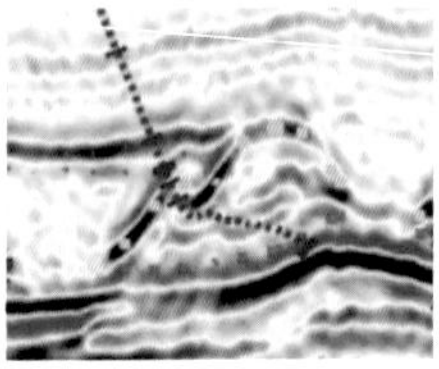	优
残留沙坝(轻微改造)	B1、B2、B6、B9、A6、A7、A8、E5、E6、D8	储层厚度大，物性好，动用范围受周边侵蚀水道控制，组分为高烃，单元内部组分、压力高度一致	地震相复杂，伴生隔（夹）层、砂体叠置、平点等地震反射，强振幅，强连续	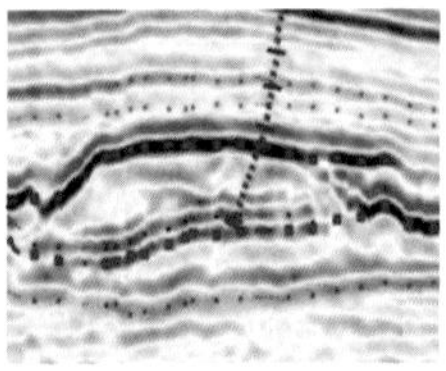	优
原状地层	E1、D7、D1、D3、D5、D6	储层厚度大，物性好，动用范围大，但气层组分都为高碳	平行反射，伴生地震平点反射，中强振幅、强连续	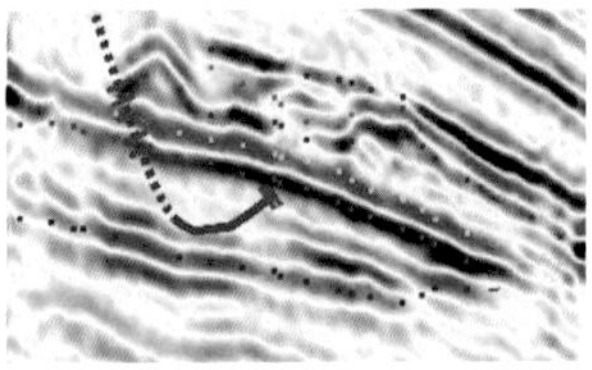	优
“甜点”	B5、B7	通过“甜点”动用低渗透储层，动用效果较好	亚平行反射，与原状地层叠置相交，强振幅，中连续	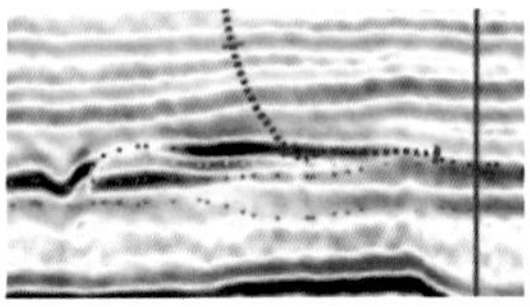	优
低渗透层	B8h、E3hb	储层低渗透、产能差，动用储量小	平行反射，中振幅、强连续	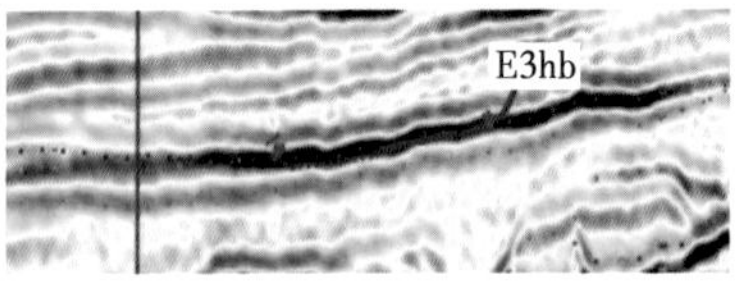 E3hb	差
高渗透层+低渗透层	A3、A5	储层为高渗透储层与低渗透储层共生，产能视高阻层长度而定，动用范围受砂体范围限制	巨型丘状反射，伴生低阻/干层界面	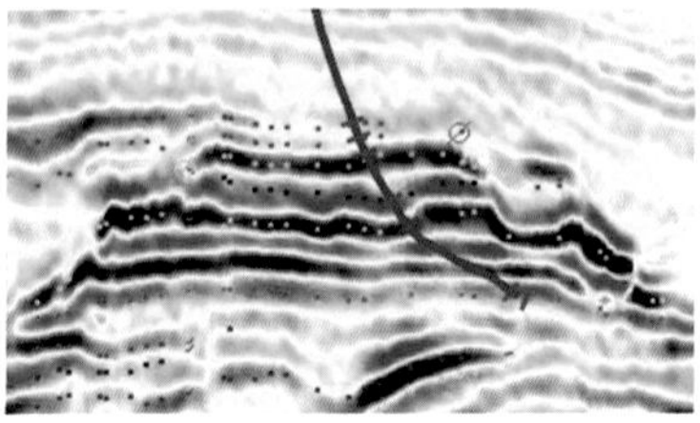	中

续表

分类	涉及井	特点	地震相	代表图例	产能动用评价
高渗透层+薄储层	B3h、B4h、B8h2	储层物性中等，动用范围受砂体范围控制	平行反射，强反射，强连续	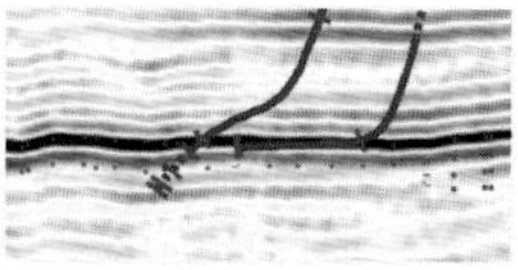	优
复杂储层	A9h、A9h2	钻遇“冲沟”再沉积侧积砂、泥岩夹层	地震相复杂，伴生叠瓦状沉积/强泥岩正反射	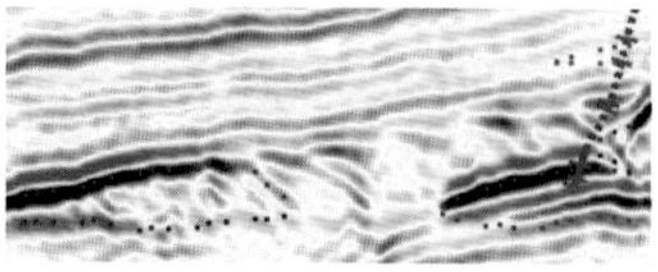	差

利于开发地震相表现为西物源高能沉积环境下的厚层砂体及沉积时期与原状地层呈角度不整合接触的“甜点”储层。其中储层较厚且表现为强水动力沉积环境的砂体多为高烃区块，储层物性好，动用范围受限于残留沙坝的大小，受“冲沟”所控制（图 2-23），主要分布于Ⅱ$_{上}$气层组、Ⅱ$_{下}$气层组 A 区及 B 区。

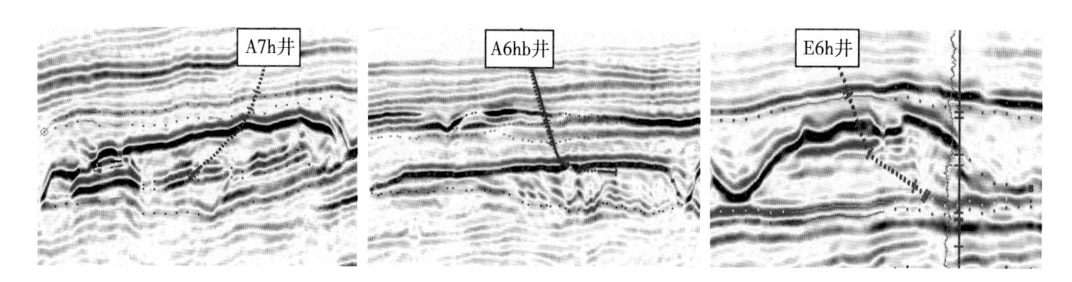

图 2-23　东方 1-1 气田高烃、高产储层地震相显示图

Ⅱ$_{下}$气层组及Ⅲ$_{上}$气层组储层厚度大、物性好、动用范围大，地震相表现为板状平行反射，沉积稳定，气水界面在地震剖面上呈明显的“平点”响应特征（图 2-24）。除厚层砂岩之外，西物源的Ⅰ气层组 9 井区砂体及 5 井区 A 砂体物性较好、产能高，尤其是Ⅰ气层组 5 井区 A 砂体为动用下伏低渗透储层的“甜点”。

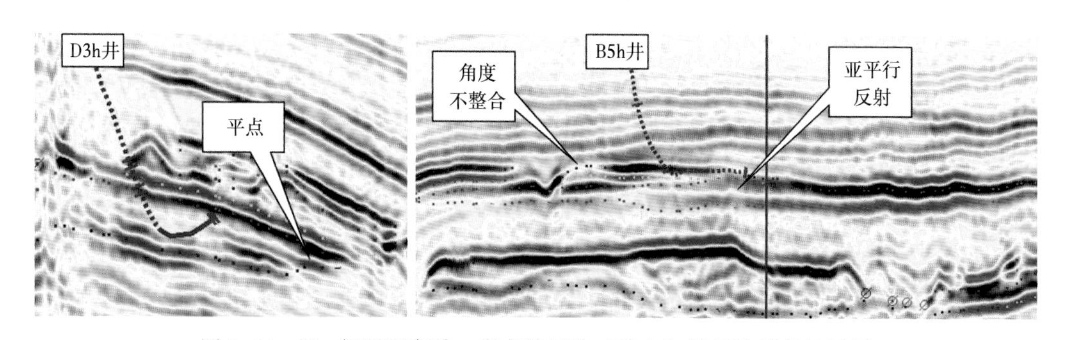

图 2-24　Ⅲ$_{上}$气层组高碳、高产储层及“甜点”储层地震相显示图

高开发风险地震相主要表现为两种，一种是具有物性风险的低渗透储层，另一种是受储层厚度及展布范围影响而存在储量动用风险的储层。Ⅰ气层组5井区B砂体为弱水动力条件下形成的低渗透储层，剖面上表现为平行反射，与上下地层呈整合接触（图2-25）。低渗透储层生产井动储量较小，产能较小。

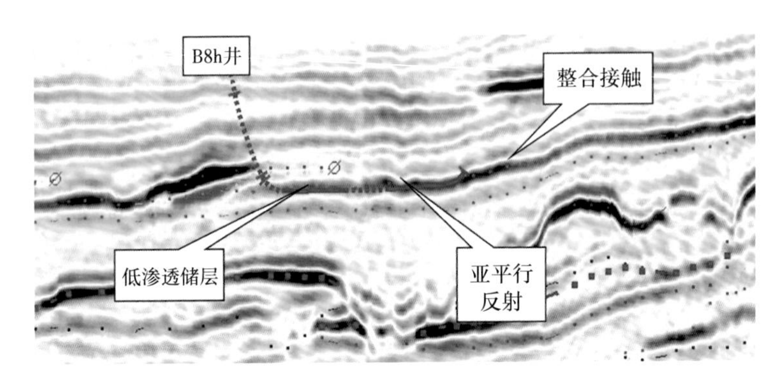

图2-25　Ⅲ$_上$气层组高碳、高产储层及“甜点”储层地震相显示图

西物源高能沉积环境下沉积砂体受水道侵蚀影响，形成诸多小型残留沙坝。小型残留沙坝分布局限，其规模的大小影响相应开发井动用范围，残留沙坝越小，则相应开发井动储量越小。另外在一些区域储层厚度较薄且中间发育隔（夹）层（图2-26），如A9h3井区。因其地质储量规模较小，故也间接影响开发井产能及储量动用。

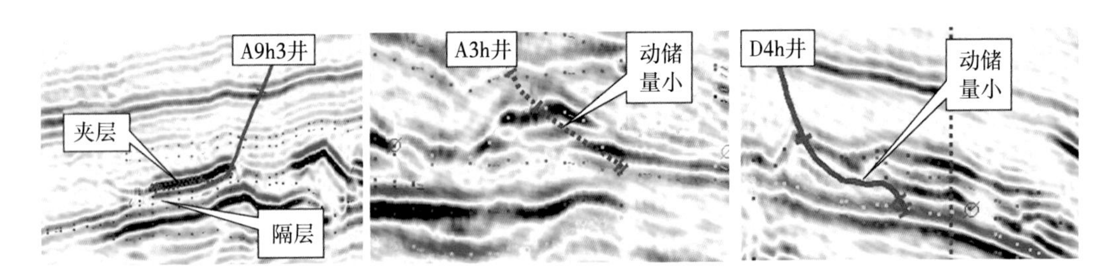

图2-26　动用范围局限的储层地震相显示图

二、基于气田开发生产动态认识指导的砂体精细刻画技术

1. 基于气层识别的气藏模式分析

东方1-1构造是大型泥底辟构造，地层受底辟上拱的拉张应力作用，在构造中心部位发育南—北向拉张断裂。断层落差大小不均，中央主控断层落差达40~50m，其他小断层落差较小，仅为4~5m。原认为中央主控断层将东方1-1气田构造性气藏分为东西两个区块，各自独立成藏，有相互独立的气水界面。

1）断层封堵性识别

东方区莺歌海组气藏埋深较浅，储层含气或含水后有较强波阻抗差异。Ⅱ气层组、Ⅲ气层组背斜构造性边水气藏在地震上表现为明显的强“亮点”反射特征，尤其是在构造北部区域振幅异常范围有近似光滑的边界（图2-27）。而常规浅层气藏受断层分割后每个断块自成系统，因气水界面存在差异，地震属性平面上表现为明显的断裂分割特征。东方1-1气田气层顶面地震反射无明显的断裂分割特征，与传统认识中的受断裂分割为东西两个区块存在矛盾。

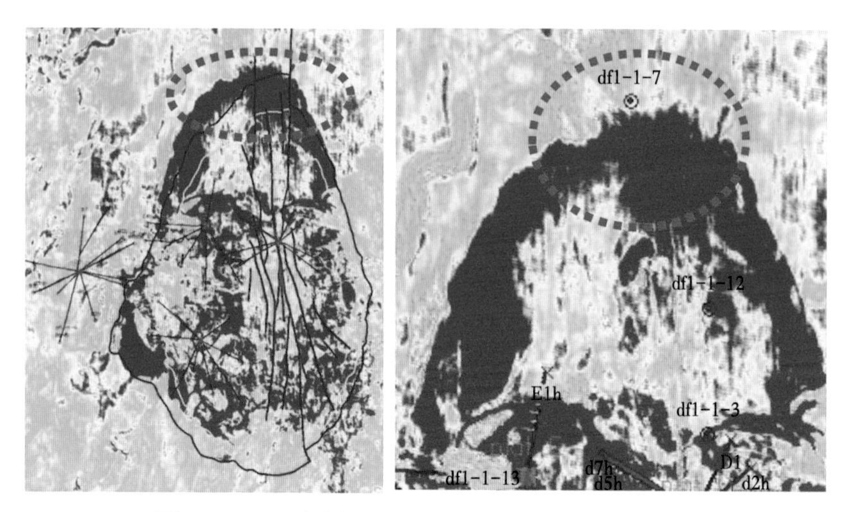

图 2-27　Ⅱ$_{下}$气层组地震属性及断层分区综合显示图

利用常规方差体对东方区断裂系统进行刻画，断裂系统受采集脚印影响在北部区域有所延长；利用断层边界增强、断层倾角校正等特殊技术可以有效去除浅层气及部分采集脚印影响，断层延伸长度及接触关系更加清晰，部分微小断层也能清晰显示（图 2-28）。

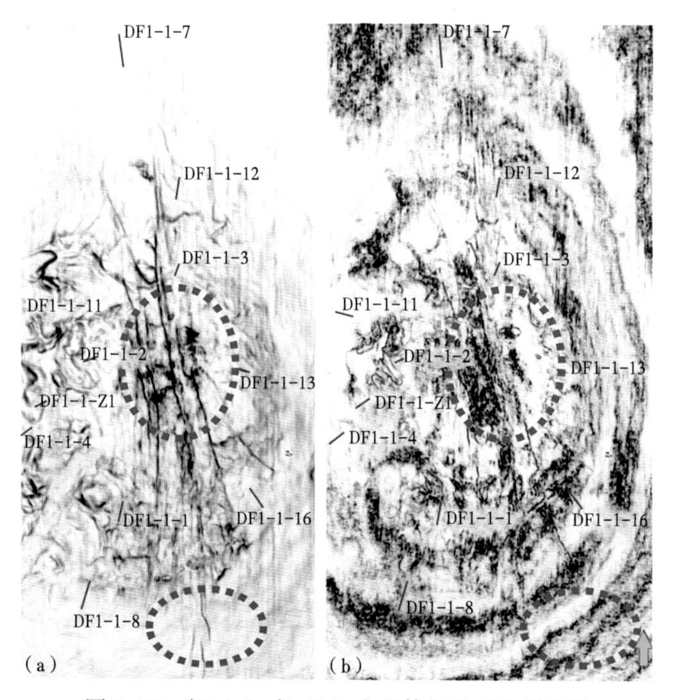

图 2-28　新（a）老（b）方差体切片对比显示图

断裂系统与地震属性异常范围综合表明：Ⅱ$_{下}$气层组和Ⅲ上气层组中部明显受断层控制，断层断距较大（图 2-29），Ⅲ$_{上}$气层组明显受中央主控断层影响分为东西两部分。构造侧翼的断层末端断距逐渐变小，不足以完全断开厚度达 30~40m 的厚层砂体。

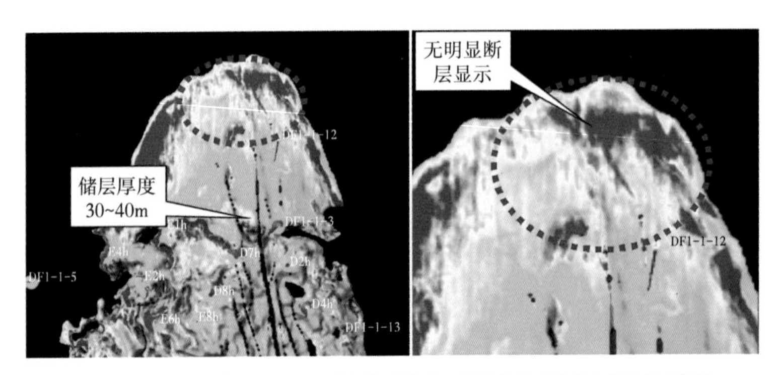

图 2-29　Ⅱ$_{下}$气层组北区断裂系统与地震振幅异常匹配显示图

结合断裂系统与储层间相互关系认为断层并没有对气藏起到绝对的控制作用。地震含气响应特征也证明气藏系统没有明显的断裂分区性，若按照断裂系统对气藏进行东西分区厚度描述则存在较大矛盾。

2）构造性气藏气水关系分析

东方 1-1 气田构造性边水气藏主要是Ⅱ$_{下}$气层组和Ⅲ$_{上}$气层组。其储层厚度大且气层与水层有明显的波阻抗差异，气水界面在地震剖面上表现为清晰的“平点”响应特征（图 2-30）。但地震“平点”在空间上并不平，与井实钻界面相比西北区域“平点”低于

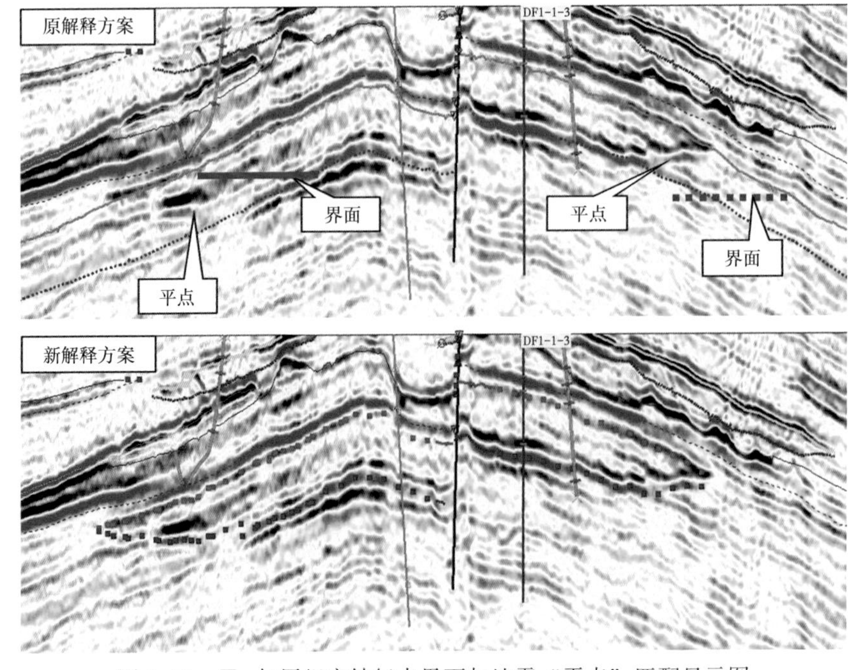

图 2-30　Ⅲ$_{上}$气层组实钻气水界面与地震“平点”匹配显示图

界面；而东部区域除 DF1-1-12 井所钻区域“平点”与井实钻界面吻合之外，东南翼“平点”逐渐高于实钻界面。

原Ⅲ$_{上}$气层组东区有效厚度计算采用 DF1-1-12 井实钻气水界面，由于界面与地震含气响应的矛盾，利用振幅异常边界作为储层含气范围计算线。在 DF1-1-13 井以东区域实际有厚度 30m 左右的气层厚度，但计算线以外厚度为零，与构造性边水气藏地质模式有较大矛盾。在此情况下以实钻界面进行气层有效厚度描述会对气层储量的真正分布造成误判。

依赖地震对流体的较高辨识精度，可以对气层进行雕刻，以解决等深界面气藏系统与地震响应矛盾问题。基于气层识别对Ⅲ$_{上}$气层组进行有效厚度描述，与原有效厚度相比明显更符合地质模式（图 2-30、图 2-31）。新模式气水过渡带连续性较好，且与地震信息有效对应，所计算的地质储量与动储量吻合较好，证明该模式合理可靠。

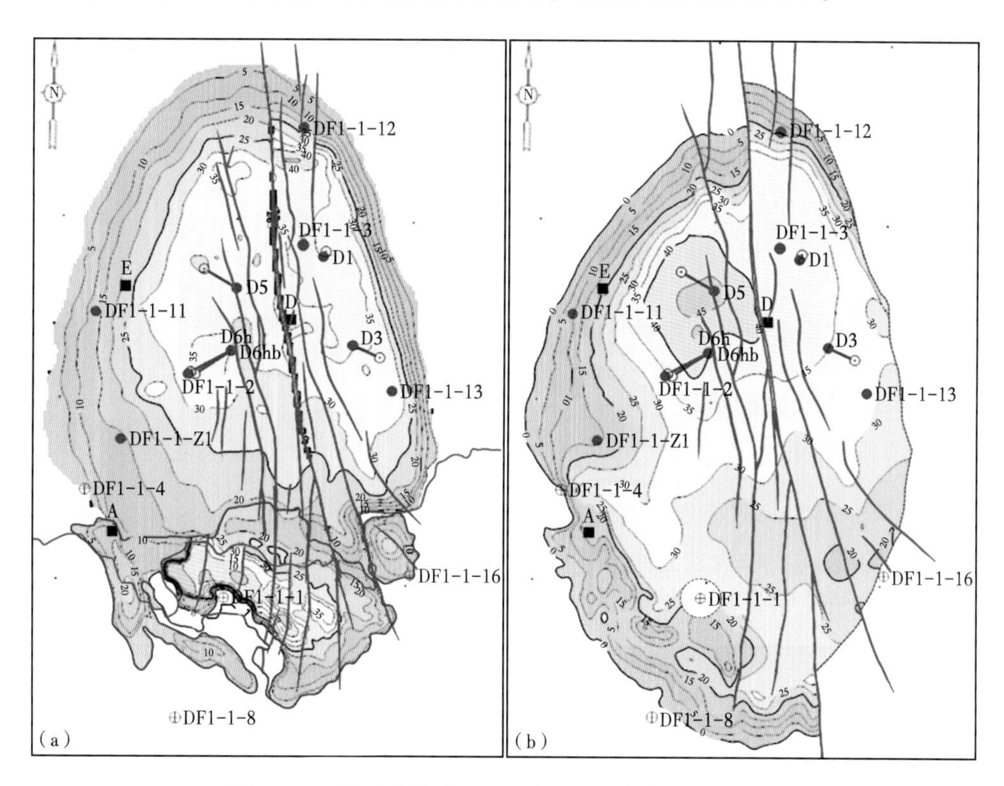

图 2-31　Ⅲ$_{上}$气层组新（a）老（b）有效厚度对比图

2. 开发单元划分及拟合分析

东方 1-1 气田储层非均质性较强，“冲沟”及隔（夹）层的存在将Ⅱ气层组分成若干个开发单元，各开发单元间储层连通性受“冲沟”及隔（夹）层的控制。Ⅱ气层组为两期沉积砂体，故劈分为Ⅱ$_{上}$、Ⅱ$_{下}$两个气层组，但在某些区域Ⅱ$_{上}$、Ⅱ$_{下}$两个气层组间不存在任何隔（夹）层，气层组间相互连通。因此需要综合考虑两个气层组的整体储量动用情况，结合开发井生产动态进行匹配拟合分析。而开发单元横向受“冲沟”影响，大型冲沟将开发单元完全分割，相互间气层组分及压力等差异较大；小型冲沟或相互叠置砂体在开发初期或中期存在生产压差时相互连通，需要结合各开发单元的动储量与地质储量拟合分析，确定砂体连通性及剩余气分布。按照此思路，充分利用地震相对“冲沟”和隔（夹）层的识别能力，以开发井可动用单元为基础，结合气层识别下的非均质性认识，对东方1-1气田储层进行精细分解归类、重构。

1）气藏动用模式

东方1-1气田Ⅱ$_{上}$气层组E4h井区动储量较大，且气层组分与B区开发井有明显差异，故以计算线与B区分隔，作为单独储量计算单元进行储量计算。E4h井所钻区域按沉积时期划分为Ⅱ$_{上}$、Ⅱ$_{下}$两个气层组，地震剖面显示两个气层组在该区相互连通，中间无隔（夹）层发育（图2-32），因此推断E4h井所开发区域为Ⅱ气层组完整的储集体，是独立的气藏单元。

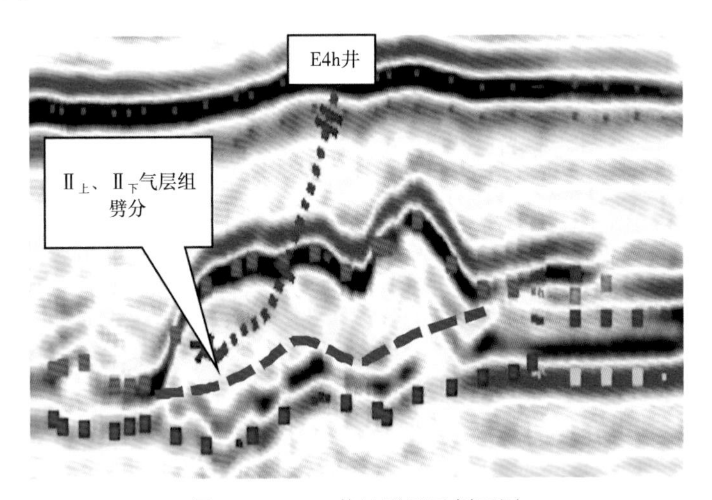

图2-32　E4h井地震显示剖面图

将E4h井开发单元作为独立储集体进行空间刻画，该砂体与邻区多数区域互不连通，动静储量吻合较好，结合其生产动态，气层组分几乎没有变化（图2-33），故认为E4h井

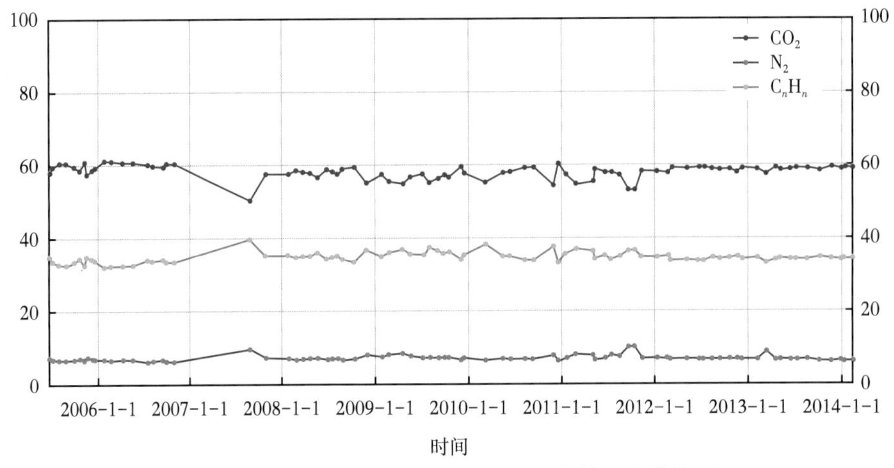

图2-33　Ⅱ$_{上}$气层组E4h井区独立储集体生产曲线图

所动用区域仅为该独立储集体的储量。

2）气层组分分布规律分析

东方 1-1 气田气层组分分布规律性不强，按组分可分为两大类：纯烃含量较高的高烃组分和 CO_2 含量较高的高碳组分。整体来看气田内存在北西—南东向组分变化趋势线，趋势线以北以高碳储层居多，趋势线以南主要为高烃储层（图 2-34）。高碳储层与高烃储层组分差异较大，各开发单元间气层组分也有微小差异，在局部区块气层组分随着气田开发存在逐步融合的趋势。

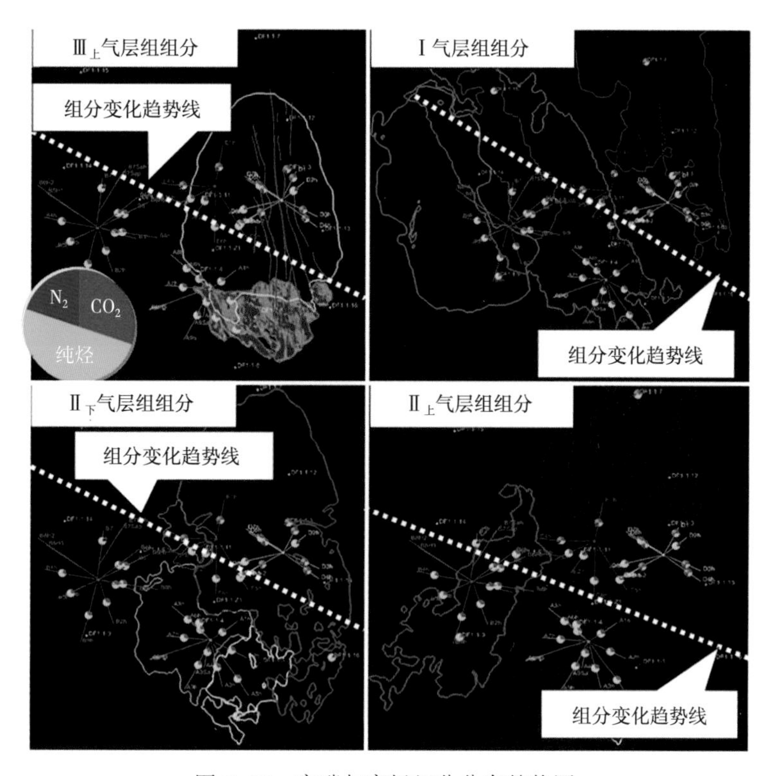

图 2-34　高碳与高烃组分分布趋势图

3）基于动静储量矛盾的储层连通性识别

东方 1-1 气田有诸多开发单元动静储量间存在矛盾，其中 D2h 井区动静储量矛盾最大。DF1-1-16 井钻前认为 D2h 井绕过南部 D4h 井动用到南区地质储量，以此划分 D2h 井区“凹”字形储量计算单元（图 2-35）。DF1-1-16 井钻后证实东南区气水界面有所抬升，D2h 井区无法通过过渡带动用 D4h 井以南区域的储量，证明“凹”字形储量计算单元划分与实际不符。

东方区储层主要为横向连通，气层组间除Ⅱ$_{\text{上}}$气层组、Ⅱ$_{\text{下}}$气层组间部分区域因无隔（夹）层存在而互相连通外，其他气层组间沉积时期差异较大而互不连通。D2h 井过井剖面显示该区Ⅱ$_{\text{下}}$气层组为储层厚度较大的残留沙坝，但由于受水道侵蚀厚度剧烈变化（图 2-36）。Ⅰ气层组 3 井区砂体在 D2h 井沙坝高部位披覆叠置，砂体间可能相互连通。

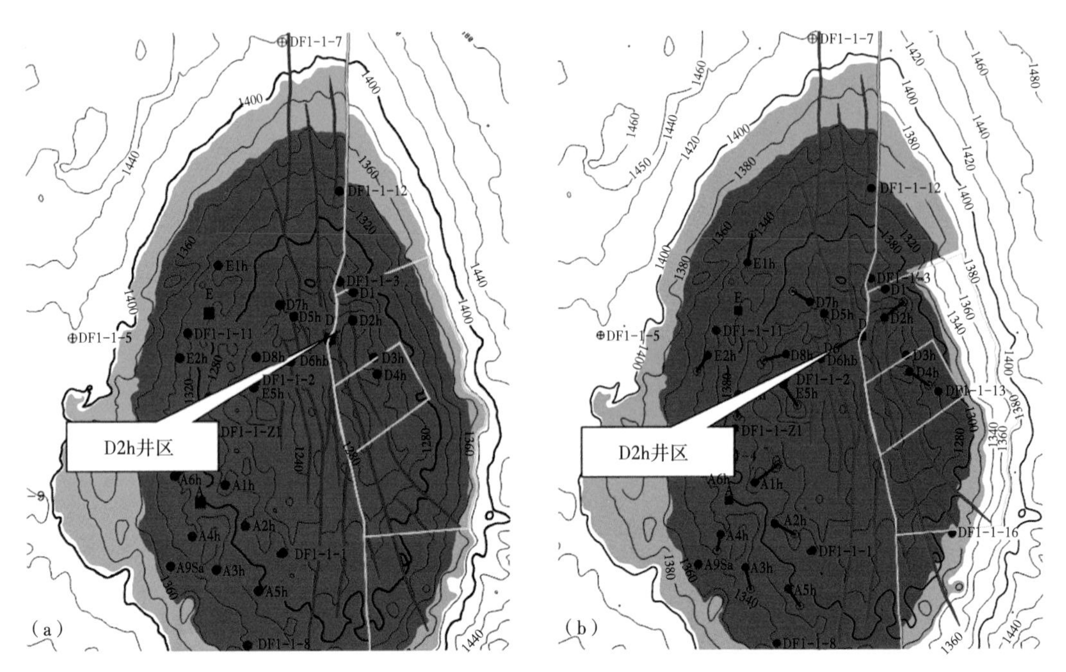

图 2-35 Ⅱ下气层组 DF1-1-16 井钻前（a）和钻后（b）储量计算单元对比图

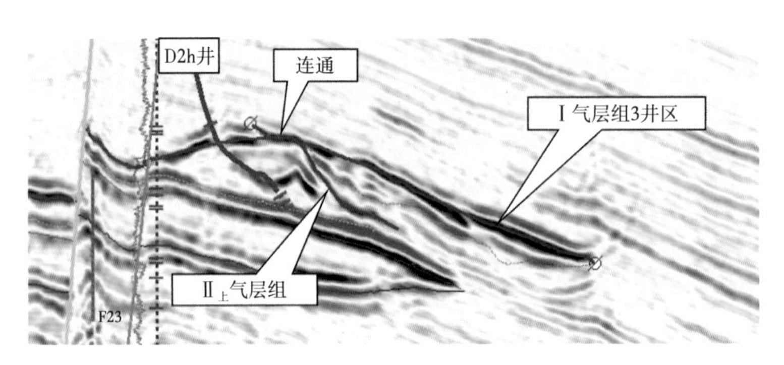

图 2-36 Ⅱ下气层组 D2h 井区与Ⅰ气层组 3 井区连通性显示剖面

Ⅱ下气层组 D2h 井与Ⅰ气层组 DF1-1-3 井气层组分高度吻合（图 2-37），也证实两个气层组间可能通过砂体局部披覆叠置而相互连通，即 D2h 井动用了Ⅰ气层组 3 井区地质储量。

4）基于动静储量匹配分析的剩余气富集区筛选

东方 1-1 气田基于开发单元划分后，进行动静储量拟合，可以对开发单元动用程度及动用范围进行有效分析，落实已开发区潜力及预测剩余气富集区。

对Ⅱ气层组 A 区来说，纵向上分为Ⅱ上、Ⅱ下两个气层组，为两期砂体沉积，中间存在隔（夹）层（图 2-38）。Ⅱ上气层组、Ⅱ下气层组厚夹层在地震上表现为强正反射相位。夹层地震显示规律性较强，由西向东厚度逐渐减薄。A6h 井在 A 区砂体东北区域钻遇局部存在的夹层，夹层以外区域Ⅱ上气层组、Ⅱ下气层组相互连通。因上下两个气层组的连通

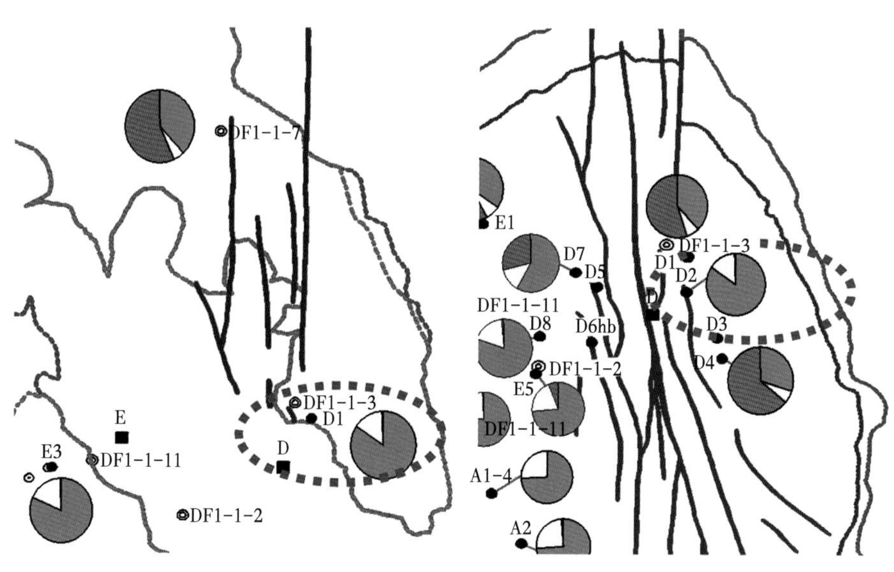

图 2-37 D2h 井区与Ⅰ气层组 3 井区气层组分对比显示图

性较好，且 A7h 井、A8h 井和 A6h 井气层组分及压力系数等完全一致，证实砂体间隔夹层分布有限，$\text{Ⅱ}_{上}$气层组、$\text{Ⅱ}_{下}$气层组为同一气藏系统。

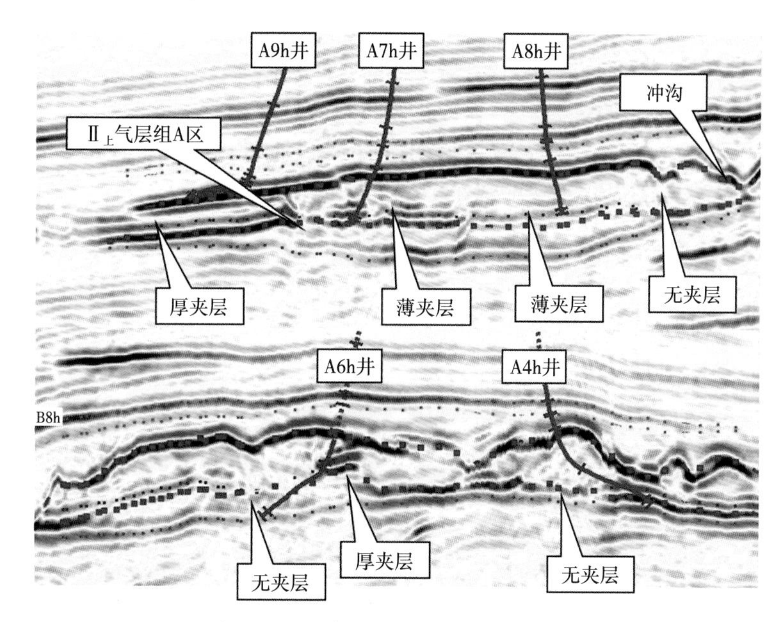

图 2-38 Ⅱ气层组 A 区地震显示剖面

$\text{Ⅱ}_{下}$气层组西北区域仅由 A6h 井一口井开发，其西部区域与上覆$\text{Ⅱ}_{上}$气层组 A 区砂体间有明显夹层分隔（图 2-39），该区距离最近的 A6h 井 2km 且目前无井控制，故该区为Ⅱ气层组 A 区的剩余气富集区，有较大的开发调整潜力。

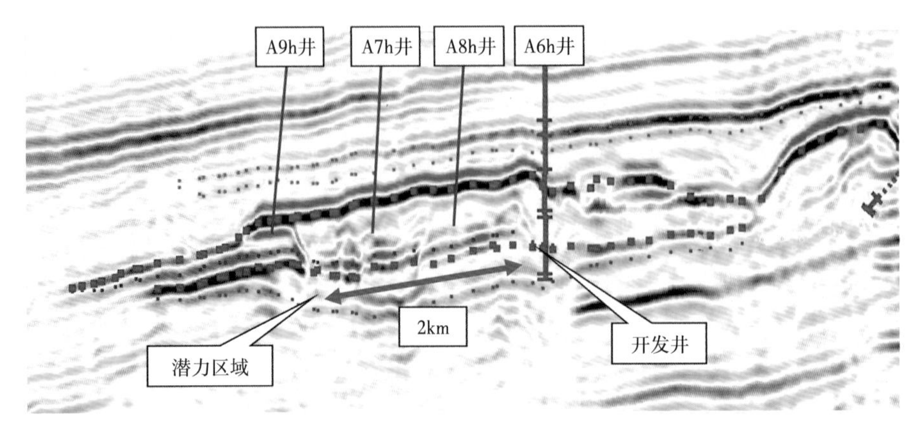

图 2-39　Ⅱ气层组 A 区开发井相关关系地震显示剖面

3. 储层非均质性识别及刻画

东方 1-1 气田构造主体区水动力较强，储层厚度较大。储层受后期水道侵蚀厚度变化较大，形成若干“丘状”残留沙坝，储层连通性变差，非均质性变强（图 2-40）。构造东南区水动力更强，砂体表现为更强的侵蚀、淘洗、搬运及二次沉积，储层连通性差，但该区因强水动力淘洗储层物性较好。因储层厚度及水动力条件存在差异，故储层受改造程度不同。

东方 1-1 气田Ⅱ$_{下}$气层组东南区存在复杂的水道侵蚀，与主体区地震相差异较大，存在较多水道侵蚀沉积间断（图 2-40）。地震剖面上Ⅱ气层组整体连续性较好，储层含气后表现为明显的强“亮点”反射特征。反之，当储层被侵蚀不含气后则无明显“亮点”反射特征，且水道侵蚀区域两侧存在明显的砂体尖灭（图 2-41）。

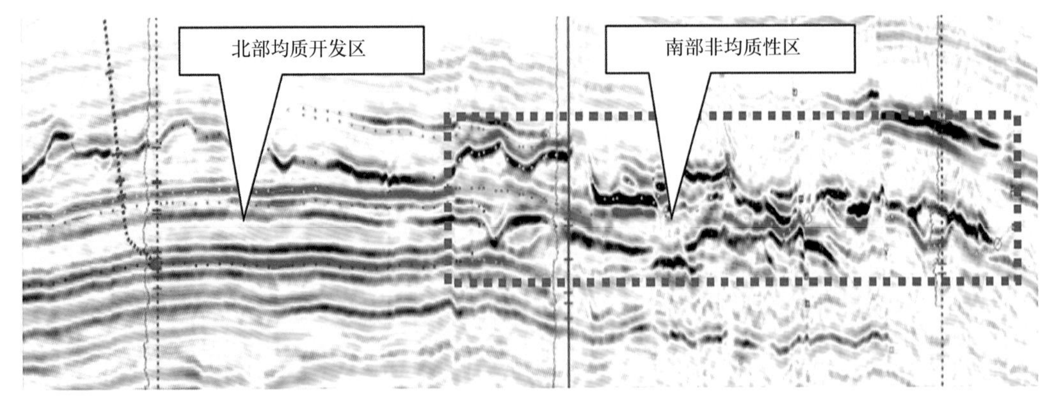

图 2-40　“冲沟”及强水动力侵蚀水道地震显示剖面

原认为Ⅱ$_{下}$气层组为简单的构造性边水气藏，储层连续性较好。基于水道精细刻画结果表明该气层组东南区储层连通性较差，水道和断层对开发井动用范围起到重要的控制作用。

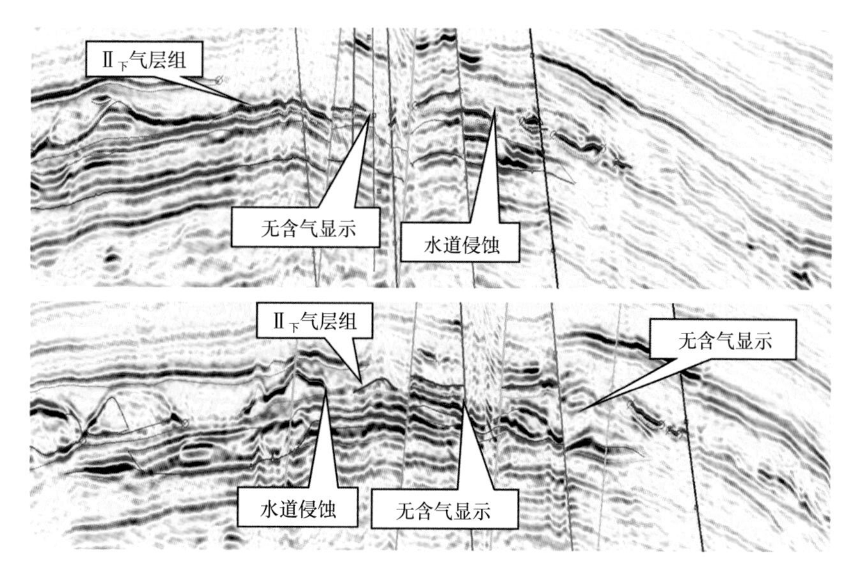

图 2-41　Ⅱ$_{下}$气层组东南区砂体侵蚀水道地震显示剖面

第三节　强非均质性储层预测技术

常规储层描述技术对于强非均质性储层屡次失效或出现误判，此次创新性使用了“甜点”指示因子、扩展 AVO 属性分析、储层平面非均质性检测等技术手段，解决了强非均质性储层预测的难题。

一、“甜点”指示因子储层预测技术

“甜点”储层即在强非均质储层中岩性有利（砂岩）、物性好且含气异常明显的储层，“甜点”指示因子即是该类储层的客观指示。

1. 岩性物性流体指示因子构建

当把纵波阻抗（AI）和横波阻抗（SI）组合起来，并旋转一定的角度，就可以得到一系列新的纵横波阻抗组合，数学上可表示为：

$$\mathrm{AI}\cos\theta+\mathrm{SI}\sin\theta \tag{2-1}$$

纵横波阻抗组合随着 θ 角度的改变而变化，且在不同的角度上可以与传统弹性参数具有较高的相关性（图 2-42）。换而言之，常规的弹性参数均可以看作纵波阻抗（AI）和横波阻抗（SI）经过坐标旋转的结果，只是不同的弹性参数旋转的角度不同。如果将一系列纵横波阻抗组合与目标曲线（泥质含量或含水饱和度等）相关就可以得到最大相关所对应的角度，这个旋转角度所对应的纵横波阻抗组合就被赋予了新的地质意义（徐仲达和郐庆良，1993；殷八斤等，1995；Lonnolly，1999），据此可以构建岩性物性流体指示因子。

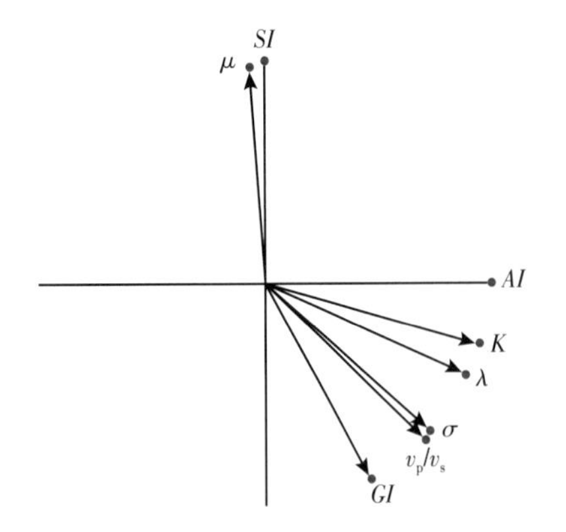

弹性参数	全称	旋转角度（°）	相关系数
AI	纵波阻抗	0	1
GI	梯度阻抗	298	0.998
SI	横波阻抗	90	1
δ	泊松比	317	0.968
v_P/v_S	纵横波速度比	315	1
K	体积模量	344	0.981
λ	拉梅系数	335	0.976
μ	剪切模量	94	0.986

图 2-42　纵横波阻抗与目标曲线相关方法

图 2-43、图 2-44、图 2-45 是各井纵横波阻抗通过不同角度坐标旋转得到的一系列纵横波阻抗组合分别与泥质含量、孔隙度、含水饱和度的相关图，由图可知当旋转角度分别为 314°、123°、298°时对应相关系数最大，因此将旋转 314°、123°、298°的纵横波阻抗组合分别定义岩性指示因子、物性指示因子、流体指示因子。

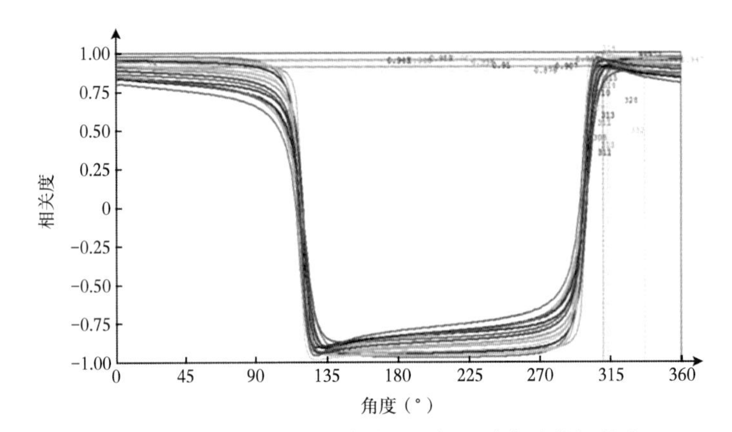

图 2-43　各井不同角度旋转因子与泥质含量的相关度

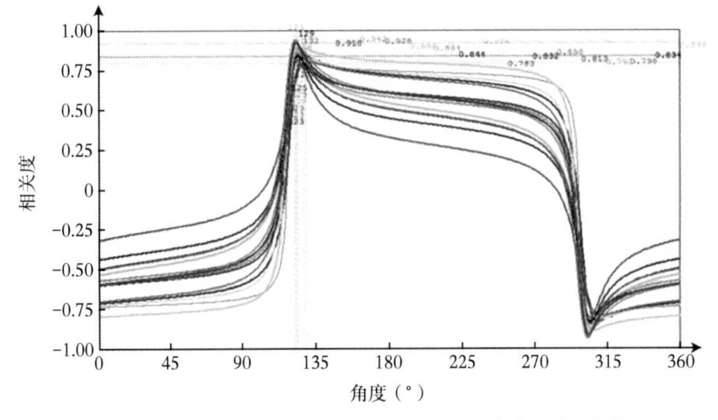

图 2-44　各井不同角度旋转因子与孔隙度的相关度

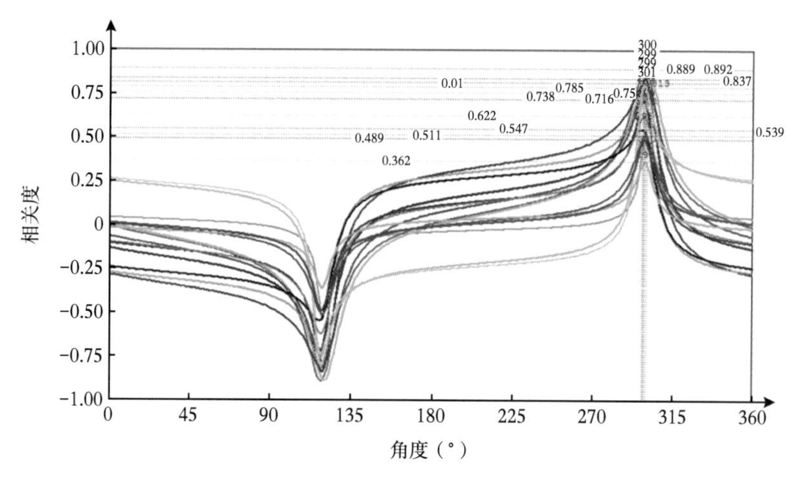

图 2-45 各井不同角度旋转因子与含水饱和度的相关度

通过多井交会分析，可以确定岩性、物性、流体敏感参数及其解释门槛。图 2-46 是Ⅰ气层组—Ⅲ$_{上}$气层组多井密度—岩性指示因子—泥质含量交会图。图 2-47 是Ⅰ气层组—Ⅲ$_{上}$气层组多井密度—物性指示因子—孔隙度交会图。图 2-48 是Ⅰ气层组—Ⅲ$_{上}$气层组多井密度—流体指示因子—含水饱和度交会图。从图 2-46 中可知岩性指示因子、物性指示因子、流体指示因子分别对岩性、物性、流体比较敏感，且多井一致性和图版线性规律较好。

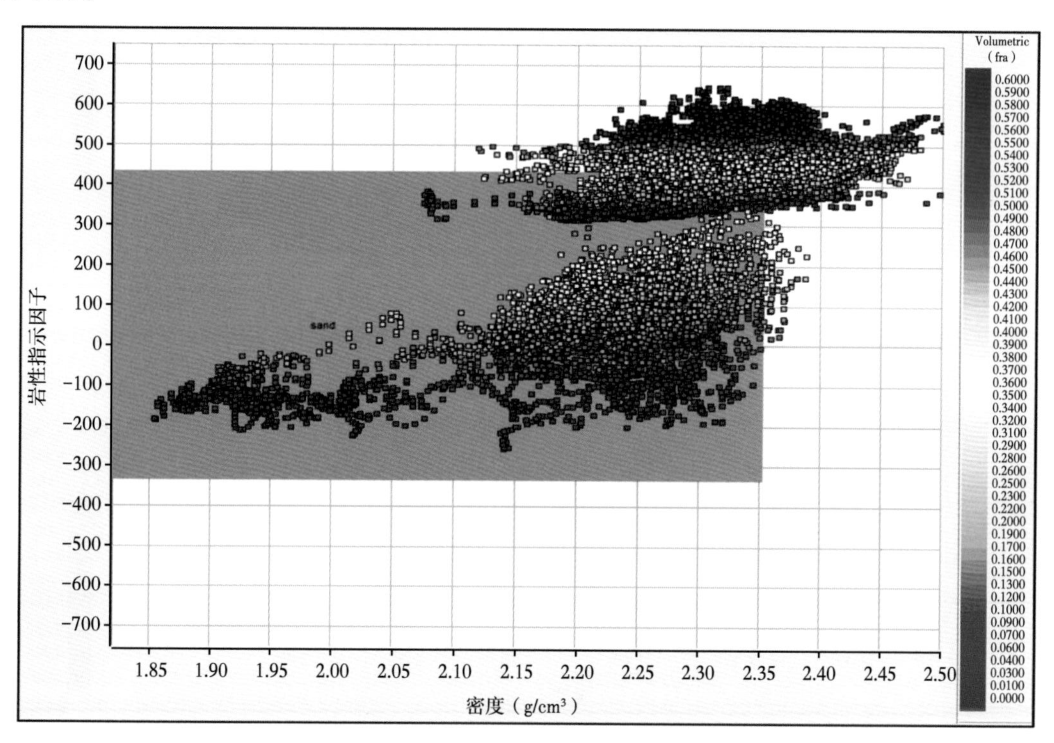

图 2-46 多井Ⅰ气层组—Ⅲ$_{上}$气层组密度—岩性指示因子—泥质含量交会图

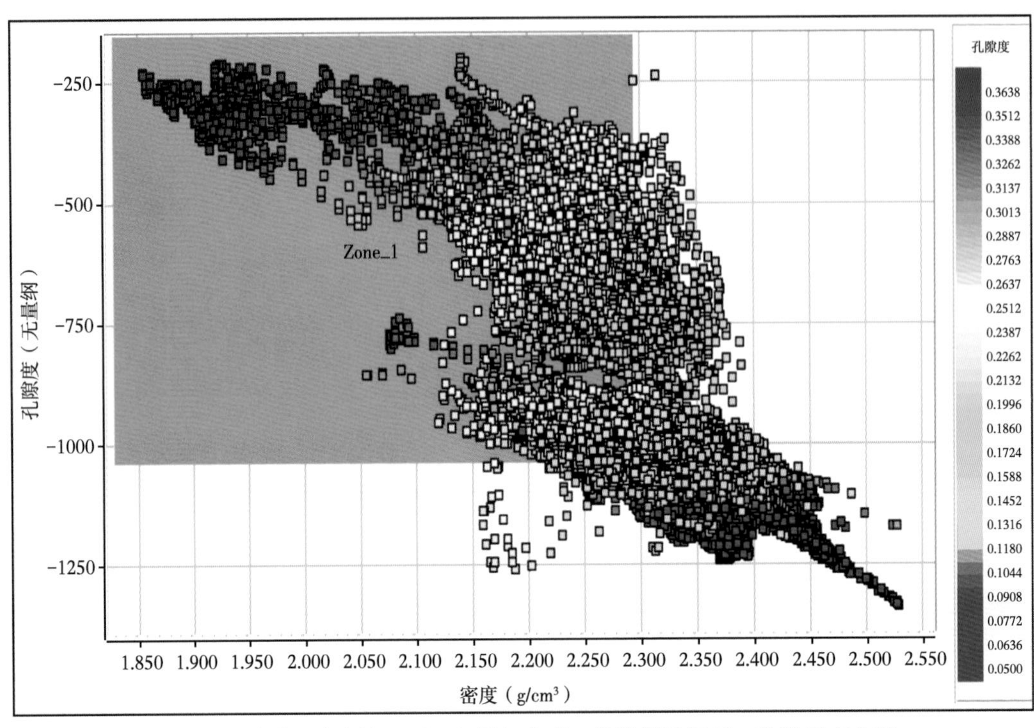

图 2-47　多井Ⅰ气层组—Ⅲ$_{上}$气层组密度—物性指示因子—孔隙度交会图

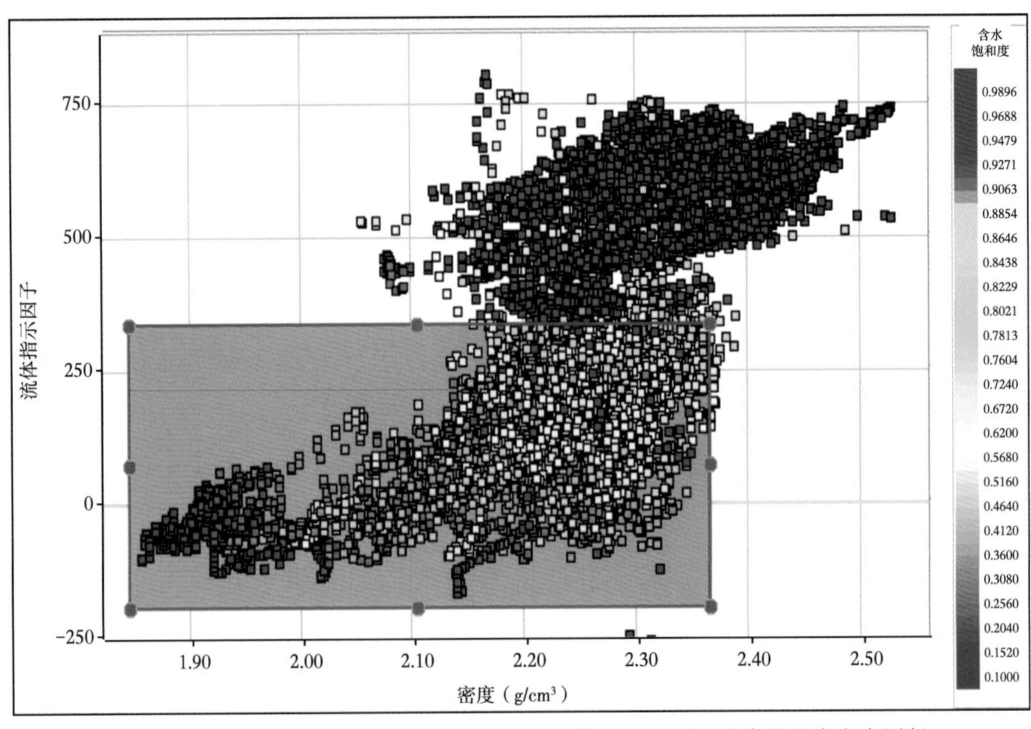

图 2-48　多井Ⅰ气层组—Ⅲ$_{上}$气层组密度—流体指示因子—含水饱和度交会图版

岩性指示因子是储层岩性敏感参数，根据岩性指示因子能识别砂岩和泥岩，岩性指示因子值越小，储层泥质含量越小，指示岩性为砂岩。

物性指示因子是储层物性敏感参数，根据物性指示因子能预测孔隙度的大小，物性指示因子值越大，密度越低，则孔隙度越大，储层物性越好。

流体指示因子是储层流体敏感参数，根据流体指示因子能预测含水饱和度的大小，流体指示因子越小，含水饱和度越小，含气性可能性越大。

2.“甜点”指示因子构建

岩石物理分析表明岩性指示因子（LI）、物性指示因子（RPI）和流体指示因子（FI）是本区岩性、物性和含气饱和度最敏感参数。“甜点”指示因子构建就是将这三者综合在一起，按重要性和可靠程度赋予合适权值的数学表达。

研究发现，流体指示因子与含气饱和度呈线性负相关关系，流体指示因子越低，含气饱和度越高，反之则相反（图2-49）。其关系式为：

$$S_g=-0.03815\times FI+1.0638 \tag{2-2}$$

据此可将流体指示因子（FI）转换为含气饱和度指示因子（SgI）。

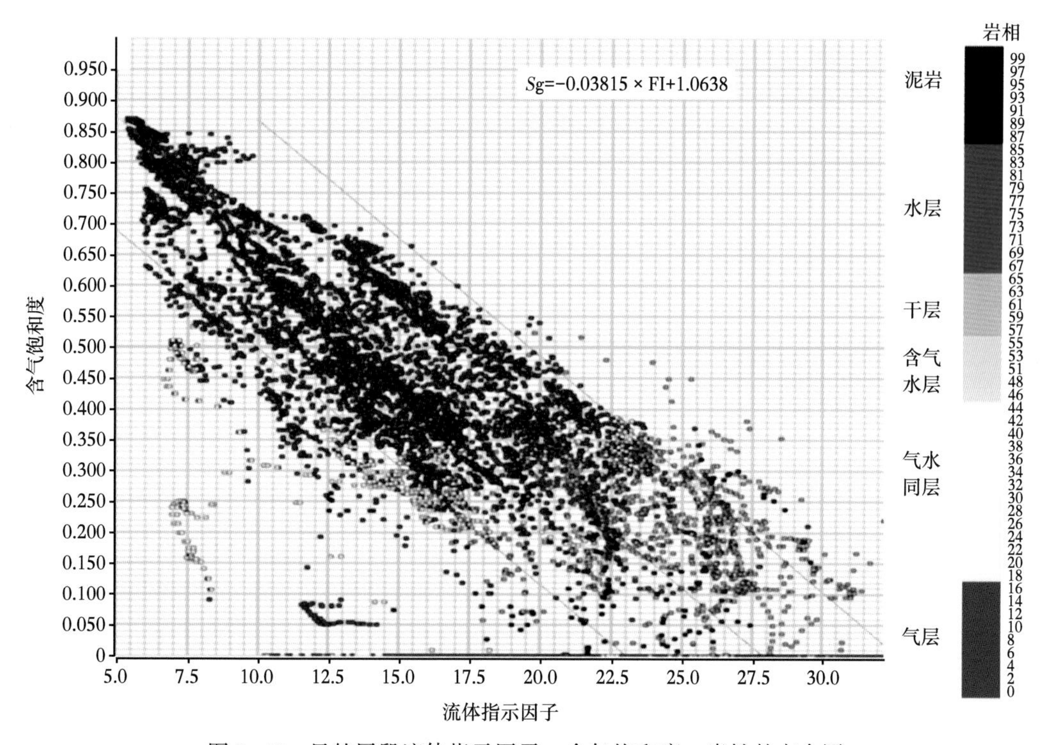

图2-49　目的层段流体指示因子—含气饱和度—岩性的交会图

“甜点”指示因子可用数学解析式表征为：

$$SF=f(C_1RPI,\ C_2LI,\ C_3SgI) \tag{2-3}$$

式中　SF——“甜点”指示因子；

C_1、C_2 和 C_3——分别为经归一化后的物性指示因子、岩性指示因子和含气饱和度指示因子对应的权值。

本次“甜点”指示因子构建过程中，假设 C_1、C_2 和 C_3 均为 1，则“甜点”指示因子表示为：

$$SF=(RPI\times SgI)/LI \tag{2-4}$$

由此可见，“甜点”指示因子（SF）与物性指示因子（RPI）与含气饱和度指示因子（SgI）的乘积成正比，与岩性指示因子（LI）成反比。“甜点”指示因子（SF）越高，成为“甜点”概率越高，储层含气性越好。

3. 叠前同步反演

叠前同步反演是从叠前 CRP 道集中同时反演出纵波阻抗、横波阻抗和密度，是目前应用效果最好的叠前波阻抗反演技术之一。

本次叠前同步反演流程如图 2-50 所示。同步反演是利用一组 AVA 地震数据、AVA 子波、井的 AVA 弹性阻抗数据，在层位数据、井数据及地质模式约束下完成纵波阻抗、横波阻抗和密度的联合反演，得到纵波速度、横波速度和密度，进而根据纵波速度、横波速度、密度与岩石弹性参数之间的理论关系得到泊松比、剪切模量等多种弹性参数数据体（Paniel 和 Brian，2005）。

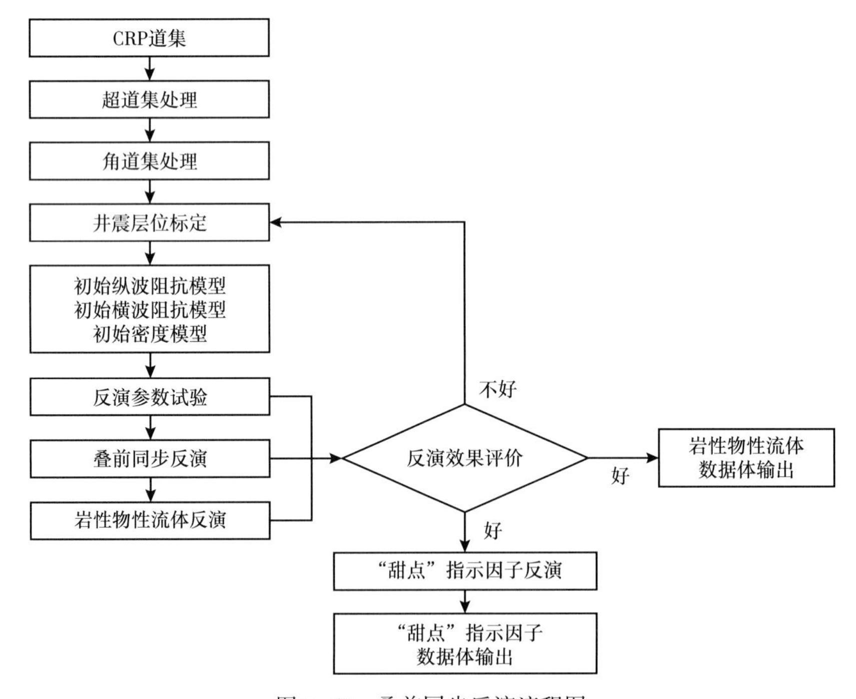

图 2-50 叠前同步反演流程图

通过叠前同步反演，获得纵波阻抗、横波阻抗和密度三维数据体。图 2-51 至图 2-54 分别是连井反演纵波阻抗剖面、横波阻抗剖面、密度剖面和纵横波速度比剖面。各反演体与测井吻合较好，反演结果能识别砂体并区分含气异常。

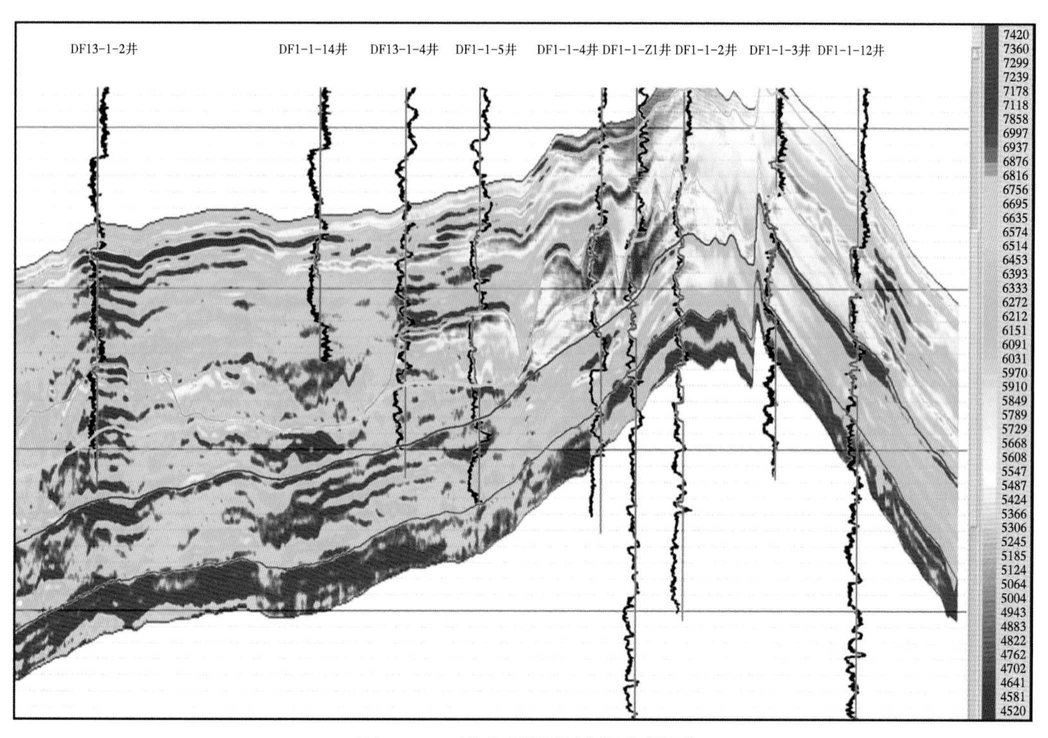

图 2-51　连井反演纵波阻抗剖面

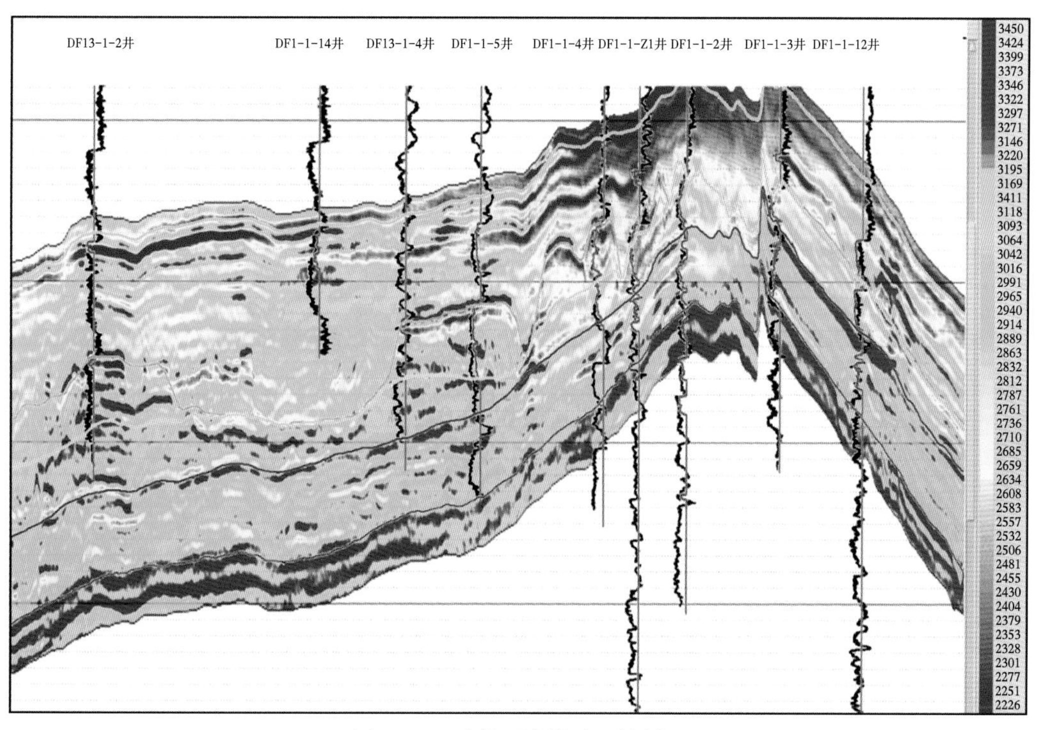

图 2-52　连井反演横波阻抗剖面

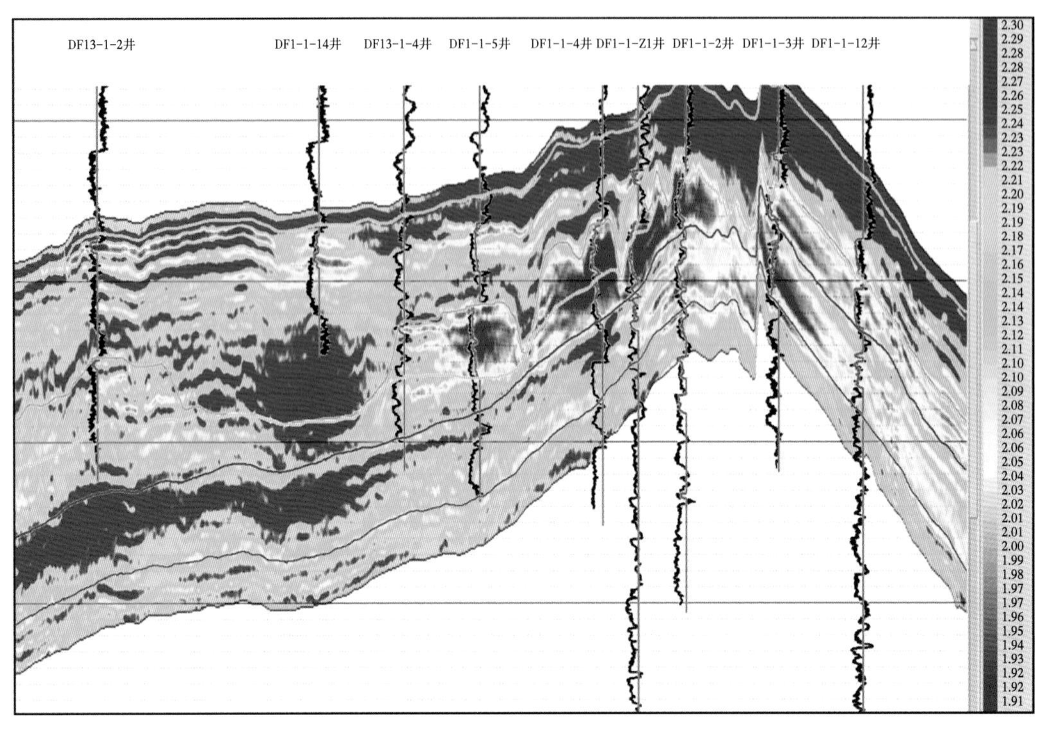

图 2-53　连井反演密度剖面

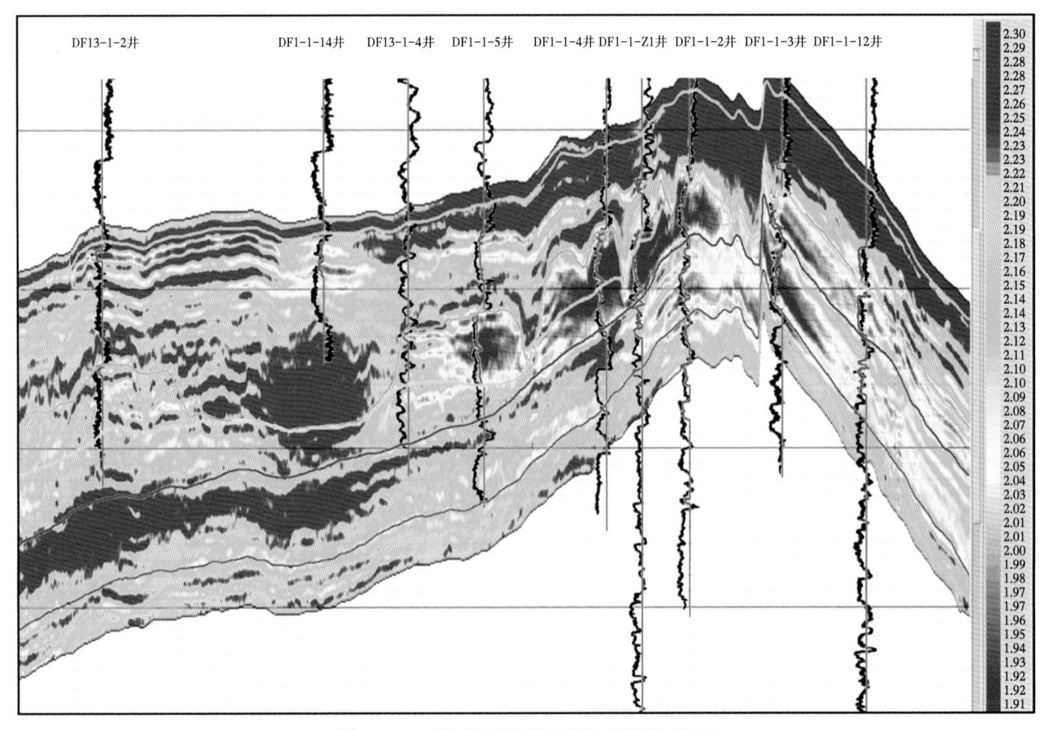

图 2-54　连井反演纵横波速度比剖面

图 2-55 是岩性指示因子转化的泥质含量剖面。反演结果能识别砂岩，能反映泥夹层和泥冲沟。横向上岩性指示因子特征与构造沉积背景基本一致。

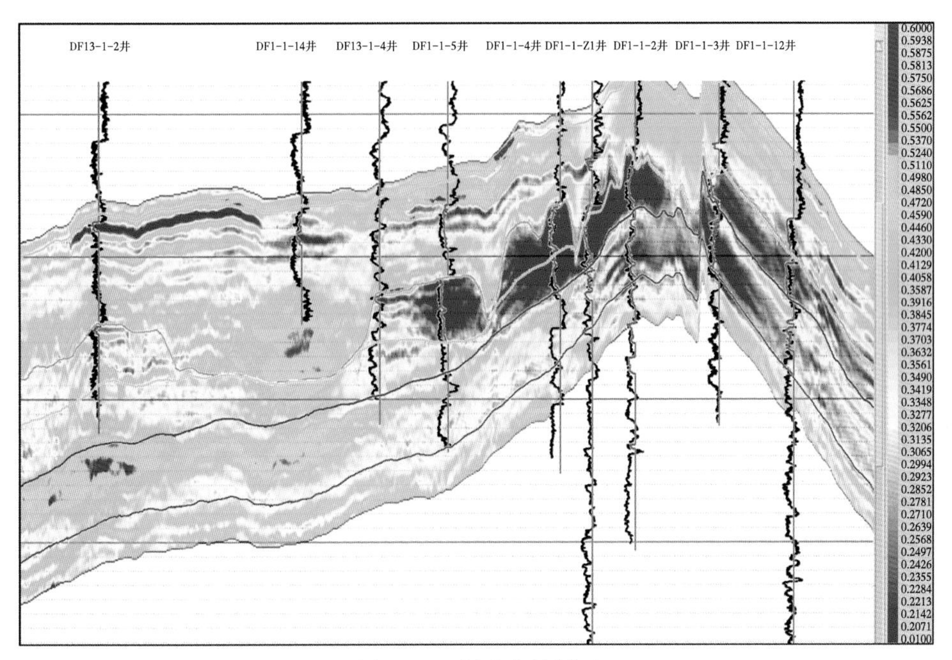

图 2-55　泥质含量剖面

图 2-56 是物性指示因子转化的孔隙度剖面，能区分好砂岩、干砂岩和泥岩，图中干砂岩、泥岩的物性因子较小，而好砂岩的物性因子较大，且与井一致。

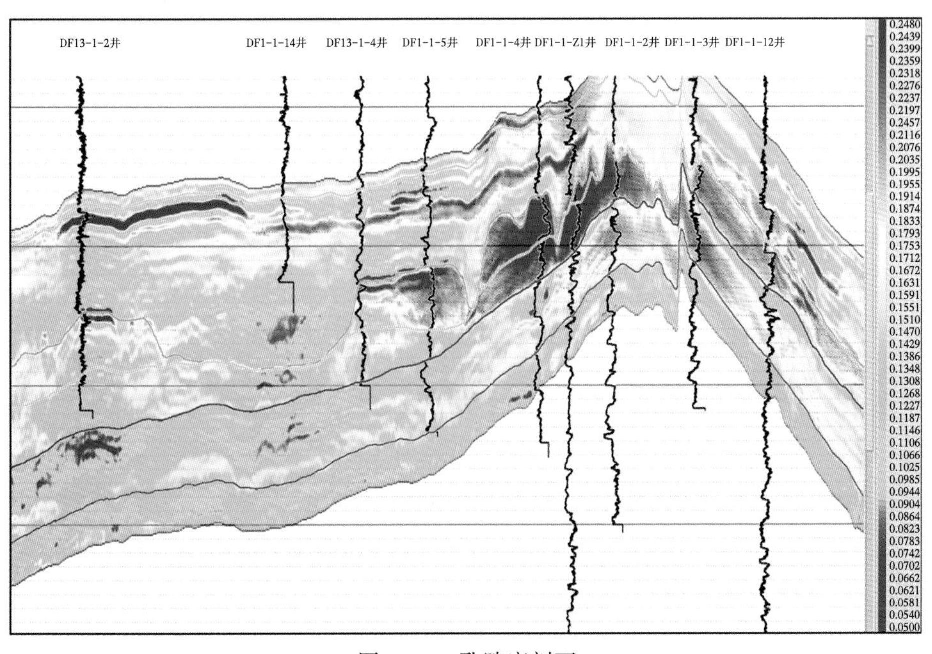

图 2-56　孔隙度剖面

图 2-57 是流体指示因子转换的含气饱和度剖面，能区分含气砂岩和水层，能在一定程度上反映含气饱和度变化。预测含气状况与井吻合，且能反映 DF13-1-4 井Ⅱ$_{上}$气层组砂体 3.9m 气层及其下伏的水层。

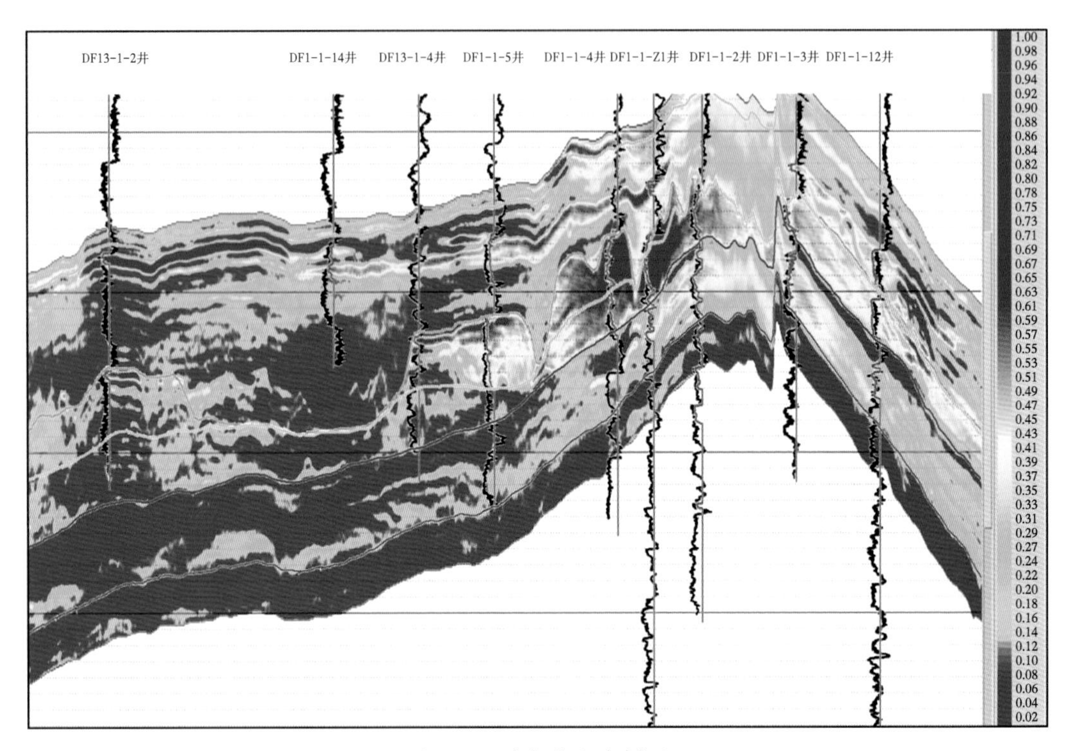

图 2-57　含气饱和度剖面

从各井反演结果与井符合率统计见表 2-2，岩性反演符合率达 95%以上，流体反演符合率达 90%以上。

表 2-2　各井反演结果符合率统计表

气层组	编号	井名	岩性是否符合	气层是否符合	气层组	编号	井名	岩性是否符合	气层是否符合
Ⅰ气层组 W5A 砂体	1	B1h	是	是	Ⅰ气层组 W5B 砂体	1	A1h	是	是
	2	B6hb	是	是		2	A2h	是	是
	3	B7	是	是		3	A3h	是	是
	4	B7sap	是	是		4	A4h	是	是
	5	B8h	是	是		5	A5h	是	是
	6	B5h	是	是		6	A6h	是	是
	7	B7sah	是	是		7	A7h	是	是
	8	DF1-1-15	是	是		8	A8h	是	是
	9	DF1-1-5	否（3.3m）	否（3.3m）		9	B1h	是	是
		符合率	88.89%	88.89%		10	B2h	是	是

续表

气层组	编号	井名	岩性是否符合	气层是否符合
Ⅰ气层组W5B砂体	11	B6hb	是	是
	12	B7sap	是	否（干层）
	13	B8h	是	是
	14	DF1-1-14	是	是
	15	DF1-1-15	是	是
	16	DF1-1-4	是	是
	17	DF1-1-5	是	是
	18	DF1-1-8	是	是
	19	DF1-1-Z1	是	是
	20	DF13-1-4	是	是
	21	E2h	是	是
	22	E3h	是	是
	23	E4h	是	是
	24	E6h	是	是
		符合率	100%	95. 83%
Ⅰ气层组W7砂体	1	DF1-1-12	是	是
	2	DF1-1-3	是	是
	3	DF1-1-7	是	是
	4	D3	是	是
		符合率	100%	100%
Ⅰ气层组W9砂体	1	B2h	是	是
	2	B3h	是	是
	3	B3hb	是	是
	4	B4h	是	是
	5	B8h2	是	是
	6	B9h	是	是
	7	DF1-1-14	是	是
	8	DF1-1-9	是	是
	9	DF13-1-2	是	是
		符合率	100%	100%
Ⅱ$_上$气层组砂体	1	A2h	是	是
	2	A4h	是	是
	3	A5h	是	是
	4	A6h	是	是
	5	A7h	是	是
	6	A8h	是	是
	7	A9sa	否	否
	8	A9	是	是
	9	A9h2	是	是
	10	B1h	是	是
	11	B2h	是	是
	12	B6hb	是	是
	13	B9h	是	是
	14	DF1-1-4	是	是
	15	DF1-1-5	是	是
	16	DF1-1-9	是	是
	17	DF1-1-Z1	是	是
	18	DF13-1-2	是	是
	19	DF13-1-4	是	是
	20	E2h	是	是
	21	E4h	是	是
	22	E6h	是	是
		符合率	95. 45%	95. 45%
Ⅱ$_下$气层组砂体	1	A1h	是	是
	2	A2h	是	是
	3	A3h	是	是
	4	A4h	是	是
	5	A5h	是	是
	6	A6h	是	是
	7	D2h	是	是
	8	D3h	是	是
	9	D4h	是	是
	10	D5h	是	是
	11	D6h	否	否
	12	D6hb	是	是
	13	D7h	是	是
	14	D8h	是	是
	15	DF1-1-1	是	是
	16	DF1-1-12	是	是
	17	DF1-1-16	是	是

续表

气层组	编号	井名	岩性是否符合	气层是否符合	气层组	编号	井名	岩性是否符合	气层是否符合
Ⅱ$_{\text{下}}$气层组砂体	18	DF1-1-2	是	是	Ⅲ$_{\text{上}}$气层组砂体	4	D6h	是	是
	19	DF1-1-3	是	是		5	D6hb	是	是
	20	DF1-1-4	是	是		6	DF1-1-1	否	否
	21	DF1-1-5	是	是		7	DF1-1-12	是	是
	22	DF1-1-7	是	是		8	DF1-1-16	是	是
	23	DF1-1-8	是	是		9	DF1-1-2	是	是
	24	DF1-1-9	是	是		10	DF1-1-3	是	是
	25	DF1-1-Z1	是	是		11	DF1-1-4	是	是
	26	DF13-1-4	是	是		12	DF1-1-5	是	是
	27	E1h	是	是		13	DF1-1-7	是	是
	28	E2h	是	是		14	DF1-1-8	是	是
	29	E5h	是	是		15	DF1-1-9	否	是
	30	E6h	是	是		16	DF1-1-Z1	是	是
		符合率	96.67%	96.67%			符合率	93.75%	93.75%
Ⅲ$_{\text{上}}$气层组砂体	1	D1	是	是		总体来看，岩性反演符合率达95%以上，流体反演符合率达90%以上			
	2	D3h	是	是					
	3	D5h	是	是					

4.“甜点”指示因子实现与解释

“甜点”指示因子实现方法如下：根据广义胡克定律利用叠前反演的纵波阻抗、横波阻抗和密度数据体求取岩性指示因子、物性指示因子和含气饱和度指示因子数据体；三者归一化后按照数学解析式SF=（RPI×SgI)/LI求取“甜点”指示因子数据体。

图2-58是过井“甜点”指示因子剖面，剖面上“甜点”指示因子异常强的地方，与测井解释的气层位置一致。

图2-59至图2-62分别为Ⅰ气层组5井区A砂体、Ⅰ气层组5井区B砂体、Ⅰ气层组7井区砂体、Ⅰ气层组9井区砂体、Ⅱ$_{\text{上}}$气层组砂体、Ⅱ$_{\text{下}}$气层组砂体和Ⅲ$_{\text{上}}$气层组砂体的“甜点”指示因子平面图。“甜点”指示因子异常强（大于0.5）的区域含气可能性高，如该区域具有开采价值则为“甜点”储层。

二、扩展AVO属性分析储层预测技术及储层平面非均质性检测

扩展AVO属性分析技术近年来开始崭露头角，它是基于反射系数（R）与AVO截距（A)、梯度（B）的关系和反射系数与声波阻抗（AI)、梯度阻抗（GI）的关系，将AVO属性及其组合与岩石物理分析确定的岩性流体敏感弹性参数关联起来，并借助扩展弹性阻抗反演技术，求取岩性因子角和流体因子角，构建适合工区地震地质条件和岩性流体特征的AVO属性组合，用以识别砂岩和泥岩，检测气层分布（Aki等，1980；Goodway等，1997；高建荣等，2006)。

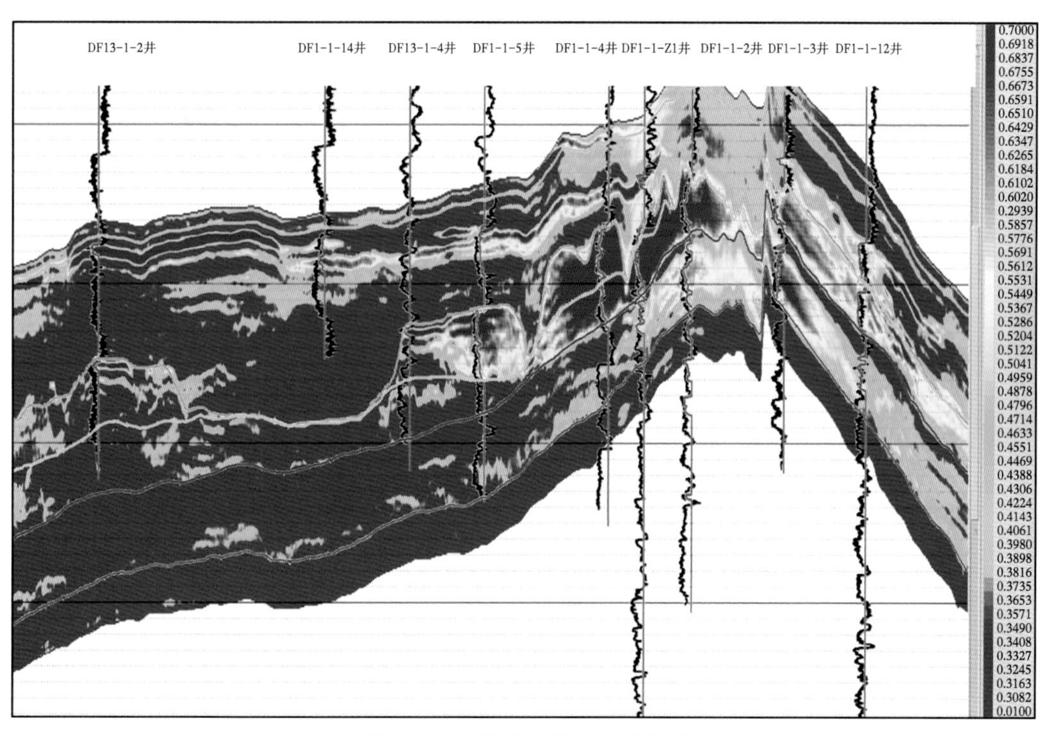

图 2-58 “甜点”指示因子剖面

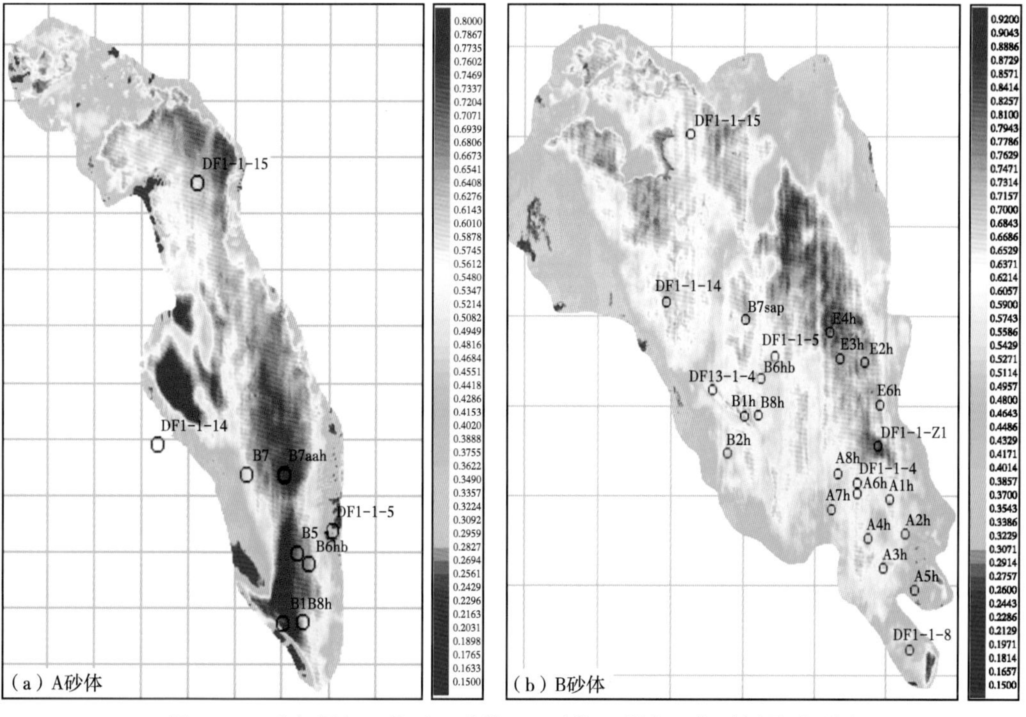

图 2-59 Ⅰ气层组 5 井区 A 砂体、B 砂体“甜点”指示因子平面图

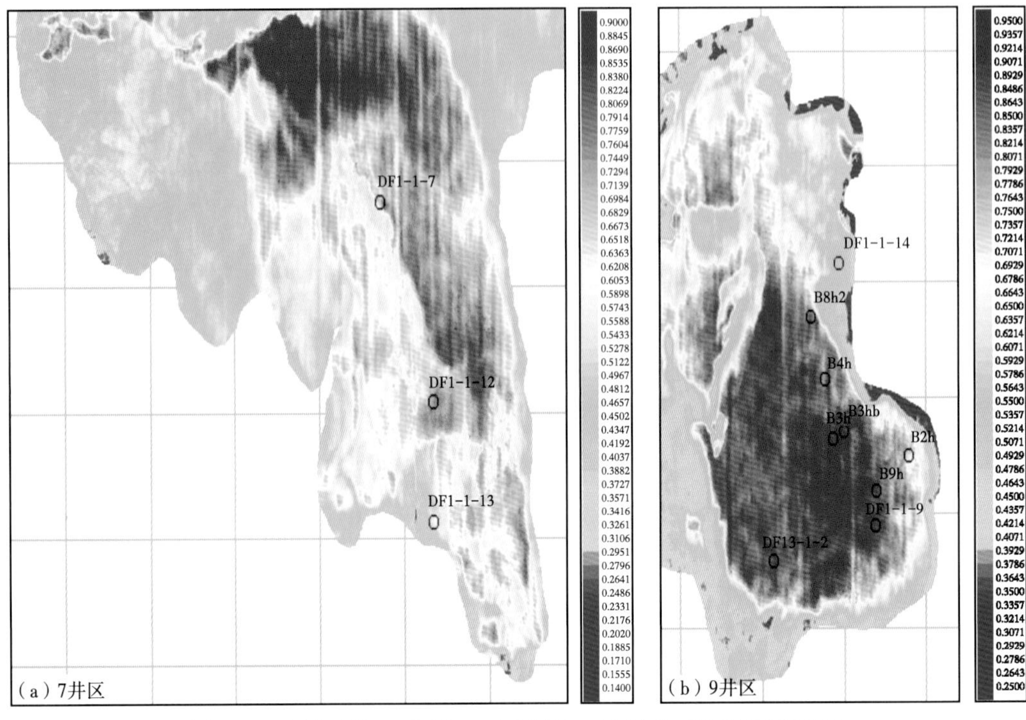

图 2-60　Ⅰ气层组 7 井区、9 井区砂体“甜点”指示因子平面图

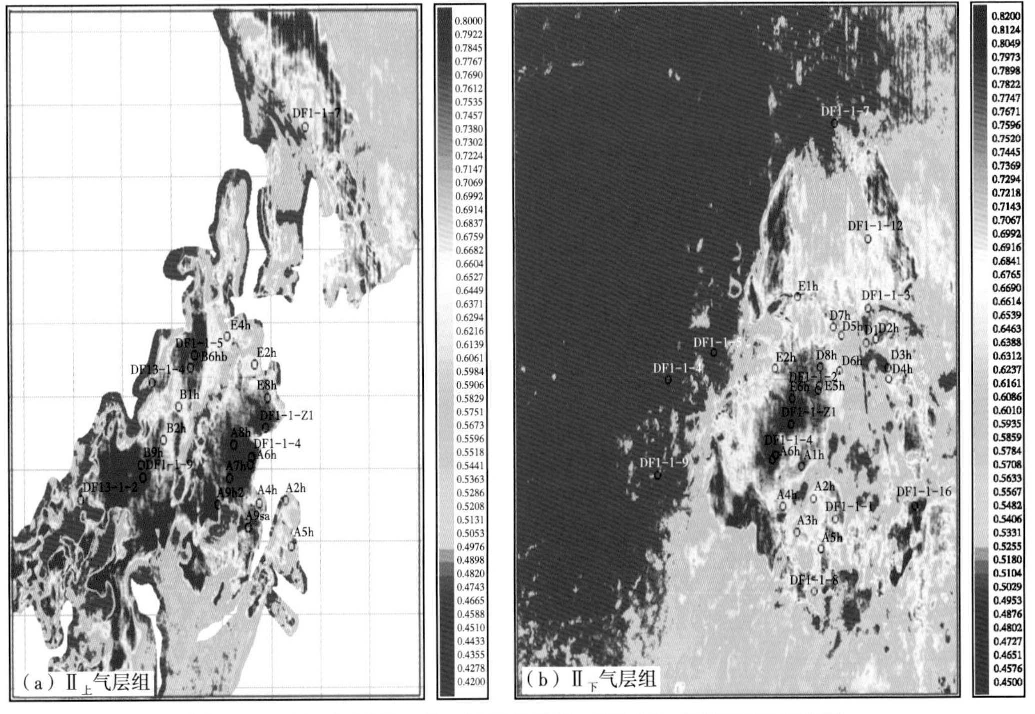

图 2-61　Ⅱ上气层组、Ⅱ下气层组砂体“甜点”指示因子平面图

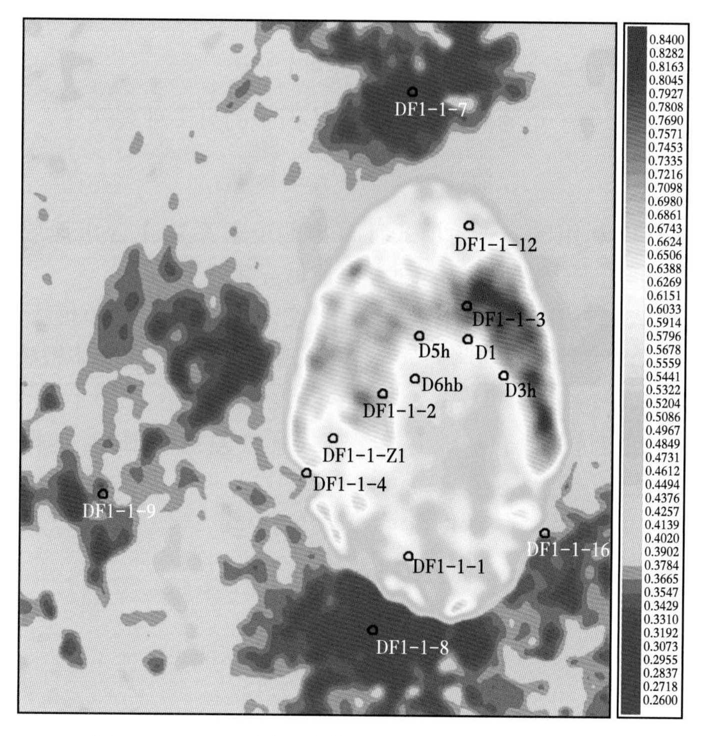

图 2-62　$\text{Ⅲ}_{上}$气层组砂体“甜点”指示因子平面图

1. 扩展 AVO 属性方法原理

Shuey 方程利用截距 A 和梯度 B 表征反射系数 R 随入射角 θ 的变化，公式为：

$$R(\theta) = A + B\sin^2\theta \tag{2-5}$$

利用最小平方回归估计，可以从角道集数据中提取中出 A 和 B。A 称为纵波法相入射反射率，而 B 可以表示为纵波法相入射反射率 NI_P 与横波法相入射反射率 NI_S 的组合，公式为：

$$B = NI_P - 2NI_S \tag{2-6}$$

$$NI_P = \frac{(V_P\rho)_2 - (V_P\rho)_1}{(V_P\rho)_2 + (V_P\rho)_1} \tag{2-7}$$

$$NI_S = \frac{(V_S\rho)_2 - (V_S\rho)_1}{(V_S\rho)_2 + (V_S\rho)_1} \tag{2-8}$$

式中　V_P——纵波速度；

V_S——横波速度；

ρ——密度；

下标数字 1、2——分别表示上覆地层、下伏地层。

Castagna 通过对世界范围内 25 套岩心样本的分析整理表明，NI_P 与 NI_S 的差值可以较好地区分含气砂岩与含水砂岩。NI_{P} 与 NI_{S} 的差值可以用 A 和 B 的组合近似得到，公式为：

$$2(NI_{\mathrm{P}}-NI_{\mathrm{S}})=A+B \tag{2-9}$$

Smith 通过引入流体因子角的概念，得出流体因子的另一种表达式：

$$\text{流体因子}=A+B\sin^2\theta_{\mathrm{f}} \tag{2-10}$$

当入射角为 θ_{f} 时，利用 Shuey 两项式计算出的反射系数在含水地层中接近零值，由式（2-10）得到的流体因子能最大程度地突出流体异常。

Connolly 通过引入弹性阻抗（EI）的概念，确定了每个入射角度下反射系数 R（θ）与弹性阻抗之间（EI）的关系，即测井岩石物理分析得到的岩性流体敏感弹性参数可直接应用到 AVO 属性计算中。

Whitcombe 在弹性阻抗的概念基础上提出扩展弹性阻抗（EEI）的概念，公式可以表示为：

$$\mathrm{EEI}(\chi)=\mathrm{AI}^{\cos\chi}\mathrm{GI}^{\sin\chi} \tag{2-11}$$

式中　AI——声波阻抗；

　　　GI——梯度阻抗。

GI 的计算公式为：

$$\mathrm{GI}=V_{\mathrm{P}}V_{\mathrm{S}}^{-8\mathrm{K}}\rho^{-4\mathrm{K}} \tag{2-12}$$

$$K=\left(\frac{V_{\mathrm{S}}}{V_{\mathrm{P}}}\right)^2 \tag{2-13}$$

扩展弹性阻抗（EEI）所对应的反射系数方程可以表示为：

$$R=A+B\tan\chi \tag{2-14}$$

经整理变为：

$$R_{\mathrm{S}}=A\cos\chi+B\sin\chi \tag{2-15}$$

$$R_{\mathrm{S}}=R\cos\chi \tag{2-16}$$

由于式（2-15）在平面上可以理解为坐标旋转，因此角度可以称作旋转角，式（2-11）和式（2-15）表明：测井岩石物理分析得到的某个角度的弹性阻抗（EEI）对岩性或流体最为敏感时，该角度对应的 AVO 属性对岩性或流体也最为敏感，二者可以有共同的岩性因子角和流体因子角。

2. 扩展 AVO 属性工作流程及应用效果

扩展 AVO 属性分析技术流程（图 2-63）如下：

（1）根据测井曲线计算出目的层段纵波阻抗、横波阻抗和梯度阻抗，并计算不同角度的弹性阻抗；

（2）将不同角度的弹性阻抗与反映岩性的伽马曲线（或泥质含量曲线）和反映流体性质的电阻率曲线（或含水饱和度曲线）进行相关计算，与伽马曲线相关程度最高时所对应的角度即为岩性因子旋转角，与电阻率曲线相关程度最高时所对应的角度为流体因子旋转角；

（3）将岩性因子旋转角和流体因子旋转角代入并计算，得到扩展 AVO 属性分析岩性因子角和流体因子角；

（4）将岩性因子角和流体因子角代入并计算，得到井上 AVO 岩性因子曲线和流体因子曲线，其低值位置分别对应砂岩层和油气层；

（5）提取目标区域 AVO 截距（A）和斜率（B），代入计算可求取 AVO 岩性因子剖面（或三维数据体）和流体因子剖面（或三维数据体）。

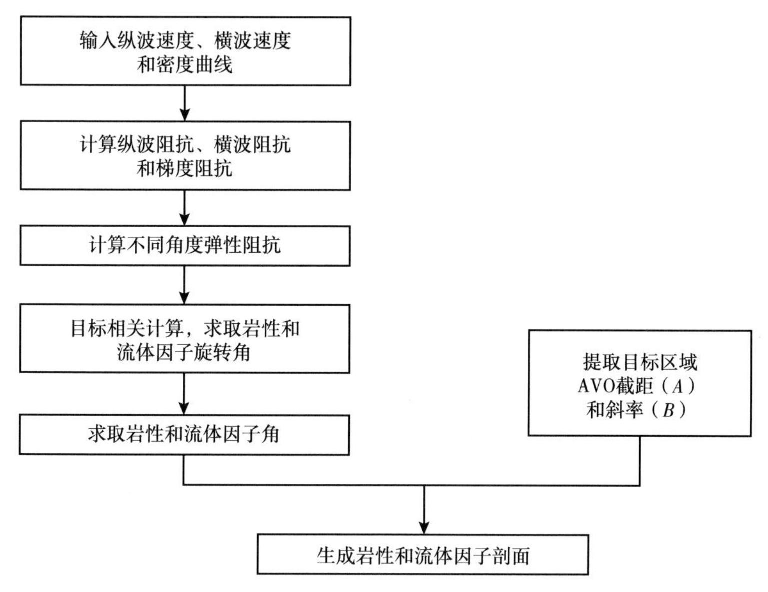

图 2-63　扩展 AVO 属性分析技术流程图

由于扩展 AVO 属性分析技术可以准确求取工区目的层段泥岩背景趋势线和含水背景趋势线，因而可以通过 P、G 坐标轴旋转一定角度（岩性因子角或流体因子角）来区分砂岩和泥岩或气层与非气层。扩展 AVO 属性分析技术主要用于识别真假亮点、检测气层分布和落实储层连通性。该技术具有明显的技术优势：与叠前反演相比，无需建模且不存在模型化效应，因而横向分辨率更高；与常规 AVO 属性分析相比，剖面信噪比高，含水背景能量受到压制，异常多解性大幅降低。图 2-64 为过井常规 AVO 拟泊松比（A+B）剖面，可见气层位置虽有异常存在，但剖面信噪比低，异常分布比较杂乱，若干地方出现假异常。图 2-65 为扩展 AVO 流体检测剖面，可见气层位置异常更加明显，剖面信噪比高，异常连续分布，几乎没有假异常。

图 2-66 为过 DF13-1-2 井地震剖面和扩展 AVO 流体检测剖面对比图。可见地震剖面上存在的许多亮点在扩展 AVO 流体检测剖面上踪迹全无，地震剖面上受泥冲沟冲刷但还未断开的气层，在扩展 AVO 流体检测剖面上明显断开。

图 2-67 为Ⅱ$_{下}$气层组地震振幅切片和扩展 AVO 流体检测数据体切片对比图。地震振幅切片上气水界面以下的多个非气层亮点在扩展 AVO 流体检测数据体切片上几乎全部消失，气层分布范围非常清晰，气层不连续处明显断开。

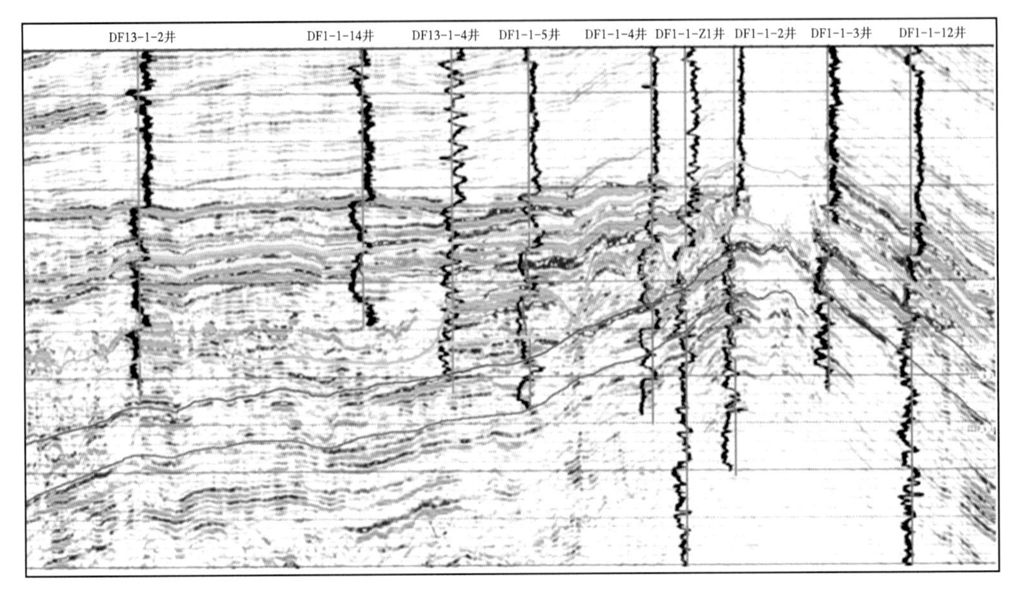

图 2-64　常规 AVO 拟泊松比（A+B）剖面

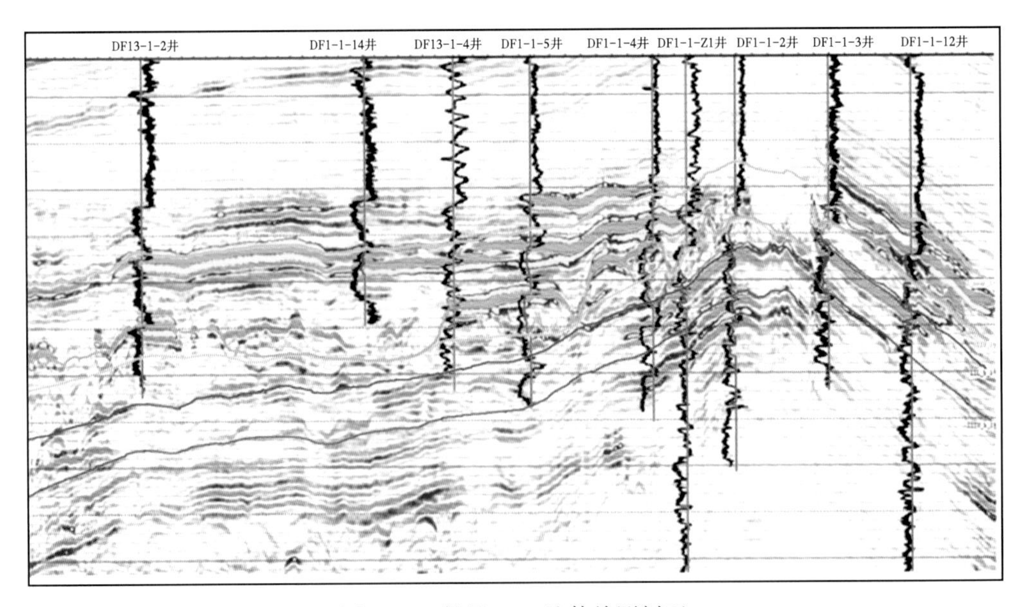

图 2-65　扩展 AVO 流体检测剖面

3. 储层平面非均质性检测

储层不连续性检测技术手段非常多，扩展 AVO 属性分析虽然刚刚起步，但已显示出明显的技术优势：一是剖面信噪比高、横向分辨率高，二是可以直接反映流体分布特征，不确定性较低。因此可充分利用扩展 AVO 属性分析技术来落实气层连通性，实现本区储层不连续性检测。通过试验对比，最终确定以扩展 AVO 属性分析为主、结合叠前叠后属性分析、相干分析和“甜点”指示因子成果开展储层不连续性检测。

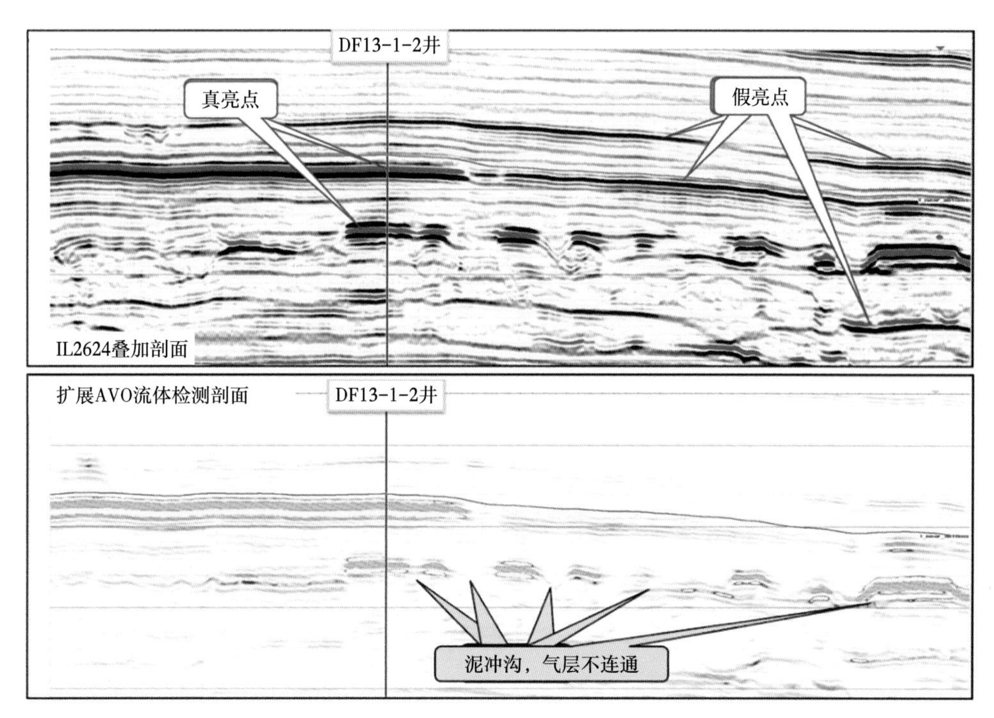

图 2-66　过 DF13-1-2 井地震剖面和扩展 AVO 流体检测剖面对比图

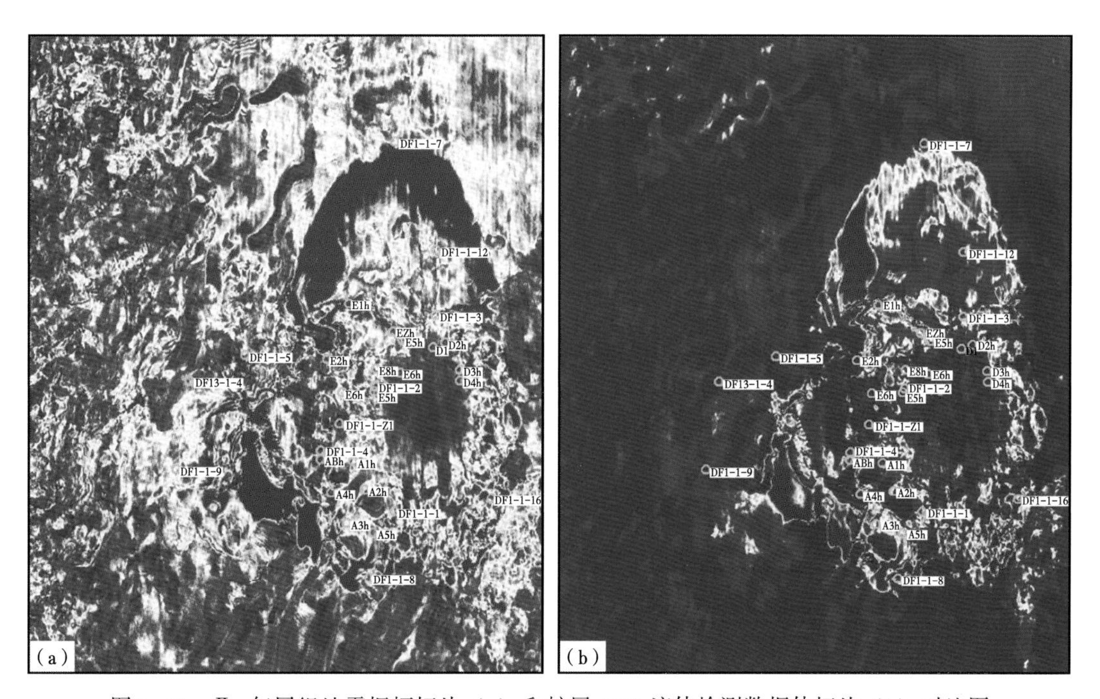

图 2-67　Ⅱ下气层组地震振幅切片（a）和扩展 AVO 流体检测数据体切片（b）对比图

1）储层不连续性检测

图 2-68 为扩展 AVO 流体检测剖面与常规叠加地震剖面对比图。地震剖面上 Ⅱ$_{上}$气层组 DF13-1-2 井区砂体与上倾方向 DF1-1-9 井钻遇砂体地震同相轴是连续的，但实钻结果表明这两口井钻遇不同的气水界面，两个砂体不连通。扩展 AVO 流体检测剖面上表现出明显的砂体不连通现象，与实钻结果一致。

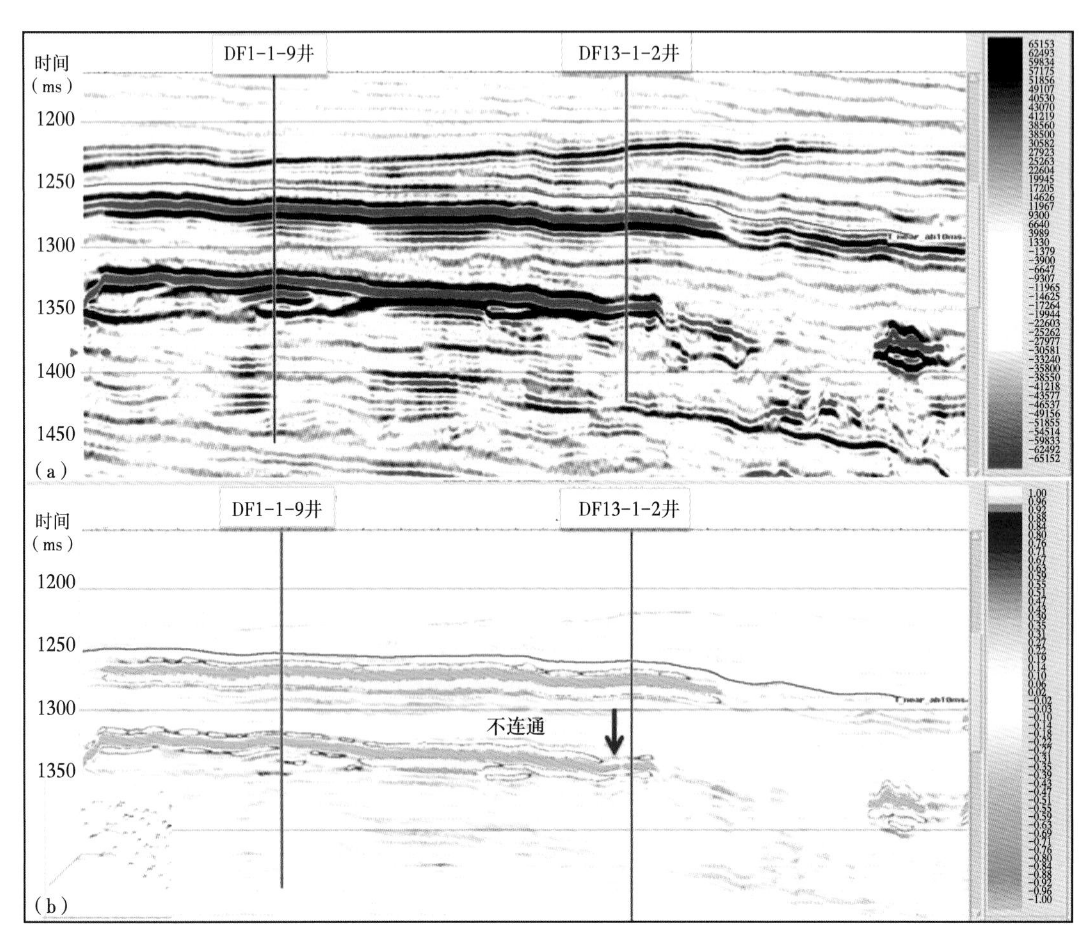

图 2-68 连井叠加地震剖面（a）与扩展 AVO 流体检测剖面（b）对比图

图 2-69 是相干属性和扩展 AVO 属性不连续性检测对比图。相干属性和扩展 AVO 属性平面图上泥岩冲沟边界和气层边界吻合程度高，但扩展 AVO 属性平面图上泥岩冲沟边界和气层边界更加清晰。

2）砂体平面接触关系和连通性分析

东方 1-1 气田储层平面非均质性较强，主力气层组储层厚度较大，分布较稳定，连通性较好。在储层砂体精细刻画的基础上，采用扩展 AVO 属性分析、相干分析和叠前叠后属性分析技术，结合构造解释、沉积分析、储层预测和气层检测成果，对砂体间和砂体内部连通性进行分析。

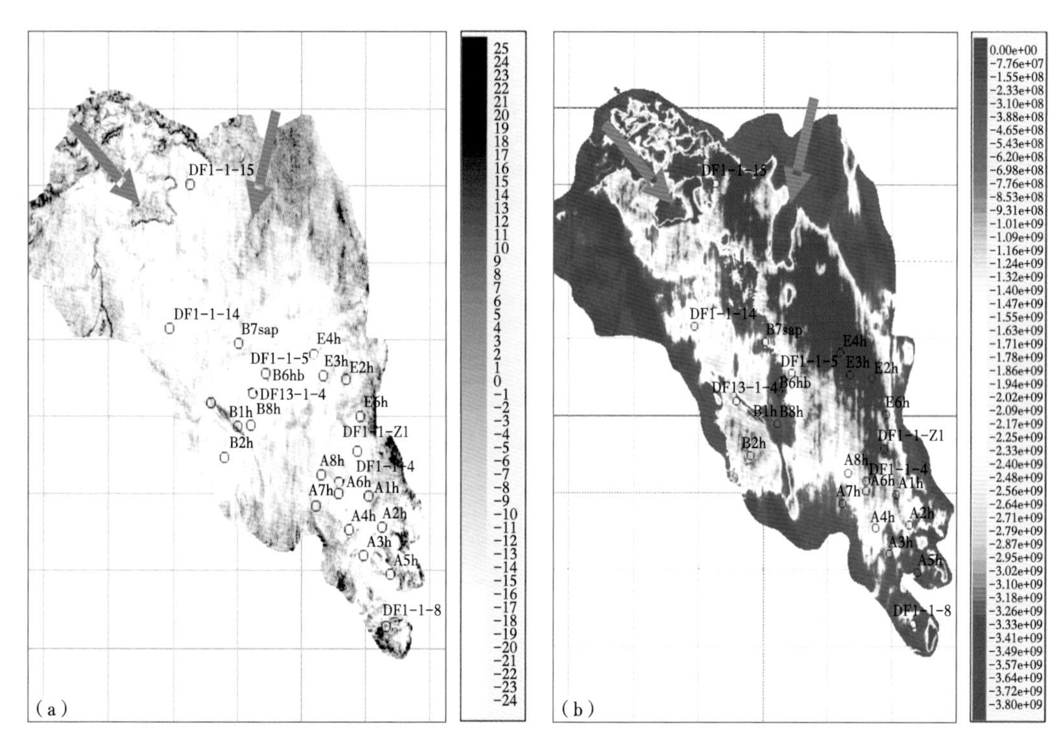

图 2-69 相干属性（a）和扩展 AVO 属性（b）对比图

图 2-70 中（a）、（b）、（c）、（d）分别是过Ⅱ$_{上}$气层组任意线的叠后地震、扩展AVO、孔隙度、“甜点”指示因子剖面—平面图。在Ⅱ$_{上}$气层组西南部，冲沟造成了砂体间的不连通（玫红色椭圆标注），构成有利的封堵条件，形成了不同的气藏，从预测的结果来看不同的气层具有不同的气水界面（图 2-70）。

图 2-71（a）、(b)、(c)、(d) 分别是Ⅱ$_{下}$气层组过 DF13-1-4 井、A3 井与 A5 井的叠后地震、扩展 AVO、孔隙度、“甜点”指示因子剖面—平面图。图 2-71 中椭圆区的砂体与附近南北冲沟带相比，侵蚀较浅一些，但足以切断Ⅱ$_{下}$气层组顶部好储层而形成冲沟封堵。从各属性来看，剩余的底部砂体属于物性不好的干层，形成物性封堵，因此造成 A3 井区与西部砂体不连通。在气藏东南方向存在复杂的侧积现象，储层连续性较差。

Ⅱ气层组分为Ⅱ$_{上}$气层组和Ⅱ$_{下}$气层组，Ⅱ$_{上}$气层组砂体被泥冲沟侵蚀而呈局部分布，Ⅱ$_{下}$气层组砂体虽呈全区分布但其顶部被泥冲沟侵蚀严重。Ⅱ气层组与Ⅰ气层组、Ⅲ气层组之间都有一套稳定的海侵泥岩隔层，Ⅱ$_{上}$气层组和Ⅱ$_{下}$气层组之间也存在一套海侵泥岩隔层，但两者之间的泥岩隔层在局部区域缺失。由测井资料可知Ⅱ$_{上}$气层组和Ⅱ$_{下}$气层组砂体在 A2h 井、A4h 井、DF1-1-Z1 井、E2h 井处无隔（夹）层而连通，在 A5h 井、A6h 井、DF1-1-4 井、DF1-1-5 井、DF1-1-7 井、DF1-1-9 井、DF13-1-2 井、DF13-1-4 井、E6h 井处有泥岩隔夹层而不连通。地震及岩性物性流体反演剖面上解释得到Ⅱ$_{上}$气层组和Ⅱ$_{下}$气层组砂体间的连通情况（图 2-72）。图 2-72（a）中在方框内，Ⅱ$_{上}$气层组开采过程中可动用到Ⅱ$_{下}$气层组的储量。

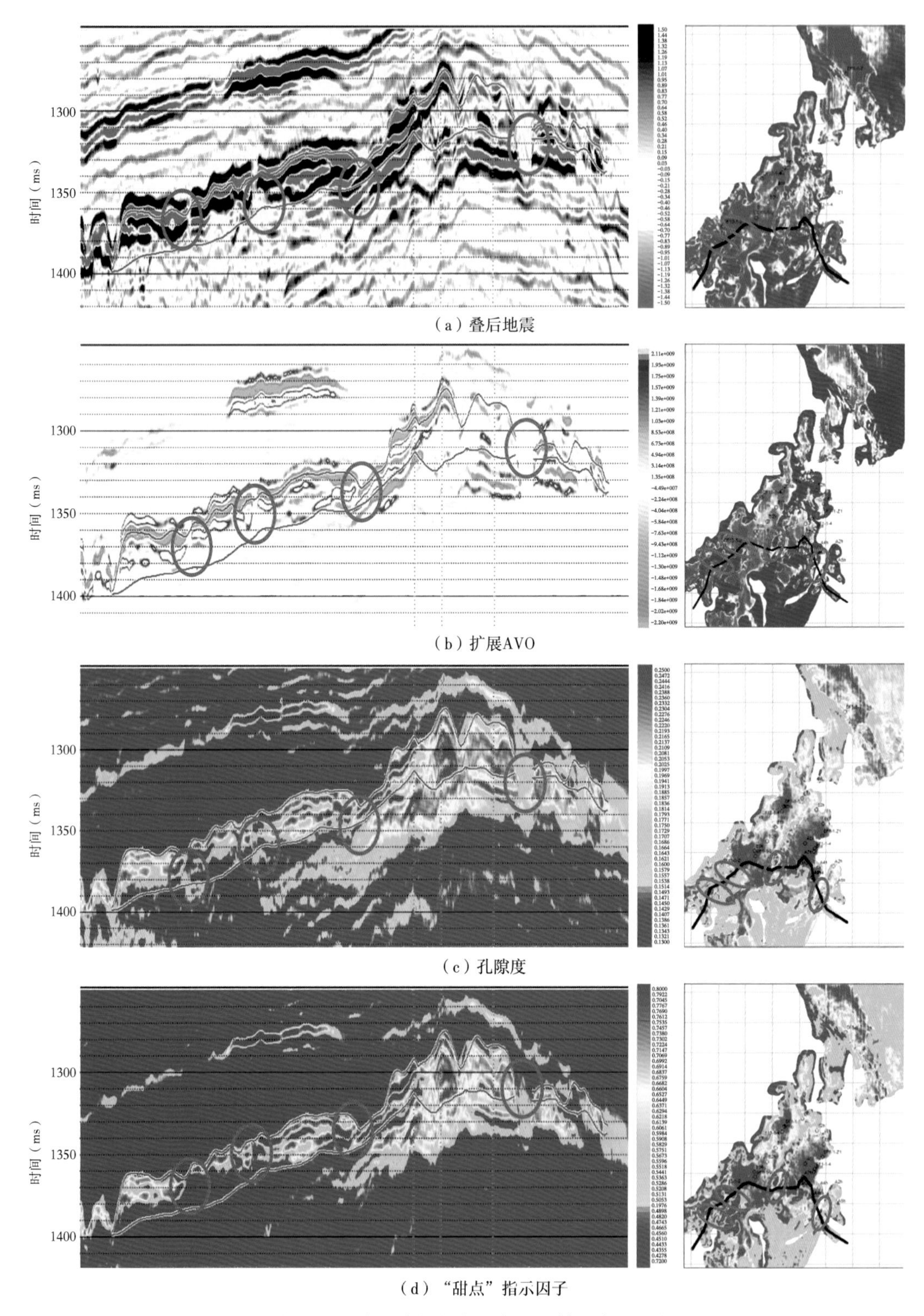

图 2-70　Ⅱ$_{上}$气层组过南区南部与南区各主砂体的各属性剖面—平面图

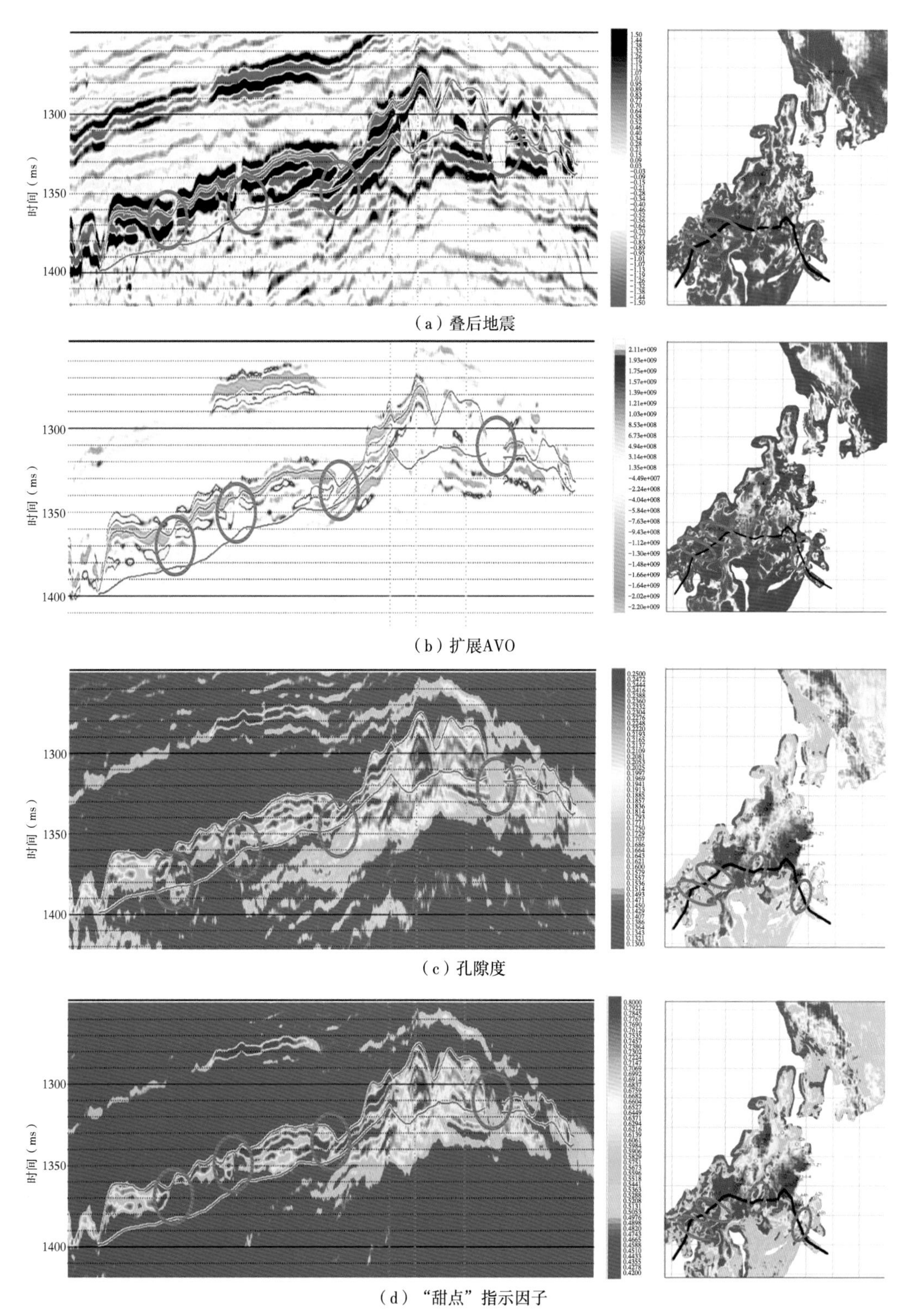

（a）叠后地震

（b）扩展AVO

（c）孔隙度

（d）“甜点”指示因子

图 2-71　Ⅱ$_{下}$气层组过 DF13-1-4 井、A3 井与 A5 井各属性剖面—平面图

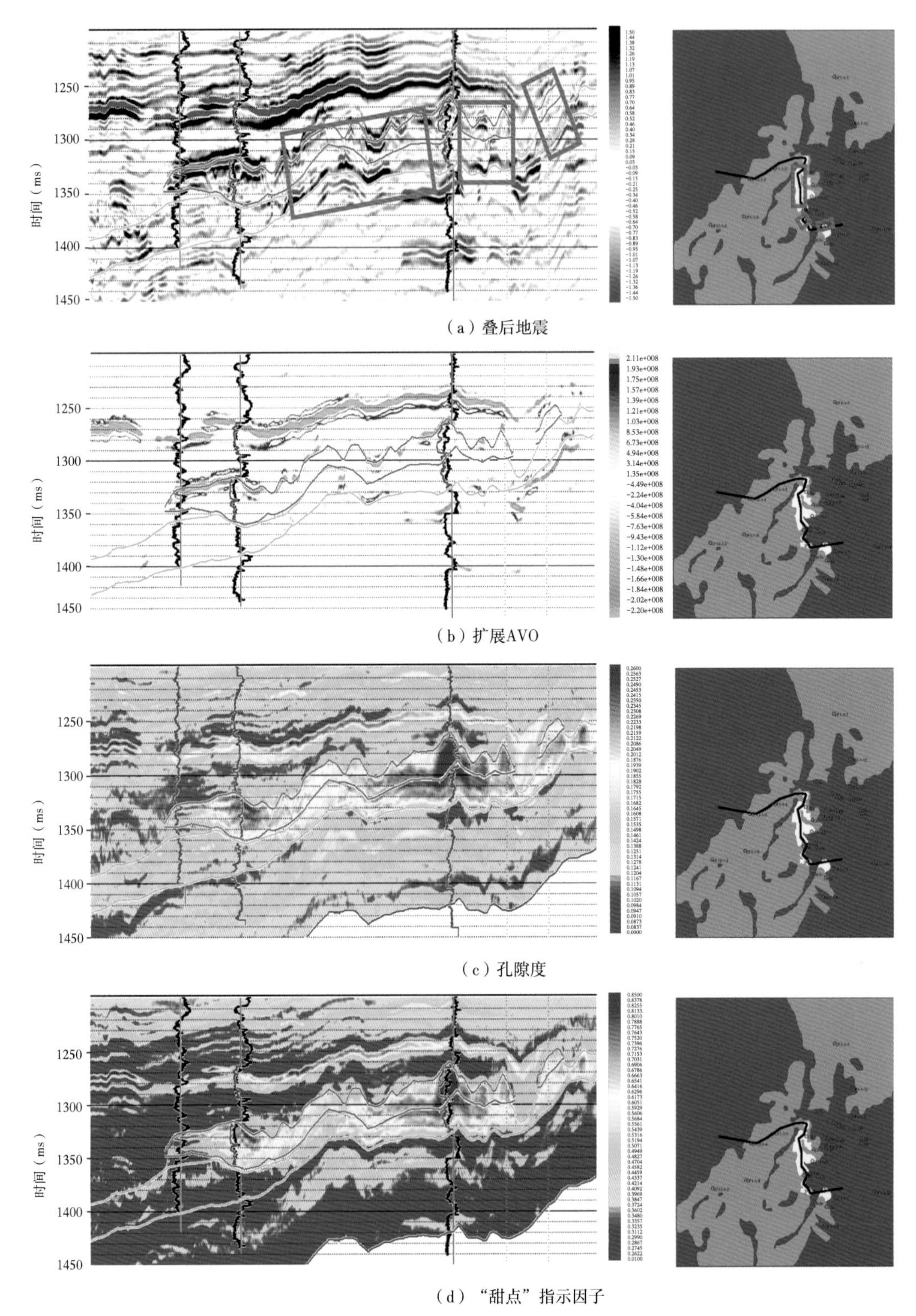

图 2-72　Ⅱ气层组过Ⅱ$_{上}$砂体—Ⅱ$_{下}$砂体的各属性剖面图

3）砂体物性平面变化特征

图 2-73 是Ⅱ上气层组、Ⅱ下气层组砂体的孔隙度预测平面图。孔隙度预测结果与井吻合，孔隙度平面图描述了物性有利砂体的横向变化，直接指示了有利砂体的平面展布和物性封堵带。

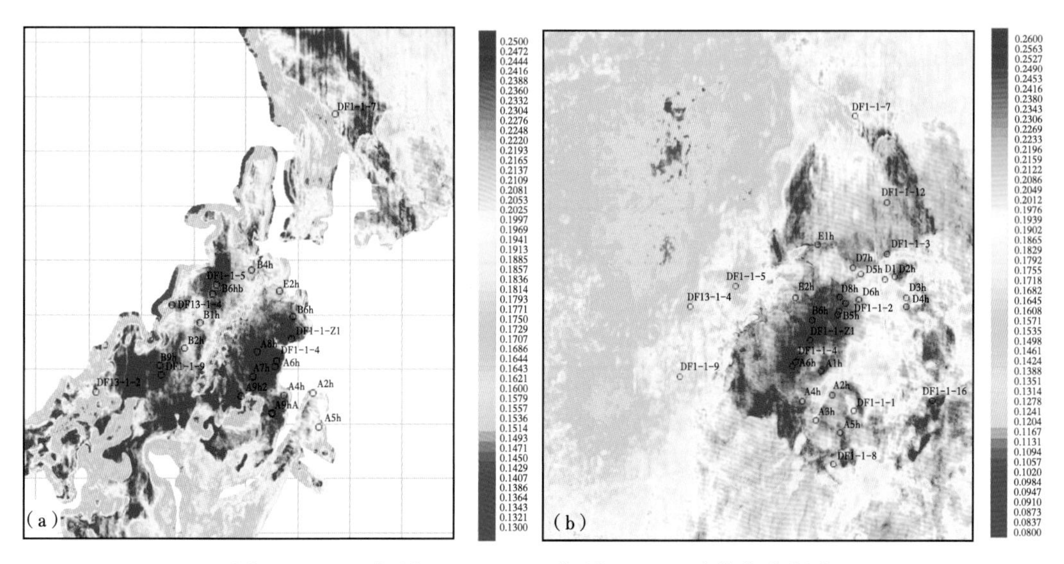

图 2-73　Ⅱ上气层组（a）、Ⅱ下气层组（b）砂体孔隙度图

第四节　应用实践及效果

以上各项技术在东方 1-1 气田“甜点”分布特征分析、剩余气富集区预测等方面得到广泛应用。

一、各气层组砂体“甜点”评级

“甜点”发育前提条件是岩性物性流体三大因素同时有利。根据“甜点”异常的强弱级别给“甜点”评级：“甜点”异常很高，则评为Ⅰ级；“甜点”异常较高，则评为Ⅱ级；“甜点”异常一般，则评为Ⅲ级。Ⅰ级“甜点”和Ⅱ级“甜点”都是岩性有利、物性较好、含气性好较好的潜力气藏，Ⅲ级“甜点”是岩性稍差、物性稍差、含气性稍差的气藏。

图 2-74、图 2-75 是各气层组砂体的“甜点”指示因子平面属性图。由于各气层组岩石物理特征不同，根据具体情况对各气层组砂体的“甜点”进行分级解释，分级标准略有不同。Ⅰ气层组的 5 井区 A 砂体、5 井区 B 砂体、7 井区砂体和 9 井区砂体采用相同的方案分级解释，而Ⅱ上气层组、Ⅱ下气层组、Ⅲ上气层组的砂体则分别分级解释。各气层组砂体的各级“甜点”如图 2-74、图 2-75 所示。

二、剩余气富集区筛选

根据储层预测和烃类检测、“甜点”评级结果，结合非均质性研究成果和气藏生产动态情况，预测剩余气分布的富集区带，并做综合评价。剩余气富集区综合评价依据依次为

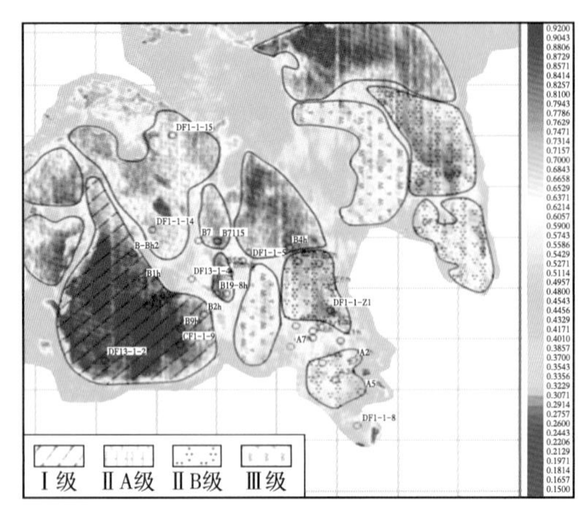

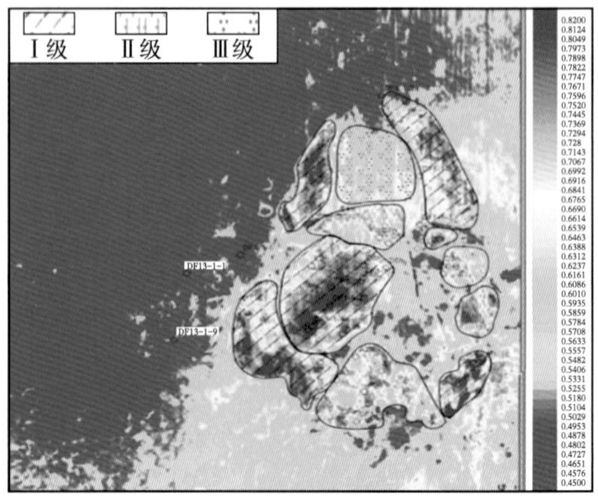

图 2-74　Ⅰ气层组（a）、Ⅲ$_{上}$气层组（b）各砂体“甜点”等级图

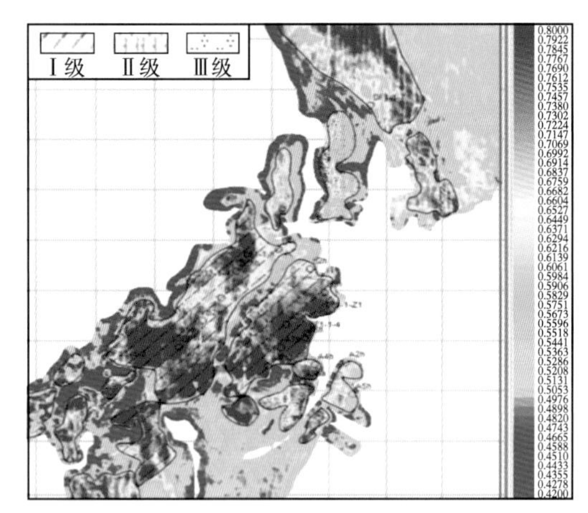

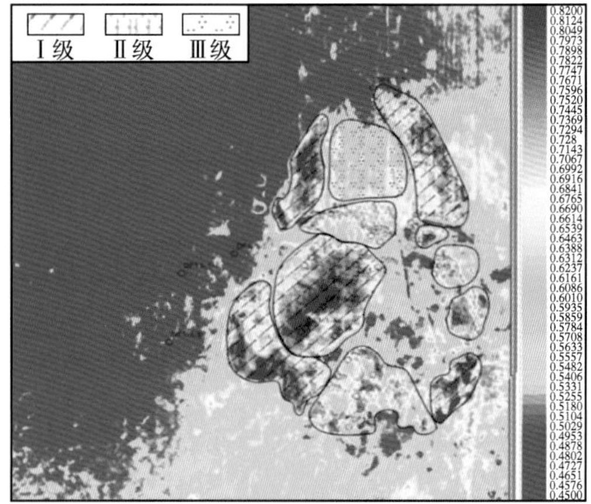

图 2-75　Ⅱ$_{上}$气层组（a）、Ⅱ$_{下}$气层组（b）砂体“甜点”等级图

“甜点”异常可靠性、扩展 AVO 异常强度和分布面积。将“甜点”异常可靠性高、扩展 AVO 异常强和“甜点”分布面积广的剩余气富集区定为Ⅰ级目标，将“甜点”异常可靠性较高、扩展 AVO 异常较强、“甜点”分布面积较广的剩余气富集区定为Ⅱ级目标，将“甜点”异常可靠性稍低、扩展 AVO 异常稍弱和“甜点”分布面积较小的剩余气富集区定为Ⅲ级目标。

1. Ⅱ$_{上}$气层组剩余气富集区筛选

根据Ⅱ$_{上}$气层组砂体甜点评级和烃类检测结果及气藏开发情况，Ⅱ$_{上}$气层组砂体存在 13 个剩余气富集区，Ⅱ$_{上}$-1 气层、Ⅱ$_{上}$-2 气层、Ⅱ$_{上}$-3 气层、Ⅱ$_{上}$-4 气层位于工区北部，Ⅱ$_{上}$-5 气层、Ⅱ$_{上}$-6 气层和Ⅱ$_{上}$-7 气层位于工区南端东侧，Ⅱ$_{上}$-8 气层、Ⅱ$_{上}$-9 气层、Ⅱ$_{上}$-10 气层、Ⅱ$_{上}$-11 气层、Ⅱ$_{上}$-12 气层和Ⅱ$_{上}$-13 气层位于工区西南，距开发井均有一定距离。Ⅱ$_{上}$气层组砂体各剩余气富集区具体位置分别如图 2-76、图 2-77 所示，剩余气富集区要素见表 2-3。

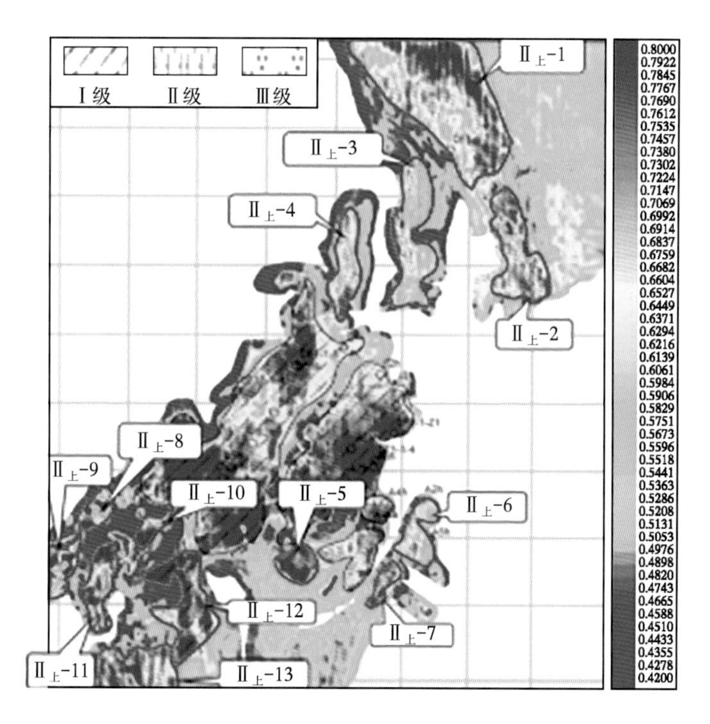

图 2-76 Ⅱ上气层组各砂体“甜点”指示因子

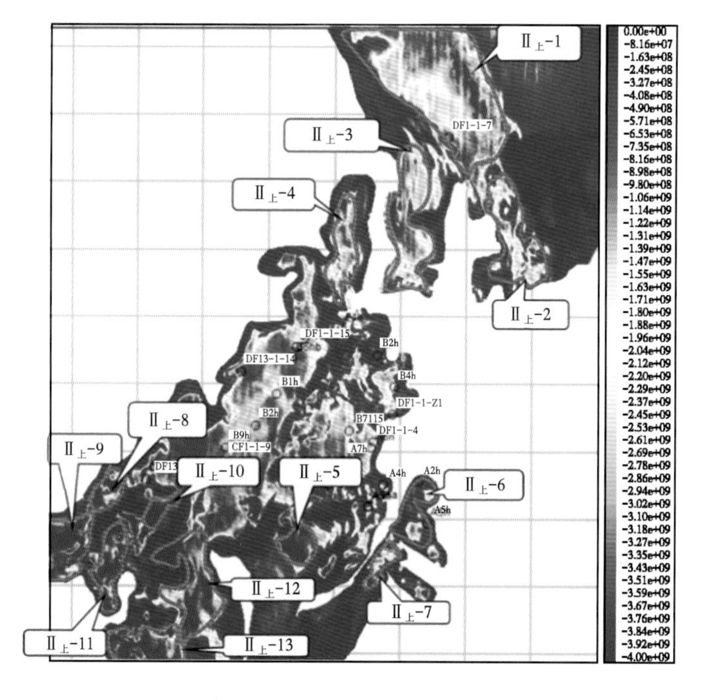

图 2-77 Ⅱ上气层组各砂体扩展 AVO 气层检测

2. Ⅲ$_{\text{上}}$气层组剩余气富集区筛选

根据Ⅲ$_{\text{上}}$气层组砂体甜点评级和烃类检测结果及气藏开发情况，Ⅲ$_{\text{上}}$气层组砂体存在 1 个剩余气富集区，Ⅲ$_{\text{上}}$-1 气层位于背斜构造南部，距开发井有一定距离。Ⅲ$_{\text{上}}$气层组砂体剩余气富集区具体位置如图 2-78、图 2-79 所示，剩余气富集区要素见表 2-3。

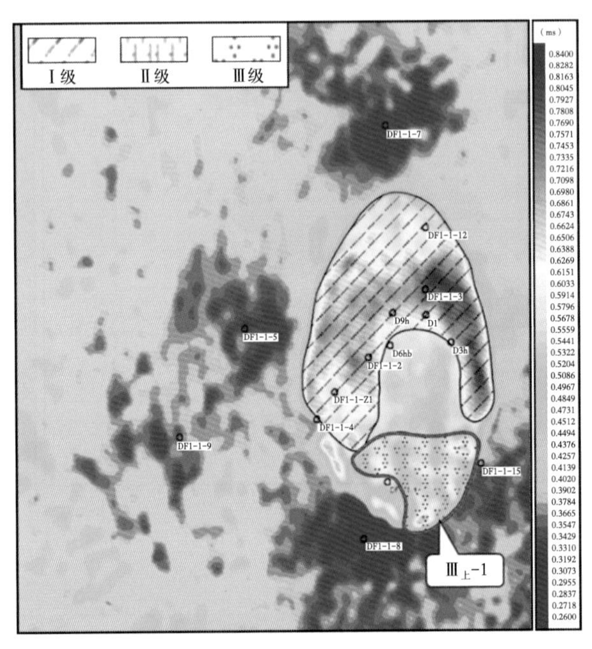

图 2-78　Ⅲ$_{\text{上}}$气层组各砂体“甜点”指示因子

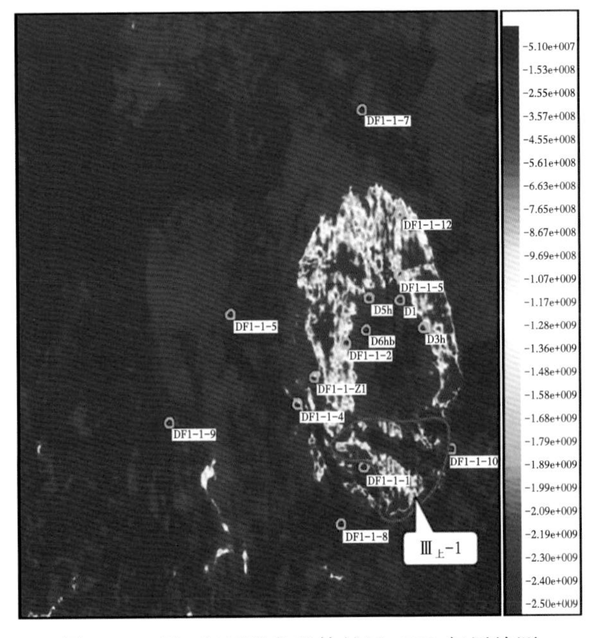

图 2-79　Ⅲ$_{\text{上}}$气层组各砂体扩展 AVO 气层检测

根据前述剩余气富集区综合评价依据和级别划分标准，通过列表汇总各剩余气富集区要素，进行评价分级，最终确定Ⅰ级目标7个，面积为90.55km²，Ⅱ级目标8个，面积为42.76km²，Ⅲ级目标11个，面积为42.11km²。总计剩余气富集区总数26个，总面积175.4km²。

表2-3　各层剩余气富集区综合评价表

序号	气层组	砂体	剩余气区编号	"甜点"级别	AVO异常强度	面积（km²）	评级
1	Ⅰ	5井区A砂体	Ⅰ5-1	ⅡA	中等	10.37	Ⅰ
2			Ⅰ5-2	ⅡA	很强	8.10	Ⅱ
3			Ⅰ5-3	ⅡB	较弱	5.41	Ⅱ
4		7井区砂体	Ⅰ7-1	ⅡA	很强	21.40	Ⅰ
5			Ⅰ7-2	ⅡB	较强	13.84	Ⅰ
6			Ⅰ7-3	Ⅲ	较强	7.76	Ⅲ
7			Ⅰ7-4	ⅡB	较弱	9.68	Ⅰ
8		9井区砂体	Ⅰ9-1	ⅡA	较强	5.95	Ⅱ
9			Ⅰ9-2	ⅡA	较强	7.04	Ⅱ
10	Ⅱ	Ⅱ上	Ⅱ上-1	Ⅱ	较强	17.89	Ⅰ
11			Ⅱ上-10	Ⅲ	很强	0.97	Ⅲ
12			Ⅱ上-11	Ⅱ	很强	2.57	Ⅲ
13			Ⅱ上-12	Ⅰ	很强	5.40	Ⅰ
14			Ⅱ上-13	Ⅱ	很强	3.31	Ⅱ
15			Ⅱ上-2	Ⅱ	中等	5.34	Ⅱ
16			Ⅱ上-3	Ⅲ	中等	6.31	Ⅲ
17			Ⅱ上-4	Ⅱ	中等	2.91	Ⅲ
18			Ⅱ上-5	Ⅱ	很强	1.61	Ⅲ
19			Ⅱ上-6	Ⅱ	较弱	2.42	Ⅲ
20			Ⅱ上-7	Ⅱ	中等	1.02	Ⅲ
21			Ⅱ上-8	Ⅲ	很强	1.36	Ⅲ
22			Ⅱ上-9	Ⅱ	很强	2.73	Ⅲ
23	Ⅱ	Ⅱ下	Ⅱ下-1	Ⅰ	较强	11.97	Ⅰ
24			Ⅱ下-2	Ⅱ	较强	3.40	Ⅱ
25			Ⅱ下-3	Ⅰ	较强	4.21	Ⅱ
26	Ⅲ	Ⅲ上	Ⅲ上-1	Ⅲ	中等	12.45	Ⅲ

第三章　海上大型砂岩气田出水机理及治理

南海西部气藏多为水驱气藏，气水关系组合及水体能量强弱各异，随着气藏的开发，气藏见水产生的危害越来越受关注，而对气藏出水规律及治理研究也显得尤为重要。

陆上气田总结了气藏产水后主要影响表现在三个方面：（1）地层水沿裂缝窜入，对气藏产生了分割，形成了死气区，使最终采收率显著降低；（2）气井产水后，降低了主裂缝中补给气流的能力和气的相对渗透率，使气井产量迅速下降，降低气藏的采气速度；（3）气井产水后，管柱内的阻力损失和气藏的能量损失显著增大，从而导致气井自喷带水能力变差，生产情况逐渐恶化甚至因严重积液而水淹（杨川东，1993）。

根据多年来南海西部海上气田开发经验，分析不同类型气藏见水规律，深入出水机理研究，提出气井见水评价预测技术，并总结合理开发策略及配套治水措施，以便进一步提高有水气藏的开采效果和开发效益，对后续水驱气藏的开发，也起到指导借鉴意义。

第一节　气田见水规律研究

一、气田见水水源分类

气藏产出水一般可分为气层内部水（包括凝析水、层内原生可动水和层内次生可动水）、气层外部水（边水和底水）与现场实施的工业用水（邓勇等，2008；李锦等，2012）。

1. 凝析水

在地层条件下呈气态的部分地层水，随气体采出到地面后，由于压力、温度的降低而析出，从而致使气井产水，凝析水产水量在气藏的整个开采周期，按照相对稳定的凝析水气比，随着产气量的变化而变化，水样矿化度低。

2. 层内原生可动水

由于充气不足或泥岩层的隔断，在气藏原始条件下以原生层内可动水的形式聚集在储层的构造低部位，通常情况下由于未与气井底部连通而不参与流动，但当层内压差达到临界值时，将形成一定的连通通道，层内原生可动水开始产出。产水特征表现为气井逐渐见水，但水量不大，出水量往往带有一定的波动，随着生产的继续，出水量下降，表明层内原生可动水被逐渐采完，水样矿化度高。

3. 层内次生可动水

由于疏松砂岩的结构变形和束缚水的膨胀，在气藏压力下降到一定程度之后，储层岩石的部分束缚水形成了层内次生可动水，并随气一起产出。其产水特征是水量渐增，但水气比保持低值，出水有轻微波动，水样矿化度高。

4. 层间水

以束缚水的形式存在于层间泥质夹层内。当射开气水同层采出天然气时，水便一同被采出。其产水特征是气井突然见水，且水量急剧增加，并伴随着出水量的大幅度波动，但开采后期出水量往往会下降，表明层间水被采完或因压差不足继续维持出水。

5. 边水、底水

当边水推进或指进到井底，就会造成气井出水。其产水特征也表现为气井突然见水，与层间水突破所不同的是边水、底水的突破发生在气藏生产的中期和后期，其出水往往带有区域性，通常伴随有邻井的大量出水。由于水源充足，边水、底水的出水波动不明显，水量稳定持续上升，并且由于供给充足，气井的压力也能够得到一定程度的维持，水样矿化度高。

6. 人工侵入水

在钻井和措施作业时，钻井液滤液及压井液、压裂液等工作液侵入地层，在气井开井投产后，随着压差的作用流动到井筒，并从地层中返排出来，从而导致气井见水。产水特征表现为初期水量较大，随后产出水量逐渐减少，直至消失。

二、气田出水水源判别

目前，南海西部海上大型砂岩气田开发过程中，气井出水存在多种水源，不同气藏之间、同一气藏的不同开发层组间、同一开发层组内的井与井之间、同一气井的不同开采阶段之间，其主要出水水源都可能存在差异，需要采用多种方法去综合识别判断（夏竹君，2008；孙虎法等，2009；于希南等，2012；姚园，2015）。

1. 水样矿化度分析法

地层水中各种离子的含量，反映了所在地层的水动力特征和水文地球化学环境，在一定程度上可以说明油气的保存条件和破坏条件。在矿化度随深度变化的同时，发生水型更替或出现水化学分带。氯离子可以在地层水中自由迁移，成为油气田水中占主导地位的离子，氯离子和矿化度几乎同步变化，总体上能反映矿化度变化的趋势。因此，通过整理分析气藏单井产水的水样资料，得出气藏产出水的氯离子含量与矿化度范畴，从而可初步判断单井出水的水源类型。但是考虑到气藏储层非均质性、水体连通性及生产措施等诸多因素的影响，仅从水样矿化度角度判断出水来源是不够准确的，需要结合其他分析方法。

2. 动态分析水源识别

动态分析法是依据矿场实际生产动态资料表征及气藏地质油藏特征认识基础上进行的，其主要判读指标是生产水气比。

水气比定义为气井产水量与产气量的体积之比，通过现场生产水气比的稳定及变化规律，可初步判断见水来源，具体识别步骤如下。

（1）根据生产动态监测数据，评价水气比是否稳定。

（2）如果水气比比较稳定，则表明水源供给量固定，存在两种可能：①属凝析水，水气比很低，根据定量计算，确定水气比的范围；②气水同层，水气比较高，可能打开了气水过渡带，或打开了某一持续补给的微弱水层。

（3）如果水气比下降，存在两种情况：①工作液返排，结合水样矿化度分析，确定是否是工作液；②零星小水体，水样分析为地层水，确定是否连通了有限小水体。

（4）如果水气比缓慢上升，则可能是层内次生可动水。

（5）如果水气比跳跃上升，则可能是层间水窜水。

（6）如果水气比急剧上升，存在两种情况：①边水，井位于气水边界；②沟通了较大水层，井位于构造中部或构造高部位，需要结合产出剖面核实。

建立利用生产动态资料识别气井出水水源的模式（图 3-1）。

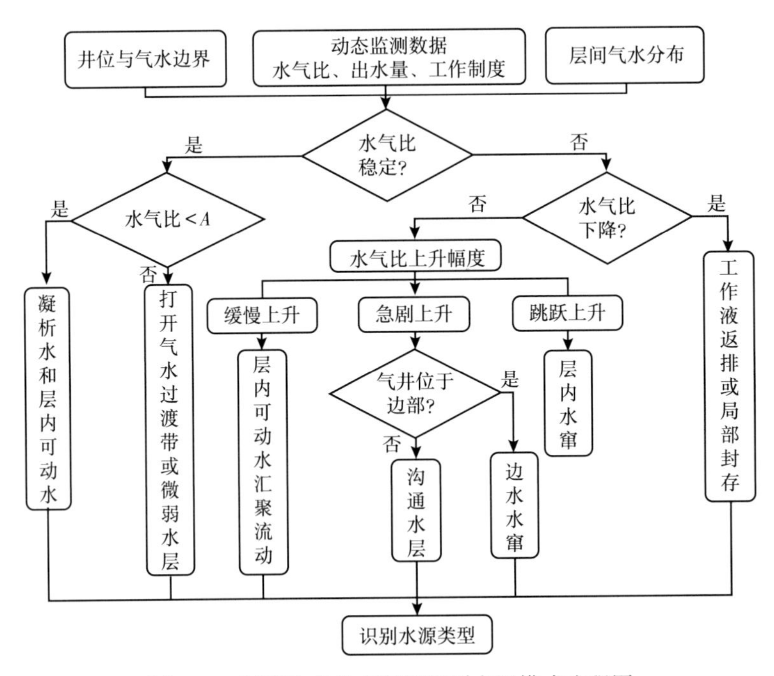

图 3-1　利用生产动态资料识别水源模式流程图

3. 测井解释水源识别

测井解释资料建立了测井信息与地质信息之间的联系，因此对准确分析单井出水来源具有重要意义。

束缚水饱和度是采用测井解释进行水源识别的基础，该参数最直接的获取方法是从测试或分析认为是纯气层或干层的密闭取心资料中得到含气饱和度，也可以利用核磁共振测井技术，间接计算束缚水饱和度。束缚水主要包括黏土束缚水和毛细管束缚水两类。测井解释的气水分布代表气井投产前的原始静态气水分布，应结合前面的动态分析方法，综合判断气井出水水源，步骤如下。

（1）单井射孔层段测井解释为气水同层或水层，利用测井曲线估算泥质含量，通过泥质含量与排驱压力之间的关系，计算出层内可动水的临界流动压差。若生产压差超过临界流动压差，且开井即见水，或开采一段时间后才出水（封闭小水体），出水量低，水气比波动甚至可能下降，产量略有递减，可判断为原生层内存在可动水。

（2）测井解释一般为气层，通常束缚水饱和度高于50%，且在生产过程中产水量较小，即存在束缚水转为可动水的可能，则其类型为次生层内可动水。

（3）单井射孔层段测井解释为气层，但射孔层的上或下储层解释为水层或气水层，生产过程中产水量较大，则为水层水窜。

（4）气水过渡带，解释为气水同层。

4. 产气剖面水源识别

生产测井是在油气井完井及其后整个生产过程中，应用地球物理方法对井下流体的流动状态、井身结构技术状况和产层性质变化情况所进行的观测。产气剖面测井仪能够准确计算井下各产层的产气量及产水量，监测气水界面并判断井下工具的工作情况等，为科学管理气田提供依据。测井仪器由涡轮流量计、持水率仪、温度仪、压力仪、流体密度仪、自然伽马仪和磁定位仪组成。在一定直径的套管（油管）内，流体流速与产量成正比。因此，为了减小测量误差，一般以不同的测速上下各测4条连续流量曲线，同时，根据流体流速、管子常数、持水率、密度可计算各小层的产气及产水量。

在出水层各曲线特征如下：（1）流体密度曲线在产层上有较明显的升高，但应低于纯水值（排除出砂的影响）；（2）自然伽马曲线在产层上有正异常显示，且随着见水时间的增加，异常幅度逐渐加大；（3）流温梯度曲线出现负异常显示；（4）持水率曲线呈直线形，仅在喇叭口附近由于集流的原因有所升高。

产气剖面水源识别是根据PLT测试来计算出水量来判断水源，该方法可有效地指导气井堵水作业的实施。

5. 综合识别技术思路

综合水样分析、测井解释、产出剖面测试、出水特征、水气比变化特征等，制定出气井出水水源的综合识别技术思路，具体识别步骤如下。

（1）建立矿化度或者氯离子含量与水气比的关系曲线，区分凝析水。气井生产过程中，会不定期地对出水进行取样分析，凝析水矿化度和水气比都相应较小，而边水、层内气水层出水、层间水等的矿化度和水气比都相对较大。由此，可通过矿化度和水气比初步区分凝析水。

（2）绘制日产水量、日产气量、油（套）压、生产制度、工艺措施综合曲线，从总体上明确出水趋势，粗略确定出水原因。将单井生产数据进行综合绘图，按照时间标注工艺措施。排除制度变化和工艺措施对产水的影响，对比同一个生产制度下产水、产气的变化规律。日产水量较高、产气量逐渐下降、水气比和日产水都呈现明显上升趋势的气井出水原因，往往与边水、层内气水层出水、层间水有关。

（3）绘制单井生产测试剖面，初步确定出水层位。

（4）利用测井资料进一步区分层内水和层间水。对于测井解释为气水同层的，生产中也表现出明显产水特征的井，层内出水是主要原因；对于测井解释为气层，但出水量较大的井，需要观察该井产层上部和下部的气水层分布，如果产层上下紧邻水层，则应考虑是否管外窜引起层间水进入井筒。

（5）根据井的平面位置判定是否为边水推进。对于边水气藏来说，距离边部较近的井随着生产进行会表现出边水突破的特征。和气藏地质特征相结合，明确每个小层的含气边界，如果产水量呈现渐进的上升趋势且位于含气边界附近，则应该考虑边水是否突破。

（6）排除工艺措施的影响。对于个别井，产量发生突变且水量也很大，通过上面的方法依然不能找到合适的原因时，应该结合气井的工艺措施进行分析，如是否压裂多个层引起窜层、是否产生漏失等。

（7）结合邻井出水情况，最终确定出水层位和出水原因。

6. 典型气井水源分析

崖城 13-1 气田主要储层为陵三段砂岩，上部次要产层为陵二段及三亚组砂岩。主力气层组陵三段气藏气水分布受构造、地层和岩性控制，气水分布较为复杂，既存在相对较为统一的边水（图 3-2），同时又发育多个孤立水体。气田三边为大边界断层遮挡，水体仅分布在气藏东面的气水界面之下，初步估算水体体积最大为气田含气体积的 3.5～7.5 倍。

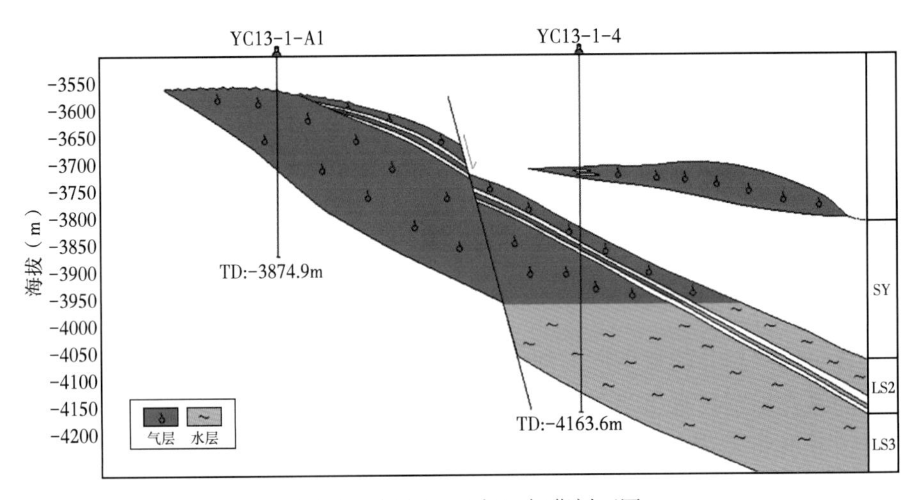

图 3-2　崖城 13-1 气田气藏剖面图

气田 A3 井属于主力区块的一口生产井，主要目的层位为陵三段，钻遇 A1、A2、B1、B2-1、B2-2、C1、C2、D 共 8 个流动单元，且皆为纯气层（图 3-3），并未钻遇水层。

A3 井 1996 年投产以来初期生产较为稳定，投产初期产量高达 $260\times10^4m^3/d$，水气比约为 $0.31m^3/10^4m^3$，凝析油气比约为 $0.20m^3/10^4m^3$。2007 年左右该井水气比出现上升趋势（图 3-4），结合实际的地层压力数据计算不同地层压力下对应的生产凝析水气比，结果表明，2007 年左右 A3 井的凝析水气比为 $0.5m^3/10^4m^3$，与其实际产出水气比差别不大，但在 2007 年之后，A3 井的实际产出水气比与凝析水气比含量差距变大，证明生产水中除凝析水外还有外来水；另一方面结合氯离子含量的变化情况分析，生产初期该井氯离子含量均在 50mg/L 左右，2007 年之后陆续上升，三年间上升到 6000mg/L 左右，综合分析认为此时 A3 井已经有地层水产出。

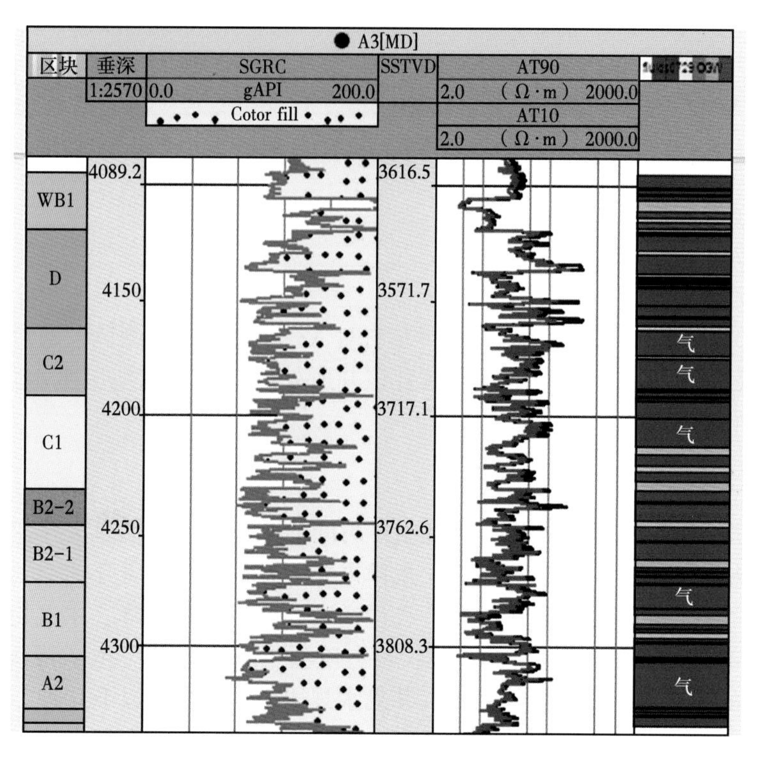

图 3-3　崖城 13-1 气田 A3 井测井解释曲线

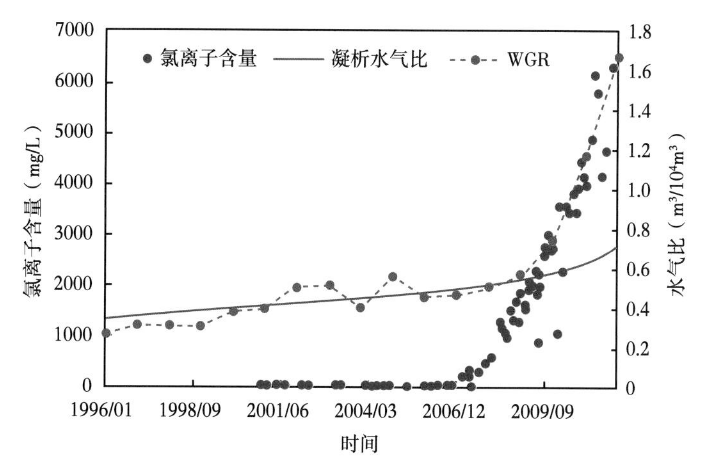

图 3-4　崖城 13-1 气田 A3 井产水分析分析曲线

具体凝析水计算公式如下：

$$WGR=1.6019\times10^{-4}A[0.32(0.05625T)+1]^{B}C \tag{3-1}$$

其中：

$$A=3.4+418.0278/p_{\mathrm{r}} \tag{3-2}$$

$$B=3.2147+3.8537\times10^{-2}p_r-4.7752\times10^{-4}p_r^2 \tag{3-3}$$

$$C=1-4.893\times10^{-3}S-1.757\times10^{-4}S^2 \tag{3-4}$$

式中 WGR——水气比，$m^3/10^4m^3$；

T——地层温度，℃；

p_r——地层压力，MPa；

S——NaCl 含量，%；

C——矿化度校正系数。

为判断 A3 井的产水来源，于 2010 年左右对 A3 井进行 PLT 测试，通过测试可以发现 A3 井所产地层水为 A1-B1 流动单元，结合该井所处区域边水及地层水水化学分析结果，综合判断 A3 井出水水源为边水侵入。

三、气田见水规律分析

气井见水规律是指气井各关键指标随生产时间的变化特征。通过大量出水井动态特征的分类对比分析，可根据动态指标的变化规律来统筹分析及指导研究。

气井见水后，生产动态特征表现为产气量递减、井口压力下降、水气比上升等，通过调研发现海上部分气田见水分为“尖峰型”“台阶型”及“凹型”生产特征，综合南海西部见水井多年的生产指标对比，总结出气井见水规律，主要包含以下几种：

（1）低产水稳定型（图 3-5），这类气井开采过程中的水气比相当稳定且维持在较低水平，产气量略有上升或稳定，水源多半是凝析水；

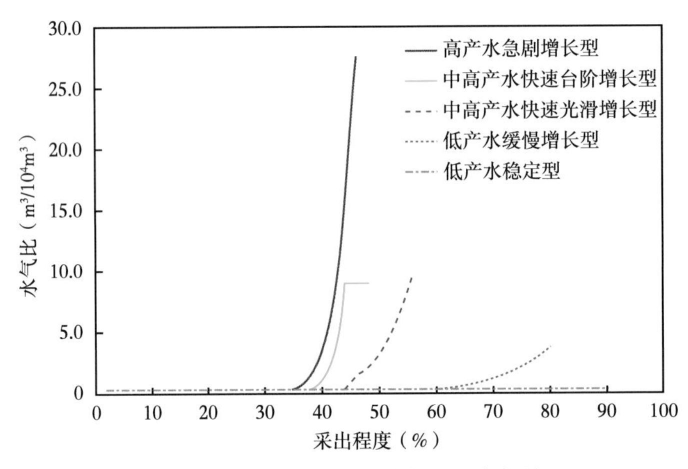

图 3-5 南海西部在生产气田见水规律

（2）低产水缓慢增长型，这类气井开采过程中水气比上升缓慢，但仍较低；产气量稳定或略有下降，水侵模式属于弱边水水侵；

（3）中高产水快速光滑增长型，这类气井开采过程中水气比上升较快且光滑上升，产气量下降较快，水侵模式属于强底水锥进；

（4）中高产水快速台阶增长型，这类气井开采过程中水气比上升较快且台阶上升，产气量下降较快，水侵模式属于裂缝底水纵窜；

（5）高产水急剧增长型，这类气井开采过程中水气比急剧上升，产气量低且持续下降，水侵模式属于生产压差过大导致的孤立水沿着固井质量薄弱处纵窜。

在气井出水类型划分及产水井生产特征分析的基础上总结出南海西部气田的出水规律（表3-1）。

表3-1　南海西部气田气井出水出水规律划分

出水规律		出水类型	产水特征	水源及见水模式
低产水	稳定型	0	水气比相当稳定且维持在较低水平，产气量略有上升或稳定	凝析水
	缓慢增长型	Ⅰ	水气比上升缓慢，但仍较低；产气量稳定或略有下降	弱边水水侵
中高产水	快速光滑增长型	Ⅱ	水气比上升较快且光滑上升，产气量下降较快	强底水锥进
	快速台阶增长型	Ⅲ	水气比上升较快且台阶上升，产气量下降较快	裂缝底水纵窜
高产水	急剧增长型	Ⅳ	水气比急剧上升，产气量低且持续下降	孤立水体

第二节　气田出水机理研究

研究水侵机理对认识气藏水侵危害及为气藏后续开发过程中治水对策的制订提供了重要的理论支撑。本章主要从气藏水侵模式、微观水侵机理、岩心渗流实验等方面研究气藏水侵机理，为后续出水治理提供理论研究基础。

一、水侵模式研究

针对气田的水侵模式，调研大量文献（史全党等，2012），前人也对水侵模式进行了相关研究，有水气藏水侵模式主要包括图3-6所示的4种水侵模式。

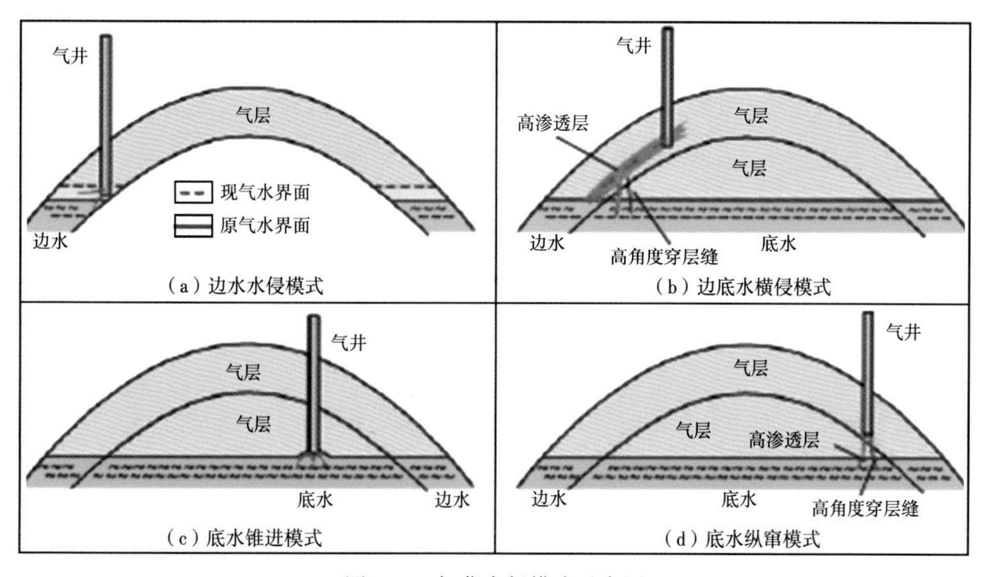

图3-6　气藏水侵模式示意图

1. 边水横侵型

随着气田的开采，地层能量逐渐释放，被原始气藏排驱在外的边水形成回压，将天然气推向气藏的构造较高部位。靠近边水且构造位置相对较低的井，在开发中期见水，见水后产水量明显上升，产气量大幅下降。

2. 边（底）水横侵型

井由于生产在平面上形成低压区，边水与通过水平高渗透带与其相连通，横向侵入气井；或在气井附近，受隔（夹）层影响，气井与底水连通性差，但在远处底水通过高角度穿层缝或垂直高渗透带突破侵入产气层，然后沿平面高渗透条带横向推进到气井。这种气井见水时间较晚，属于开采中后期，见水后产水量缓慢增加，产气量下降较明显。

3. 底水锥进型

储层下部存在底水，且储层非均质性中等，水平渗透率与垂直渗透率相当。经长时间生产后，在井筒附近形成一个相对低压区，生产压差过大造成底水沿井筒锥体上升。通过合理控制生产压差，锥体范围和高度下降，产气量下降不明显，产水量较小。

4. 底水纵窜型

气井长期开采造成上部地层压力降低，局部地区垂直渗透率稍高或者发育高角度穿层缝，底水通过垂直高渗透带或高角裂缝与气井连通，窜入井中时，底水纵窜快，产水量增加，产气量较低。

综合地质、测井和生产动态等方面的资料综合初步分析出南海西部气田的见水模式四种均有涉及，其中崖城 13-1 气田以边水侵入为主。

二、水侵微观机理研究

研究水侵微观机理可帮助了解气藏开发过程中气水的渗流特性，可使研究人员直观地看到这岩石孔隙中发生的复杂的流体传输过程、气水在孔隙中的赋存状态及影响因素等。

针对水驱气藏水侵机理调研大量文献，按孔隙型储层及裂缝性储层分别进行水驱气藏水侵机理的讨论。

1. 孔隙型储层（戴勇等，2014）

由于气藏岩石亲水性强，气水在孔喉渗流过程中气体沿着孔喉中间突破严重，水沿着孔喉壁面突破严重，孔喉半径明显减小，水沿喉道壁面迅速突进，造成气体以气泡的形式被圈闭，且被小喉道圈闭的气体难以运移（图 3-7）。水在模型中的渗流速度很快，由于润湿性和毛细管力的作用，可以波及到整个模型，但是其分布位置始终集中在孔喉壁面和细小的喉道中，水渗流遍及整个模型且从模型出口流出后，虽然在微观模型中水侵量不大，但是分布范围却很广泛。

2. 裂缝型储层

1）裂缝—孔隙介质气水两相渗流模型

选取气水两相裂缝微观物理模型并且该模型为亲水性，模型以裂缝为主。模型的基本假设是：（1）裂缝中所有流体的流动均服从达西定律；（2）流动过程中，储层温度保持

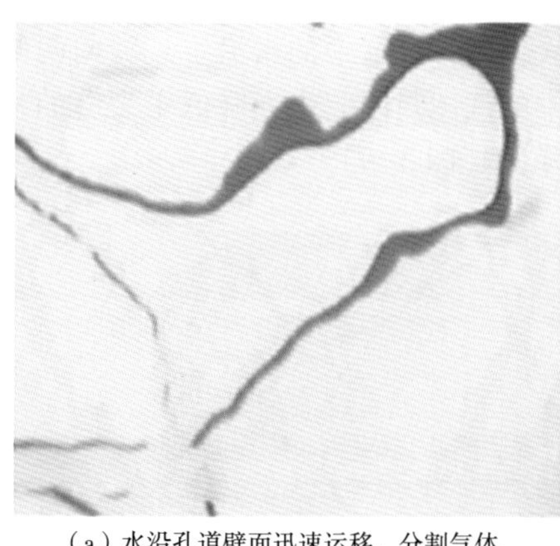
（a）水沿孔道壁面迅速运移，分割气体

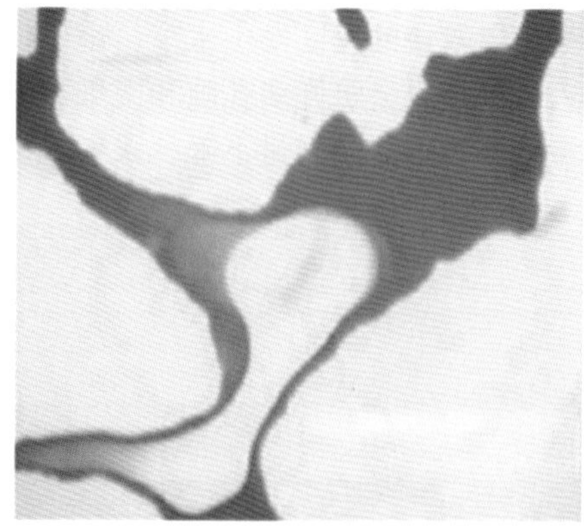
（b）气体被圈闭难以移动

图 3-7 水驱气藏微观孔喉气水渗流分布

不变，为等温渗流；(3) 流动过程中，气水两相无相变或相间传质。

通过实验可以发现（朱华银等，2004），水首先沿渗流阻力较小的大孔道或裂缝中央进入模型孔道，然后在驱替压力和毛细管力的作用下进入较小的孔隙及微裂缝，沿裂缝壁流动。裂缝模型由于以裂缝为主，驱替压力要比孔隙模型低一些，水容易沿渗流阻力较小的通道推进，形成连续的水流动通路，波及面积相对较低。

2）裂缝模型水驱气主要渗流特征（樊怀才等，2012；杨涛，2015）

(1) 卡断形成封闭气。水窜入裂缝后，总是沿裂缝和孔隙表面流动，气体占据孔道中央。在较粗糙的裂缝表面和孔隙喉道变形部位，由于贾敏效应产生附加阻力，使连续流动的气体发生卡断现象而形成封闭气。实验表明：提高驱替压差，在水动力作用下，卡断形成的封闭气可以进一步采出。另一方面，降低模型出口压力（相当于降低井底流动压力），卡断形成的封闭气能产生较大规模的膨胀和聚并，利用自身的膨胀能量可以将其采出（图 3-8）。

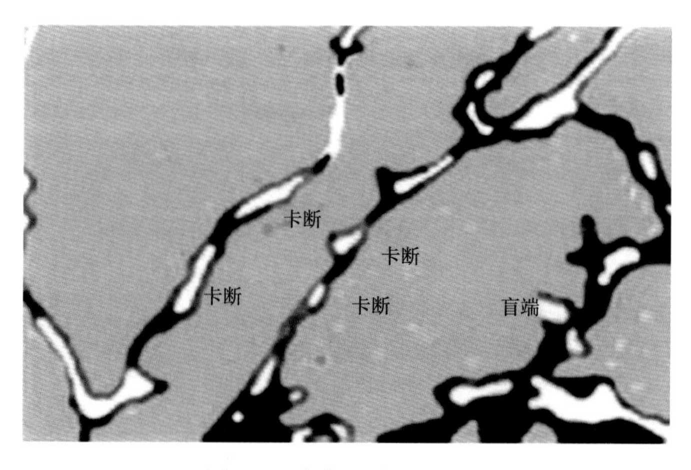

图 3-8 卡断形成的封闭气

（2）绕流形成封闭气。由于裂缝具有很高的导流能力，在较低的压差下，水就会窜入较大的裂缝，以较快的速度发生水窜，由于渗吸作用，气层中的水沿主裂缝向两侧的微缝和基质侵入，其结果会将许多孔隙和微细裂缝中的气体封闭起来，降低主裂缝的补给能力和气相的渗透率，因而产气量下降，采气速度降低（图 3-9）。

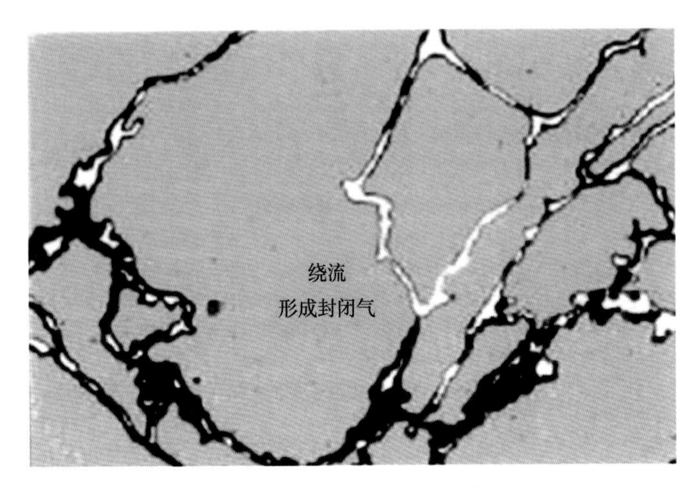

图 3-9　绕流形成的封闭气

（3）死孔隙形成封闭气。不连通的孔隙和孔隙盲端，也会形成一定数量的封闭气，并且不连通孔隙尤其是盲端形成的封闭气，通过提高驱替压差，也不能将其采出。因为提高驱替压差，实际上表现为地层压力升高，这时死孔隙和盲端中的气体受到压缩而进一步向孔隙和盲端深处退缩，无法进入流动通道而依靠水驱能量将其带出。盲端形成的封闭气如图 3-10 所示。

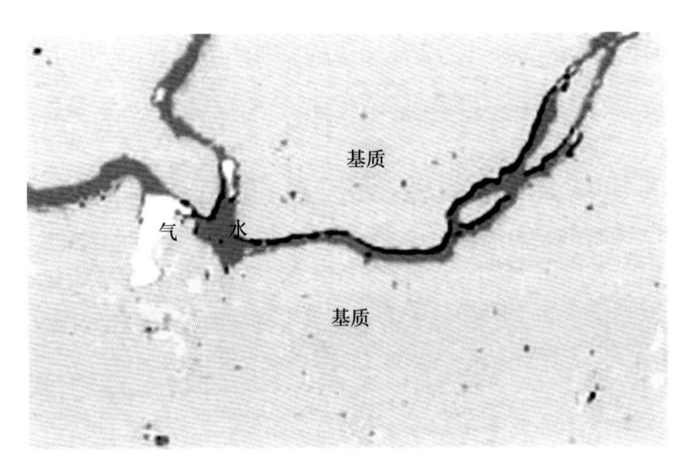

图 3-10　盲端形成封闭气

（4）水锁形成封闭气。当相对高渗透率的裂缝发生水侵之后，被大裂缝切割的基质孔隙或者低孔隙度、低渗透率的砂体均被水包围，在毛细管效应的作用下，裂缝当中的水向这些孔隙中侵入。在孔隙喉道表面形成了水膜，由于储层的亲水性使得水膜沿孔喉表面拓展，水膜增厚，气相的渗流通道减小，气体只能在孔喉的中央流动，多孔介质中单相流变成了多相流，流动阻力增大。水膜的增厚导致了喉道变小甚至封闭，气体的渗流通道也就被封闭。大量的孔隙中的气体被封隔，形成“水锁”，导致气井产量骤降。

（5）关井复压形成封闭气。实验发现，关井后，水快速退回到模型中，且具有选择性，即总是沿着大裂缝和大孔道退回地层，将小孔道中的气体封闭起来。另外，退回的水还将部分气体压回地层中，出现反向渗流现象。回注的强弱取决于井底与地层的平衡压力，如果地层中的压力较高，退回的速度较慢，且回注距离不大。如果地层压力较低，则气水退回地层的速度较快，退回距离较远，甚至达到边界。

关井复压后再开井，气水会重新产出。尤其是在主要渗流通道上退回的气水都可能采出。但是在那些连通状态较差的孔隙，退回后形成的封闭气就很难被进一步采出。另外，虽然在实验模型中主要渗流通道上的气水容易采出，但是在实际地层中则相对困难，因为当气水进入井底后，再流到地面，需要较高的井底压力（举升压力），如果井底能量不够充分，就无法将气水举升到地面，结果在井筒环形空间上部形成气柱，下部形成积水，反过来给地层施加了一个附加回压，将会影响气水两相进一步向井底流动。所以，一旦气藏发生水窜，井底见水，要维持气井产量，提高气藏采收率，气井切忌关井，尤其是地层能量不足、井底压力不高的气水同产井，一旦关井可能将其关死。见水后提高驱替压差，提高排水强度采气才是较为理想的采气方式。

三、岩心气水驱替实验研究

对于气水两相渗流实验，通常采用常温常压下的“气驱水”实验流程进行测试，这与气藏开采过程的渗流状态存在一定差异，尤其是对于存在边（底）水的气藏，为了更真实地模拟地层渗流情况，深入理解气藏的水侵机制、气藏伤害机理等，必须开展水驱气实验技术研究。

1. 水驱气藏残余气饱和度实验研究

在水驱替气过程中，气体相对渗透率为0时的气体饱和度称为残余气饱和度。它作为标定气藏最终采收率的重要指标，为气田开发方案的设计和调整提供了有力的依据，可用于宏观经济评价和动态预测。虽然我国已经勘探和开发了大量的气田，但在残余气饱和度方面的研究不足，其值的求取多是利用国内外的经验公式。本次实验工作在大量文献调研的基础上，分析产生残余气的微观和宏观机理，对南海西部崖城气田20块岩心进行残余气饱和度测定（Geffen等，1952；Agarwal等，1967；Land，1969；向阳，1984；秦玉和杨正文，2000）。分析实验结果与岩心基本物性之间的关系，将实验测定结果与经验模型的计算结果进行对比分析，建立预测崖城13-1气田残余气饱和度的拟合公式。残余气饱和度测试装置示意图如图3-11所示。

1）残余气饱和度的确定

实验一共进行了41次单向渗吸实验，其中第一类实验20次和第二类实验21次。实验以崖城13-1气田为研究目标。

第一类实验步骤主要包括岩心的洗油和洗盐、岩心的烘干、岩心物性参数的测量和岩

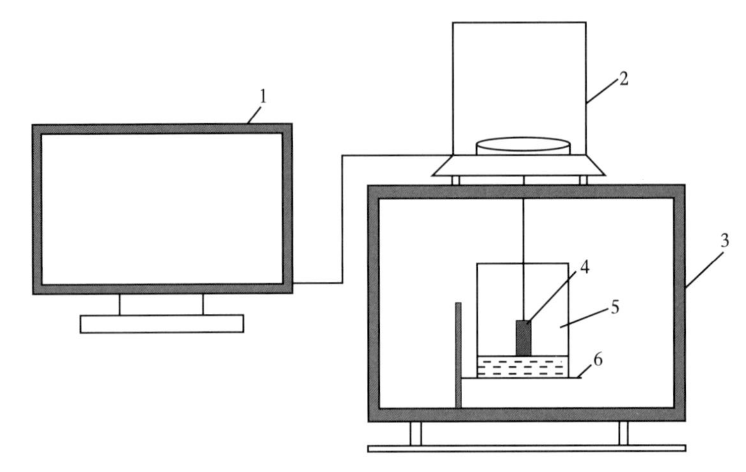

图 3-11　残余气饱和度测试装置示意图

1—数据采集系统；2—电子天平；3—恒温箱；4—实验岩心；5—盛水岩心室；6—容器托盘

心残余气饱和度测定。

第二类实验步骤主要包括岩心洗盐、岩心抽空饱和、束缚水饱和度测定和残余气饱和度测定。

在确定残余气饱和度时，首先需要绘制气体饱和度与实验时间的 1/2 次方之间的关系图。在自发吸水过程中，岩心被水突破后毛细管力会降至 0，直线斜率变为零点对应的纵坐标值作为该岩心的残余气饱和度值。

2）两类实验残余气饱和度的对比

在岩心抽空饱和过程中，一部分水占据原来气体所占据的孔隙体积，使得岩心的气饱和度减小。通过对比，发现第二类实验的水突破时间早于第一类实验，第二类实验在水突破之前的毛细管力小于第一类实验，得到的残余气饱和度也是第二类实验小于第一类实验；而且初始含水饱和度越大，出现残余气饱和度点的实验时间越短，残余气饱和度值越小，说明束缚水的存在，水驱过程中有利于水驱替气。

两类渗吸实验中，原始水占据了岩心部分渗流通道和孔隙空间，使得在自发渗吸过程中，吸入水捕集的气量减小，从而导致第二类渗吸实验的残余气饱和度小于第一类自发渗吸实验的最大残余气饱和度。

3）残余气饱和度与岩石基本物性之间的关系

气体存在滑脱效应，在处理实验数据时需要对测定的渗透率进行校正。滑脱效应造成气测渗透率大于液测渗透率；平均压力越小，所测渗透率值越大；气体渗透率与液体渗透率的差值在不同岩石中也不一样。因此，用克氏渗透率计算公式对实验渗透率进行克氏校正。

分析第一类实验数据，得到崖城 13-1 气田残余气饱和度与孔隙度和渗透率的关系曲线，孔隙度和渗透率越大，残余气饱和度也就越大。

4）实验结果与各模型拟合

用经验公式预测残余气饱和度并与实验结果进行对比。计算残余气饱和度的经验公式有简化的 Land 模型、Jeraduld 模型和 Agarwal 模型。

对比分析发现，实验得到的数据与 Land 模型吻合最好。对于 Jeraduld 模型，实验测得的残余气饱和度几乎都小于经验公式计算的结果；对于 Argawal 模型，实验测得的残余气饱和度全都小于经验公式计算的结果。

5）残余气饱和度与初始含气饱和度的关系

以往研究认为原始含气饱和度与残余气饱和度之间存在一定的联系。分析实验数据，残余气饱和度随着初始含气饱和度的增加而增加，且增加的幅度越来越缓，这与以往研究的残余气饱和度的变化规律一致。拟合 20 块岩心共 41 次单向自发渗吸实验结果（排除个别异常点）发现，崖城 13-1 气田的初始含气饱和度 S_{gi} 与残余气饱和度 S_{gr} 之间满足：

$$S_{gr}=-0.9105S_{gi}^2+1.1705S_{gi}-0.0466 \tag{3-5}$$

拟合式相关系数为 0.9835，表明该公式的拟合效果很好。基于崖城 13-1 气田的初始含气饱和度为 0.7679，根据此拟合公式计算得到该气田残余气饱和度为 0.3153。而用 Land 模型得到的结果为 0.3177，Jeraduld 模型得到的残余气饱和度为 0.3446，Argawal 模型的计算结果为 0.6170。

2. 储层岩石出水规律实验

1）储层岩石出水规律实验及采收率和出水率计算

模拟地层条件（围压为 35MPa，孔隙流体压力为 25MPa），不考虑地层温度，实验温度条件为室温；选择中渗透和高渗透岩心（中渗透岩心的渗透率范围是 1～30mD，高渗透岩心的渗透率大于 30mD）；分别在中值 45% 和高值 60% 的不同含水饱和度情况下，研究不同含水饱和度下的储量动用；采用两种不同的出口端压力（5MPa、3MPa），研究不同开采条件下的储量动用情况。

实验装置原理如图 3-12 所示，实验装置中的长岩心夹持器长 91.1cm。长岩心夹持器

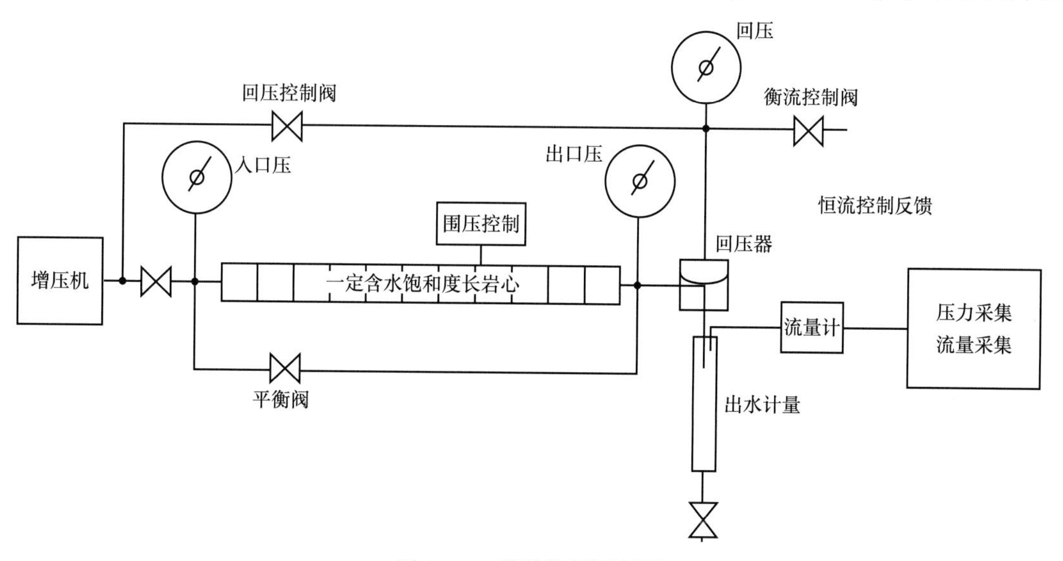

图 3-12　实验装置原理图

两端连通，可进行充气和放气。实验装置中除了在夹持器两端设置了压力采集点，还在岩心中设置了三个压力采集点。

（1）压力、气流量和出水量随时间的变化结果。

不同物性和不同饱和度下的组合岩心压力、气流量随时间的变化结果表明，随时间的增加，所有组合岩心各测点压力逐渐降低，流量保持不变。

（2）实验数据分析。

①压力、压降和压差随时间的变化特征。

绘制各组合岩心上各测点压力随时间的变化曲线发现，压力波都很快从出口端传到了入口端。同时发现对于中渗透组合岩心，随时间的增加，出口端及其靠近出口端的测点出现了压降“漏斗”——组合岩心的含水饱和度越高，压降“漏斗”出现的时间越早，压降“漏斗”越明显；高渗透组合岩心任何时刻的各测点压力基本上都相等。

高渗透组合岩心实验的压降趋势相对一致，说明组合岩心的物性越好，压力波传播速度越快，各测点压力随时间的变化越一致；对于中渗透组合岩心，越靠近出口端，其压降越大，出口端的压降最大。这种趋势随着组合岩心饱和度的增加而变得更加明显，这也说明压力波的传播也变差。

最后，计算某时刻下不同测点与出口端的压差，反映组合岩心的孔隙流体压力随组合岩心长度上的变化情况。从计算结果可以发现，当出口端达到实验设定的废弃压力时，高渗透组合岩心的入口端与出口端压力差值接近 0，相差很小。而中渗透组合岩心的压差较大，随饱和度的增加，压差也增大；中渗透含水饱和度 45%组合岩心入口端与出口端压力的差值为 1.0~1.5MPa；中渗透含水饱和度 60%组合岩心入口端与出口端压力的差值为 8~10MPa。

从以上分析中可以发现含水饱和度和物性都将影响压力波的传播——物性越差，含水饱和度越高，压力波的传播速度可能会越慢；那么储量的动用也将减少。

②出水量随时间的变化特征。

高饱和度组合岩心的出水量大于中饱和度组合岩心的出水量。实验前后，各岩心的含水饱和度都发生了改变，这说明岩心中的水都被动用了。同时，还发现入口端岩心的含水饱和度一般都降低、出口端岩心的饱和度增加的现象，这种现象在中渗透组合岩心中表现得比较明显。出口端含水饱和度表现为增加可能是导致压降“漏斗”出现的原因之一。

（3）采收率和出水率的校正计算。

①采收率的校正计算及结果。

在实验中，计算组合岩心的累计产气量时，由于出口端产出的气体来自三个部分：组合岩心、铁圆柱（中间带有小圆孔，作用是增加组合岩心长度）、岩心夹持器管线。因此，应扣除来自铁圆柱和岩心夹持器管线的气体。

对于组合岩心的原始含气量（地面标准情况下），根据组合岩心的孔隙体积法，结合组合岩心的物性参数和初始含水饱和度可以计算得到各个实验方案下组合岩心的原始含气量。

根据得到的校正后的组合岩心累计产气量和组合岩心原始含气量，便可计算得出不同实验方案下校正前后组合岩心的采收率。从实验结果可以发现，校正之前的采收率均大于100%，说明铁圆柱和岩心夹持器管线的体积对实验的影响较大；高渗透组合岩心的采收率比中渗透组合岩心的采收率高；相同渗透率下，高含水饱和度下的采收率比中含水饱和度下的采收率低；饱和度越高时，出口压力（废弃压力）从5MPa降低到3MPa时的采收率增加幅度越大。说明组合岩心的物性和含水饱和度影响采收率的大小。

②出水率计算。

出水率等于组合岩心实验出水量与组合岩心饱和水量的比值。根据实验结果计算得到：中渗透含水饱和度45%组合岩心的出水率为1.39%，高渗透含水饱和度45%组合岩心的出水率为0.56%，中渗透含水饱和度60%组合岩心的出水率为10.04%，高渗透含水饱和度60%组合岩心出水率为6.75%。所有组合岩心的中每块岩心的含水饱和度都发生了改变，并且所有组合岩心都有一定的出水量，这说明在产气过程中，岩心中的水被动用了。

2）长岩心出水规律数值模拟研究

根据长岩心出水规律实验研究结果，运用数值模拟软件模拟研究长岩心在不同物性、不同回压、不同含水饱和度及一定水体大小下的出水规律。依据岩心物性及实验结果，在完成历史拟合的基础上建立长岩心数值模型，模拟预测长岩心在不同回压、不同含水饱和度及一定水体大小（水体大小按照气田对水体的认识给出）下的出水规律。

（1）物性对长岩心出水规律的影响。

为了研究不同物性对长岩心出水规律的影响，应用长岩心数值模型，参照长岩心出水规律实验研究内容，研究了高渗透和中渗透岩样在回压5MPa和3MPa下的出水规律和采收率。从模拟结果可以看出，长岩心出水分为两个阶段：第一阶段出水量逐渐增大，水气比也逐渐增大，主要是由于初期长岩心能量充足（初始孔隙压力25MPa），流动压差大；第二阶段出水量逐渐减小到0，水气比也逐渐减小到无，原因是长岩心能量已基本耗尽。

高渗透长岩心的水气比和水流量均高于中渗透长岩心，这是由于高渗透长岩心的渗透率大于中渗透长岩心，所以相同压差下，高渗透长岩心的出水量大于中渗透长岩心的出水量，又因为模拟和实验气流量都是定值，所以高渗透长岩心的水气比大于中渗透长岩心的水气比。

（2）回压对长岩心出水规律的影响。

为了研究回压对长岩心出水规律的影响，应用长岩心数值模型，研究了回压分别为6MPa、5MPa、4MPa和3MPa情况下的高渗透长岩心和中渗透长岩心出水规律。从模拟结果可以看出，随着回压的增大，出水量减小，水气比也减小。因为回压增大，流动压差减小，所以出水量减小；又因为相同压差和中等含水饱和度下，气相渗透率与水相渗透率比较接近，而气的黏度比水的黏度小，所以当回压增大时，气流量的减小幅度小于水流量的减小幅度，并且在模拟时气流量是定值，所以水气比也逐渐减小。

（3）含水饱和度对长岩心出水规律的影响。

为了研究含水饱和度对长岩心出水规律的影响，应用长岩心数值模型，研究了回压为3MPa、含水饱和度分别为0.2、0.3、0.4和0.5情况下的高渗透长岩心和中渗透长岩心出水规律。从模拟结果可以看出，随着含水饱和度的增大，出水量增大，水气比也增大。因为当含水饱和度增大时，水相渗透率增大，气相渗透率减小，所以当回压一定时，出水量增大，出气量减小，并且模拟时气流量为定值，所以水气比也逐渐增大。

（4）出气量对长岩心出水规律的影响。

为了研究出气量对长岩心出水规律的影响，应用长岩心数值模型，研究了出气量分别为 8mL/min、9mL/min 和 10mL/min，废弃压力 3MPa 情况下高渗透长岩心和中渗透长岩心的出水规律。从模拟结果可以看出，随着气流量的增大，水流量增大，水气比也增大。因为当气流量增大时，流动压差增大，出口端附近水的饱和度增大，水相渗透率增大，水流量的增幅大于气流量的增幅，所以水流量增大，水气比也增大。

（5）水体对长岩心出水规律的影响。

根据崖城 13-1 气田地层水来源分析报告，认为水体以边水为主，大小分别为 0 倍、3 倍、4 倍、5 倍。为了研究水体对长岩心出水规律的影响，应用长岩心数值模型，研究了四种水体下的高渗透长岩心和中渗透长岩心的出水规律。从模拟结果可以看出，有边水时的出水量和水气比均高于无边水时的出水量和水气比，且随着边水的增大，出水量和水气比都逐渐变大。这是因为水体会侵入长岩心，水的饱和度增大，水相渗透率增大，使得出水量增大，水气比也增大。

通过对残余气饱和度及储层岩石出水规律实验的研究，得到了以下结论与认识：

（1）岩心残余气饱和度随着气测渗透率、孔隙度的增加而增大。但残余气饱和度和储层物性之间的相关性不高；根据 20 块岩心的渗吸实验研究结果，建立了残余气饱和度和原始含气饱和度的关系。

（2）随着回压的增大，出水量减小，水气比也减小。因为回压增大，流动压差减小，所以出水量减小；又因为在相同压差和中等含水饱和度下，气相渗透率与水相渗透率比较接近，而气的黏度比水的黏度小，所以当回压增大时，气流量的减小幅度小于水流量的减小幅度，水气比也逐渐减小。

（3）随着含水饱和度的增大，出水量增大，水气比也增大。因为当含水饱和度增大时，水相渗透率增大，气相渗透率减小，所以当回压一定时，出水量增大，出气量减小，水气比增大。

（4）随着气流量的增大，水流量增大，水气比也增大。因为当气流量增大时，流动压差增大，出口端附近水的饱和度增大，水相渗透率增大，水流量的增幅大于气流量的增幅，所以水流量增大、水气比也增大。

（5）水体对出水量和水气比有显著影响。有边水时的出水量和水气比均高于无边水时的出水量和水气比。因为水体会侵入长岩心，水的饱和度增大，水相渗透率增大，使得出水量增大，水气比也增大。水体越大，影响越显著。

第三节　气田见水后动态评价预测

一、海上大型砂岩气田水体表征技术

目前气田水体大小表征主要包括以下三个方面（戚涛和唐海，2014；万小进和戚志林，2015）。

1. 水体大小

1）水体大小的计算

在气田开发初期，根据气藏地质资料确定圈闭中储藏的流体地下体积来计算水体大

小。该方法需要确定构造储集层厚度、孔隙度和气藏的含水面积、含水层厚度等参数。计算公式如下：

$$V_w = 100Ah\phi\rho_w S_w / B_{wi} \tag{3-6}$$

式中　V_w——圈闭内水体体积，$10^4 m^3$；

ϕ——储集层孔隙度，小数；

A——含水层面积，km^2；

h——含水层高度，m。

2）水体倍比的计算

除了利用水体大小判断水体能量外，水体倍比也可以作为水体能量判断的重要依据，因此，根据各类参数也复算了水体倍比的数据：水体倍比是水体与气区的孔隙体积（包括自由气与束缚水两部分）之比。

水体倍比计算公式：

$$n = V_w / V_g \tag{3-7}$$

式中　n——水体倍比；

V_w——圈闭内水体体积；

V_g——圈闭内气体体积。

3）物质平衡法水体倍比的计算

$$\left(1 - \frac{G_p}{G}\right)\frac{p_i/Z_i}{p/Z} = -\left(n\frac{C_w + C_f}{1 - S_{wi}} + C_e\right)\Delta p + \frac{W_p B_w}{GB_{gi}} + 1 \tag{3-8}$$

将式（3-8）变换为如下形式：

$$y = k\Delta p + b \tag{3-9}$$

式（3-8）等式左边相当于 y，把 Δp 看作自变量，b 为截距，W_p 为 0 时，在纵轴上截距为 1 时形成的形式。其中，与水体倍数有关的为斜率 k，由于波及整个水体的时间很短，n 可以看作是一个与时间无关的常量；对于水体体积很大的气藏，水侵慢慢发生，在波及水体，动用整个水体能量之前，n 应该是一个随时间不断增加的变量，在整个水体能量动用之后，n 值不变。

通过该方法计算崖城 13-1 气田 S1 块水体倍比，计算得到该块水体倍比（2.97 倍）与用地质法计算的水体倍比（3.5 倍）差别不大（图 3-13）。

2. 活跃程度

水体活跃程度的高低对气藏的开发效果影响很大。水体活跃程度高的气藏，见水早，产水量大，气井的举升压力高，气藏的废弃压力也高，因而气藏的合理产气量小，采收率也较低。相反，水体活跃程度低的气藏，见水晚，产水量小，气井的举升压力低，气藏的废弃压力也低，因而气藏的合理产气量大，采收率也较高。

1）水驱指数

实际的气藏都与一定的水体相连，只不过水体的大小及活跃程度不同而已，气藏的开

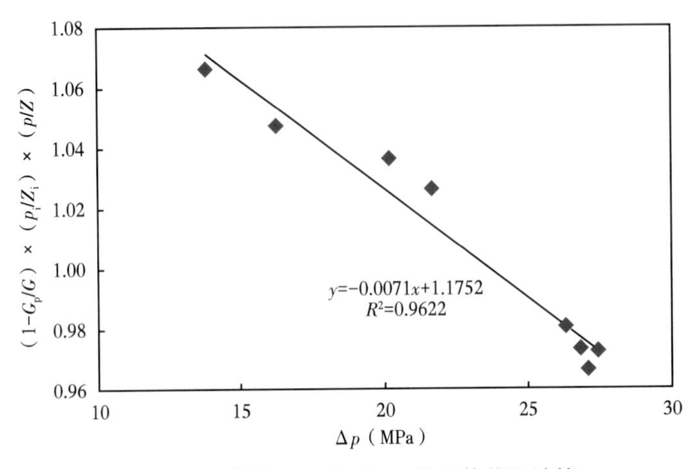

图 3-13　崖城 13-1 气田 S1 块水体倍比计算

采过程中都存在一定程度的水侵作用，水侵量因水体的性质不同而存在较大的差异，水体小、水侵活跃程度弱、气藏容积系数小的水驱气藏可以抽象地定义为定容封闭气藏。水驱气藏可能存在气体的弹性驱动、刚性水驱和弹性水驱。

部分学者以水驱指数为指标将弹性水驱气藏分为强水驱、中水驱及弱水驱三类。水驱指数指气藏开发过程中水侵能量（边水、底水）占总驱动能量的百分数。

$$\mathrm{DI_e}=\frac{W_e}{G_pB_g+W_pB_w} \tag{3-10}$$

结合水侵量计算结果，计算得到南海西部见水气田区块水驱指数，其中崖城 13-1 气田 N1 块及 N2 块水驱指数在 0.0148~0.0622 之间，属于弱水驱；崖城 13-1 气田 S1 块水驱指数在 0.0135~0.0375 之间，属于弱水驱；崖城 13-1 气田 S2 块水驱指数在 0.0095~0.0285 之间，属于弱水驱（表 3-2）。主体区水体活跃程度如图 3-14 所示。

表 3-2　气田水气活跃程度判断

区块	见水井	出水水源分类	水体能量		
			水驱指数	水侵替换系数法	综合
N1、N2	A2、A3、A5	凝析水+边水	弱	不活跃	弱
S1	A13	凝析水+边水	弱	不活跃	弱
S2	A14	凝析水+下层孤立水	弱	不活跃	弱

2）水侵替换系数法

水侵替换系数为水侵量与天然气地下体积的比值。水体活跃性越强，气藏废弃条件下的水侵量就越大，即侵入气藏的地层水占据的气藏孔隙体积就越大，相应的水侵替换系数就越大。因此，根据水侵替换系数可以更加直观地定量评价边水活跃程度。

根据行业标准《天然气可采储量计算方法标准》（SY/T 6098—2010）中边（底）水活跃度划分标准，结合动储量及水侵量计算结果，计算得到南海西部见水气田区块水侵替

图 3-14　气田主体区水体活跃程度图

换系数，其中崖城 13-1 气田 N1 块及 N2 块水侵替换系数为 0.101，属于不活跃水体；崖城 13-1 气田 S1 块水侵替换系数为 0.036，属于不活跃水体；崖城 13-1 气田 S2 块水侵替换系数为 0.031，属于不活跃水体。

3）采出程度法

水驱气藏的生产指示曲线，随水体活跃程度的不同而有所不同。水体活跃程度越高，PF 压力偏离直线的时间就越早；水体活跃程度越低，PF 压力偏离直线的时间就越晚，该方法划分标准见表 3-3。

表 3-3　采出程度法边（底）水活跃度划分标准

评价指标	边（底）水活跃程度		
	活跃	次活跃	不活跃
采出程度	<10%	10%～30%	>30%

目前，南海西部气田见水井的 PF 压力不能直观地看出偏离趋势，因此未采用该方法进行判断。

3. 水侵量的计算

1）气藏水侵量计算方法

在水驱气藏开发过程中，随着地层压力的下降，边（底）水会逐渐侵入含气区域，影响气藏生产动态，气藏水侵量的预测直接关系到气藏开发，目前计算水驱气藏水侵量的方法大体上可分为稳态流法、非稳态流法、拟稳态流法及物质平衡法。

（1）稳态流法。

R. J. Schilthuis 在达西定律的基础上提出了稳态水侵模型，即气藏水侵速度不随时间变化的水侵模式。

（2）非稳态流法。

在实际气藏开发过程中，地层压力随着气藏的开发不断下降，且压降会沿着地层不断地向外围传递。当压降传递到水区后，地层水和岩石将会发生弹性膨胀。如果水区是封闭的，或者压降还未传递到水区的外边界，这时可以认为地层中的水侵是一个不稳定的过程，即水侵速度随时间进行变化的水侵模式。基于不同的流动过程和天然水域的外边界条件，一些学者建立了不同的非稳态流法水侵模型。

Schithuis 稳态流法在达西定律基础上提出了气藏稳态水侵的水侵量计算方法，该方法没有考虑水侵速度的衰减特征、生产速度的变化及系统的压缩性。此方法原理简单，但气藏必须具备水体很大、高渗透率等假设条件，所以适用性有限。Van Everdingen-Hurst 非稳态流法在计算气藏水侵量时需首先计算无量纲水侵量，实际应用时算法繁杂，应用较不方便。目前，采用该方法时主要通过从函数表或图版上查取或插值，以及应用相关经验公式，但经验公式虽克服了取值的离散性，但不能避免计算误差和取值范围的局限性，在应用的过程中需根据实际状况选择合适的方法。Carter-Tracy 非稳态法虽不需要叠加就可以直接计算水侵量的方法，但 Carter-Tracy 法需要假设每次有限时间段内的水侵量是恒定的，其解是近似值，且对求解时间步长有要求。

在多数情况下，由于水层前缘压力是渐变的，所以使用 Fetkovich 法就会得到较准确的近似值，且计算结果与 Van Everdigen-Hurst 法相近。Fetkovich 法相对简单，应用方便，常用于数值模拟模型。

2）气藏水侵量大小计算

采用稳态法（Schilthuis 方法）、非稳态法（Van Everdingen-Hurst 方法及 Carter-Tracy 方法）、拟稳态法（Fetkovich 方法）计算某气田水侵量，计算结果表明 Schilthuis 方法与 Van Everdingen-Hurst 方法、Carter-Tracy 方法及 Fetkovich 方法的差别较大，一般不推荐采用稳态法计算水侵量（图 3-15）。

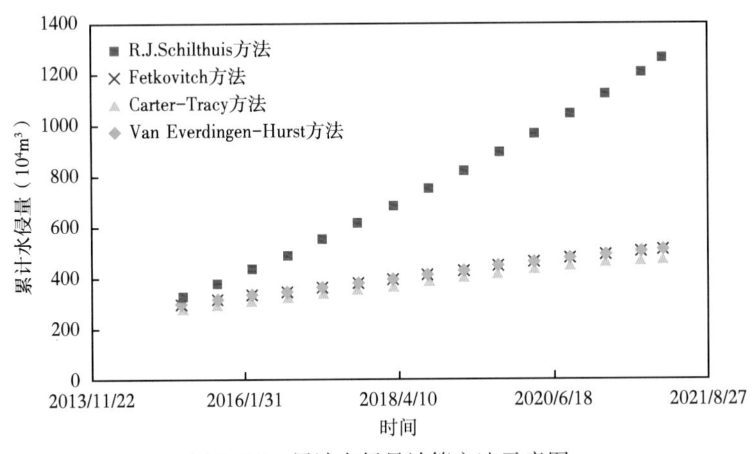

图 3-15　累计水侵量计算方法示意图

二、气田见水后动态分析

1. 有水气井产能评价

1）有水气井产能评价方法（胡科等，2014）

假设储层水平、均质且各向同性的水驱气藏中有一口生产井，以恒定的水气质量比生产。气在地层中服从非达西流动，水服从达西流动，且气、水呈平面径向稳定等温渗流，忽略重力及毛细管力的影响。

得到有水气井产能方程为：

$$\varphi_e - \varphi_{wf} = 1.843\frac{(1+R_{WG})\rho_{gsc}}{Kh}\left(\ln\frac{r_e}{r_w}+s\right)\cdot q_{gsc} + 3.397\times10^{-18}\frac{\beta\rho_{gsc}^2}{h^2}\int_{r_w}^{r_e}\frac{K_{rg}}{\mu_g}\frac{1}{r^2}dr\cdot q_{gsc}^2 \tag{3-11}$$

式中 φ_e、φ_{wf}—— 拟压力，MPa · kg/(mPa · s · m³)；

ρ_{gsc}、ρ_{wsc}、ρ_g、ρ_w—— 分别为地面气体密度、地面水密度、地下气体密度、地下水密度，kg/m³；

r_e、r_w、r/h—— 分别为供给边界半径、井筒半径、渗流半径、储层厚度，m；

μ_g、μ_w—— 分别为气体黏度、水黏度，mPa · s；

R_{wg}—— 水气质量比，kg/kg；

K——渗透率，mD；

K_{rg}——气体相对渗透率，小数；

β—— 速度系数，m^{-1}；

s——表皮系数，无量纲；

q_{gsc}—— 气井地面产气量，m³/d。

2）有水气井产能模型的适应性

根据崖城 13-1 气田 3 口井试气实测的井底流压和水气比，采用有水气井产能方程，计算出产气量，与实测产气量对比的结果见表 3-4。从表 3-4 中可以得知：有水气井产能模型所产生的平均相对误差为 6.79%，说明该模型适合崖城 13-1 气田气井产能预测。

表 3-4　有水气井产能模型的相对误差

井号	测试日期	静压（MPa）	流压（MPa）	产气量（$10^4m^3/d$）	产水量（m^3/d）	水气比（$m^3/10^4m^3$）	模型计算的产气量（$10^4m^3/d$）	相对误差（%）
A3	1996. 3. 28	38. 46	36. 93	146. 877	33. 72	0. 2296	142. 812	2. 77
A4	1996. 3. 30	38. 45	36. 81	175. 885	34. 09	0. 1938	162. 768	7. 46
A5	1996. 3. 23	38. 54	37. 04	172. 517	34. 60	0. 2006	190. 036	10. 15
平均								6. 79

3）不同生产时期的产能变化

根据崖城 13-1 气田部分井的试井解释结果，采用有水气井产能方程，对这些井的地层压力对产能的影响进行了预测（图 3-16）。从图 3-16 中可以看出：无阻流量随着地层压力的下降而下降，但是下降幅度减小，说明在生产初期产能下降较快，在生产中后期产能下降较慢。

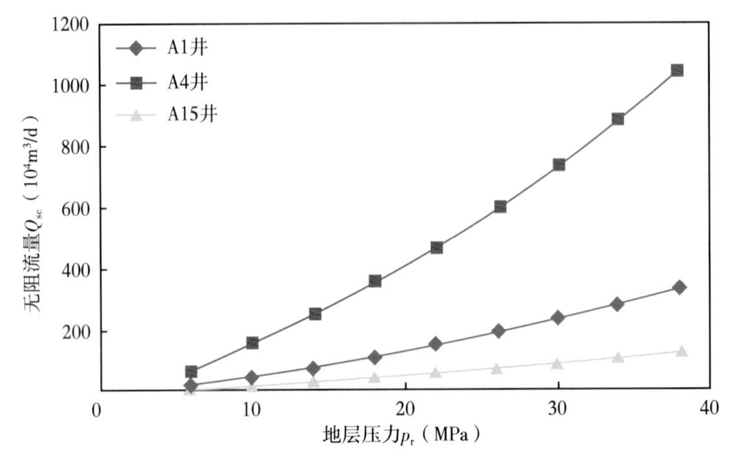

图 3-16　地层压力对产能的影响

4）水气比对产能的影响

根据原始地层压力下不同水气比的无阻流量，回归分析了无阻流量与水气比之间的关系（图 3-17）。从图 3-17 中可以看出：当水气比小于 0.0005m^3/m^3 时，无阻流量随着水气比的增加而迅速减小，减小幅度较大；当水气比大于 0.0005m^3/m^3 时，无阻流量随着水气比的增加有一定程度的减小，但减小幅度较小。

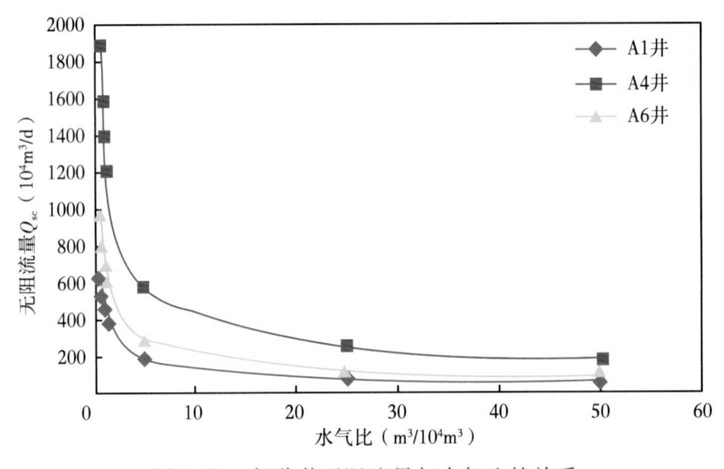

图 3-17　部分井无阻流量与水气比的关系

5）气井无阻流量与地层压力和水气比的关系

为了简单、快捷地确定气井各开发阶段的产能，根据崖城 13-1 气田部分井的试井解释结果，采用有水气井产能方程，计算不同地层压力和水气比下的无阻流量，回归分析了无阻流量与地层压力和水气比之间的关系（图 3-18），根据关系式可以得到不同地层压力和水气比下的无阻流量。

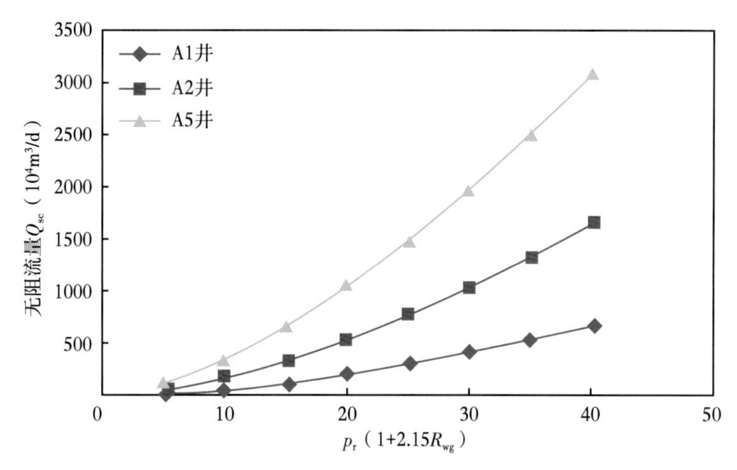

图 3-18　部分井无阻流量与地层压力和水气比的关系

2. 出水气井携液能力分析技术

1）气井携液流量计算方法

（1）垂直井筒携液流量计算方法。

在垂直井筒中，若液滴正处于滞止状态，则其主要受浮力、横向力、重力和阻力的作用，不考虑横向力的携液影响，所以液滴所受的浮力、重力和阻力三者平衡。气体携液临界速度随着液滴尺寸的增加而增加，随着气体的密度增加而减小。

气体携液的最小流速或临界流速为：

$$v_g = 3.1\left[\frac{\sigma g(\rho_L - \rho_g)}{\rho_g^2}\right]^{0.25} \tag{3-12}$$

相应最小携液产量或临界产量公式为：

$$q_{cr} = 2.5\times10^4 \frac{Apv_g}{zT} \tag{3-13}$$

式中　T——温度，K；

p——压力，MPa；

q_{cr}——气井携液临界流量，$10^4m^3/d$；

z——气体偏差系数；

A——油管面积，m^2。

（2）倾斜井筒携液流量计算方法（杨功田等，2012）。

Belfroid 等综合考虑管柱倾斜角度对液滴影响，结合 Fiedler 形状函数和直井液滴模型对倾斜管携液模型进行了推导，求得角度范围 $5°\leqslant\theta\leqslant90°$的倾斜管携液模型临界流速：

$$v_g = 3.1\left[\frac{\sigma g\ (\rho_L - \rho_g)}{\rho_g^2}\right]^{0.25}\frac{[\sin\ (1.7\theta)\ ]^{0.38}}{0.74} \tag{3-14}$$

式中　θ——井在水平方向上的夹角。

(3) 水平井筒携液流量计算方法（肖高棉和李颖川，2010）。

随着气相流量的加大，气液界面发生变形，作用在界面波上的压力分布也相应发生变化，产生了周向方向的分量，在此压力分量的作用下，波内所含有的液相沿管子周向扩散至四周管壁。*K-H* 波动理论认为，当水平管中压力变化所产生的抽吸力达到可以克服对界面波起稳定作用的重力时，就会发生 *K-H* 不稳定效应，导致界面波生长。随着气速的不断增大，界面不稳定波的不断增长会导致液膜沿四周管壁运动与液滴的携带。

水平管连续携液临界气速计算式为：

$$v_g = 2\sqrt{2}\left[\frac{g\delta(\rho_L-\rho_G)}{\rho_G^2}\right]^{0.25} \tag{3-15}$$

(4) 东方 1-1 气田和崖城 13-1 气田的气井携液流量计算方法。

倾斜井筒模型计算结果大于垂直井筒模型结果，垂直井筒模型计算结果大于水平井筒计算模型结果。崖城 13-1 气田的气井主要是斜井，因此对于崖城 13-1 气田的气井携液流量计算，应采用倾斜井筒携液流量预测模型计算；东方 1-1 气田气井主要是水平井，水平井包括垂直井筒段、倾斜井筒段和水平井筒段，而倾斜井筒段的携液流量最大，因此对于东方 1-1 气田的气井携液流量计算，采用倾斜井筒段的携液流量预测模型计算。

2) 气井携液流量计算

由于气井最小携水产气量比最小携油产气量大，只需考虑携水情况即可。

(1) 气井携液流量影响因素分析。

①井筒倾斜度的影响。

计算部分典型井井筒倾斜度对气井携液流量影响。如崖城 13-1 气田某斜井考虑井筒倾斜度后临界携水产气量与垂直管临界产量倍比为 1.325；崖城 13-1 气田某水平井，考虑井筒倾斜度后临界携水产气量与垂直管临界产量倍比为 1.34。

对东方 1-1 气田某水平井同样也进行了研究，该井的油管直径为 3.5in，取压力为 5MPa、温度为 70℃，采用倾斜井筒携液流量预测模型，对该井在不同倾斜度下的携水临界流量进行了预测：井在水平方向上的夹角从 90°下降到 55°时，临界携水产气量从 $4.45\times10^4m^3/d$ 增加到 $6\times10^4m^3/d$，井筒倾斜度从 55°减小到 15°时，临界携水产气量反而减小，从 $6\times10^4m^3/d$ 减小到 $4.36\times10^4m^3/d$；井筒倾斜度为 45°~60°时，临界携水产气量最大［$(5.94\sim6)\times10^4m^3/d$］。同样存在考虑井筒倾斜度后临界携水产气量增大现象（图 3-19）。

②压力和油管尺寸的影响。

计算部分典型井压力和油管尺寸对气井携液流量影响。如对崖城 13-1 气田某斜井，在不同压力、不同油管尺寸下的携水临界流量进行了预测：携水临界产量随着压力的增加而增加，但增加幅度减小；携水临界产量随油管内径的减小而大幅减小（图 3-20）。东方 1-1 气田部分水平井同样存在类似的情况。

③井口条件和井底条件的影响。

根据井口和井底的实测数据，采用倾斜井筒携液流量预测模型，对崖城 13-1 气田 4 口定向井井口和井底的携水临界产气量进行了预测，预测结果表明垂直井筒临界携水产气量应选择井口条件计算，倾斜井筒临界携水产气量应选择井底条件计算。

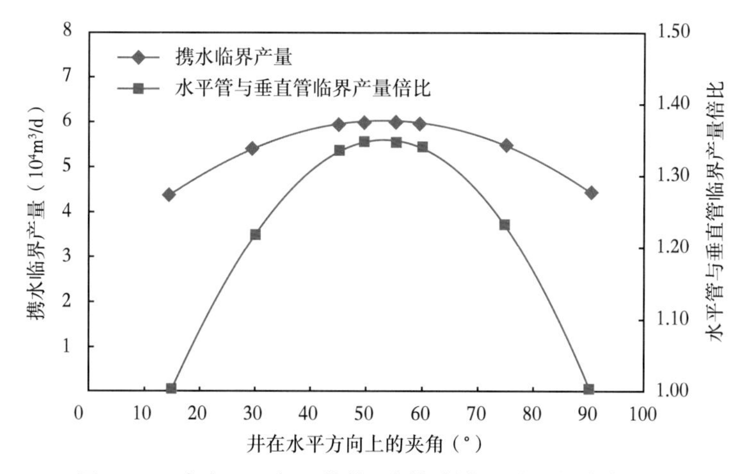

图 3-19　东方 1-1 气田某井不同倾斜角下临界携水产气量

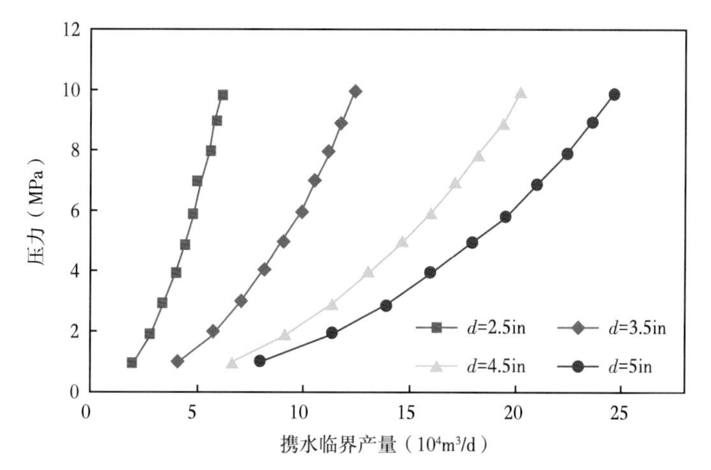

图 3-20　A9 井不同压力和油管尺寸下的携水临界产量

（2）气井积液情况分析。

崖城 13-1 气田气井生产过程中均有水产出，采用倾斜井井筒携液预测模型，计算出临界携水曲线，与产气曲线对比，若携水曲线在产气曲线的下方，说明井筒没有积液，若携水曲线在产气曲线的上方，说明井筒有积液，从而可确定生产过程中井筒是否出现积液。该方法已在多个气井中取得较好的应用效果。

（3）降压开采前后气井的携液能力。

对崖城 13-1 气田及东方 1-1 气田降压开采前后气井的携液能力进行分析，降低油压使气井临界流量下降较快，说明降压开采有利于气井携液。

3. 动态储量的核算

1）动态储量计算方法

（1）定容衰竭气藏。

对于衰竭式驱替气藏，若忽略岩石的压缩性，其物质平衡方程即为：

$$\frac{p}{Z}=\frac{p_i}{Z_i}\left(1-\frac{G_p}{G}\right) \tag{3-16}$$

若在直角坐标系中以 p/Z 为 Y 轴，G_p 为 X 轴，将得到关于 p/Z 和 G_p 的一条直线，其斜率为 $-(p_i/Z_i)/G$，由曲线斜率便可得到动态地质储量（OGIP）。

（2）水驱气藏。

对于水驱气藏，还存在水侵的影响，Bruns 等和 Agarwal 等证实了水驱对 p/Z 与累计产气量关系曲线的影响。当存在水驱时，有：

$$\frac{p}{Z}(1-C_c\Delta p-\omega)=\frac{p_i}{Z_i}\left(1-\frac{G_p}{G}\right) \tag{3-17}$$

式中　Z_i、Z——分别为原始地层压力 p_i 和目前地层压力 p 下天然气的体积系数。

其中，ω 为气藏的存水体积系数（气藏的存水量占气藏容积的百分数），计算公式为：

$$\omega=\frac{W_e-W_pB_w}{GB_{gi}} \tag{3-18}$$

水驱气藏开发初期，压力降低幅度（Δp）很小，水侵量和产水量也很小，即 ω 也很小，二者都可忽略不计，则 $p/Z—G_p$ 的关系曲线在初始阶段是一条直线。随着水驱气藏开发的进行，水侵量和产水量逐渐增大，已经不可忽略，$p/Z—G_p$ 的关系曲线也会逐渐偏离初期的直线段而发生弯曲。如果水侵活跃，那么在直线段的早期就会发生偏离；如果水侵不活跃，则在直线段的晚期才发生偏离（图 3-21）。

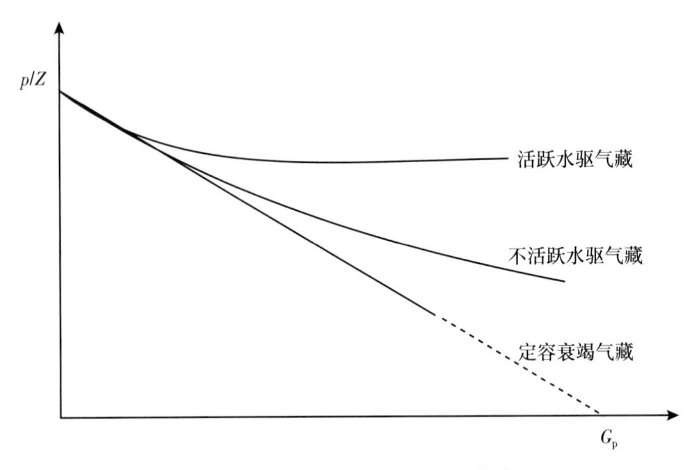

图 3-21　水驱气藏压力变化曲线

也有学者研究了不活跃水侵和活跃水侵对水驱气藏的影响，得出结论：这些情况下很难准确预测气藏原始地质储量，尤其是在开发早期或水体信息未知的情况下。

若对曲线的 p/Z 项进行修正，即令式（3-17）中：

$$p_H=\frac{p}{Z}(1-C_c\Delta p-\omega) \tag{3-19}$$

定义为气藏的 H 压力。式（3-19）可以进一步简化为：

$$p_{\mathrm{H}}=p_{\mathrm{Hi}}\left(1-\frac{G_{\mathrm{p}}}{G}\right) \tag{3-20}$$

其中，$p_{\mathrm{Hi}}=p_{\mathrm{i}}/Z_{\mathrm{i}}$，根据式（3-20），若在直角坐标系中以 p_{H} 为 Y 轴、G_{p} 为 X 轴绘制曲线，将得到一条关于 p_{H} 和 G_{p} 的直线，其截距为 p_{Hi}，斜率为 $-p_{\mathrm{Hi}}/G$（图 3-22）。该曲线被定义为水驱气藏的生产指示曲线，将曲线外推，其在 X 轴的截距即为水驱气藏的原始天然气地质储量（OGIP）值。

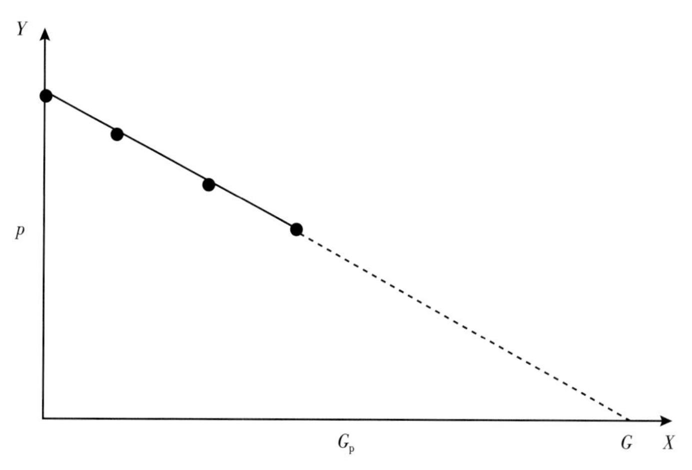

图 3-22　水驱气藏生产指示曲线

2）崖城 13-1 气田动态储量核算

根据 N1 区块+N2 区块+N3 区块不同生产时间的地层压力、累计产气量、累计产水量、累计水侵量，采用压降法，得到 N1 区块+N2 区块+N3 区块生产指示曲线图（图 3-23），考虑水侵，动态储量将降低，同时，随着水体倍数的增加，动态储量相应减少，若水体倍数增加到 6 倍，考虑水侵后，动态储量将减少 $60\times10^{8}\mathrm{m}^{3}$ 左右。

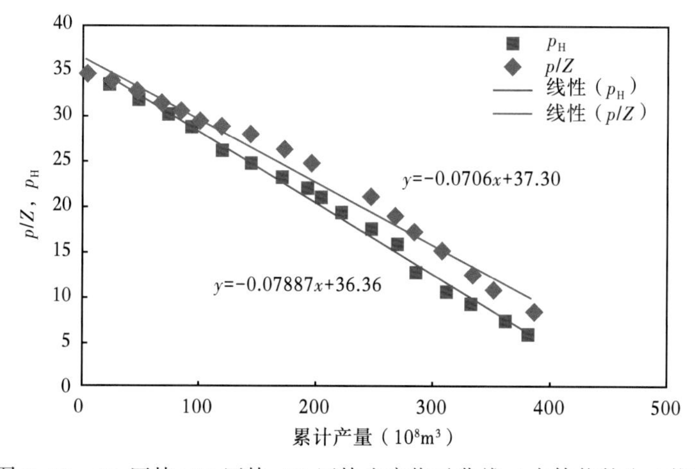

图 3-23　N1 区块+N2 区块+N3 区块生产指示曲线（水体倍数为 4 倍）

三、水驱气藏采收率标定

1. 水驱气藏采收率标定方法

1）水驱气藏采收率标定方法（胡科和李闵，2015）

在废弃条件下，地下剩余的气体由捕集气和未波及气两部分组成。因此可采储量 G_R 等于原始气量减去捕集气和未波及气，用端点方程表示如下：

$$G_R = G - \{E_{va} G B_{gi} S_{gr} / [(1 - S_{wc})] + (1 - E_{va}) G B_{gi}\} / B_{ga} \tag{3-21}$$

整理得：

$$\frac{G_R}{G} = 1 - E_{va}\left(\frac{S_{gr}}{S_{gi}} + \frac{1 - E_{va}}{E_{va}}\right)\frac{p_a / Z_a}{p_i / Z_i} \tag{3-22}$$

则式（3-22）简写成：

$$1 - E_R = \left[-\left(1 - \frac{S_{gr}}{S_{gi}}\right)E_{va}\right]p_{paD} \tag{3-23}$$

令：

$$a = 1 - \frac{S_{gr}}{S_{gi}}$$

则式（3-23）简化为：

$$p_{paD} = \frac{1 - E_R}{1 - aE_{va}} \tag{3-24}$$

式中 $p_{paD} = \dfrac{p_a / z_a}{p_i / Z_i}$——无量纲废弃拟压力；

E_R——采收率；

E_{va}——最终体积波及系数。

将式（3-24）定义为无量纲端点方程。对于一个具体的气藏，式（3-24）中的无量纲废弃拟压力 p_{paD}、采收率 E_R、系数 a 和最终体积波及系数 E_{va} 都是确定的数值，因此，由这四个参数在直角坐标系中绘制图形将表现为一个点。若把式（3-24）中的无量纲废弃拟压力和采收率 E_R 看成变量，令无量纲废弃拟压力 p_{paD} 近似为无量纲拟压力 p_{pD}，采收率 E_R 近似为采出程度 R_g，则式（3-24）近似为一个二元一次方程：

$$p_{pD} = \frac{1 - R_g}{1 - aE_{va}} \tag{3-25}$$

任意给定一组 a 和 E_{va} 的值，就可根据式（3-25）在直角坐标系中以 R_g 为横坐标、p_{pD} 为纵坐标绘制出一条直线，且横坐标、纵坐标的取值范围均为 0~1。将式（3-25）定义为拟无量纲端点方程；相应地，将该直线定义为拟无因次端点曲线。

对于一个具体的水驱气藏，若将其相对压降曲线和拟无因次端点曲线绘制于同一图中，两条曲线或曲线的延长线必将存在一个交点（图 3-24）。该交点对应的数据既属于相对压降曲线，也属于拟无量纲端点曲线，对于相对压降曲线来说，其上的所有数据点都是真实的，所以该交点数据一定是真实的，而拟无量纲端点曲线上有且仅有一个真实数据点。显然，该交点一定是拟无量纲端点曲线上那个仅有的真实数据点。

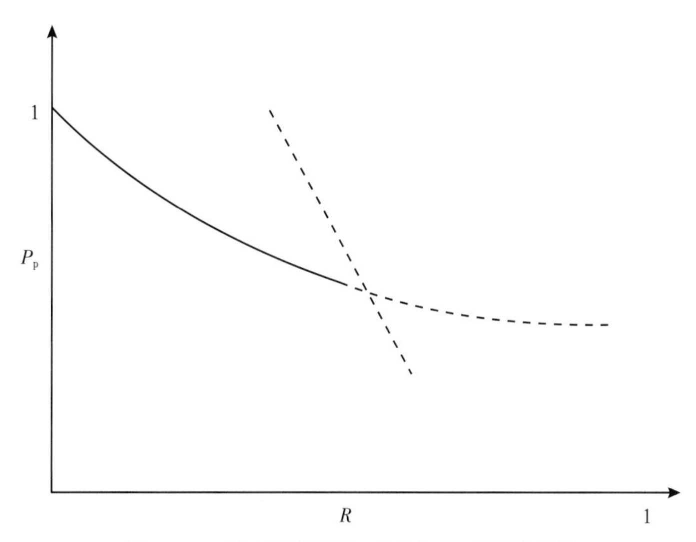

图 3-24　拟无量纲端点曲线与相对压降曲线

对于一个具体气藏，随着开发的进行，其体积波及系数会不断增大，所以每个压力下都对应一个体积波及系数值。气藏废弃时所对应的体积波及系数称为最终体积波及系数。若 E_{va}对应的是最终体积波及系数，两条曲线的交点就是水驱气藏的废弃压力点，则根据两条线的交点即可确定水驱气藏的采收率大小。

2）水驱气藏采收率标定图版（蒋琼和李闵，2015）

对于具体的水驱气藏，当确定了 S_{gr}/S_{gi} 值和 E_{va} 值后，即可应用采收率标定图版标定采收率的变化范围。具体标定方法是：首先，根据生产动态数据计算水侵常数 B 或者绘制相对压降曲线图版，从而确定水驱气藏的类型，再根据地质资料及开发资料大致计算气藏的最终体积波及系数值，由此选择相应的图版。最后，根据 S_{gr}/S_{gi} 值标定相应气藏的采收率变化范围。

对于一个具体的水驱气藏，由于其渗透率的各向异性、井网布局和流度比的不同及水气比存在的差异，将导致各个气藏的最终体积波及系数值都不相同，甚至有时相差还很大。当 $E_{va}=0.4$ 时，取 S_{gr}/S_{gi} 值变化范围内的六个整数值 $S_{gr}/S_{gi}=0.1$、$S_{gr}/S_{gi}=0.2$、$S_{gr}/S_{gi}=0.3$、$S_{gr}/S_{gi}=0.4$、$S_{gr}/S_{gi}=0.5$ 和 $S_{gr}/S_{gi}=0.6$。绘制采收率标定图版如图 3-25 至图 3-30 所示。

下面标定最终体积波及系数分别取 $E_{va}=0.1$、$E_{va}=0.2$、$E_{va}=0.3$、$E_{va}=0.4$、$E_{va}=0.5$、$E_{va}=0.6$、$E_{va}=0.7$、$E_{va}=0.8$、$E_{va}=0.9$ 九种情况下对应不同的 S_{gr}/S_{gi} 值时水驱气藏采收率的变化范围（图 3-31 至图 3-39）。

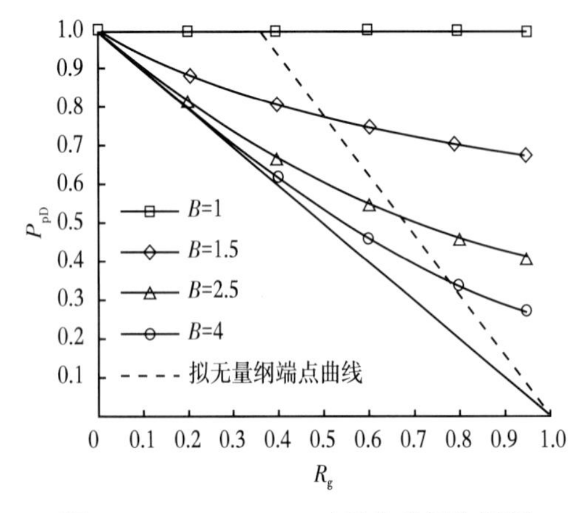

图 3-25 $S_{gr}/S_{gi}=0.1$ 时采收率标定图版

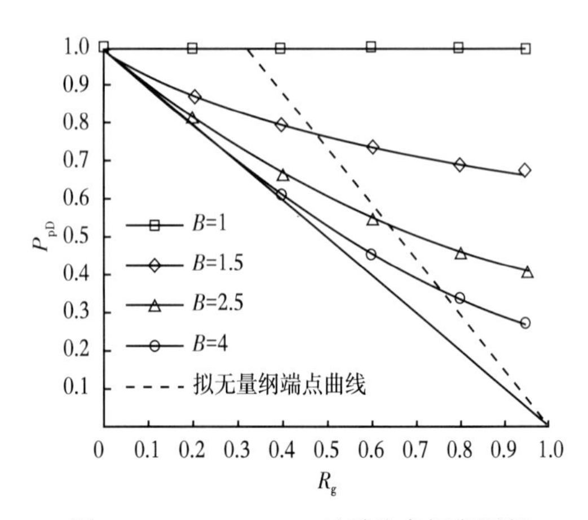

图 3-26 $S_{gr}/S_{gi}=0.2$ 时采收率标定图版

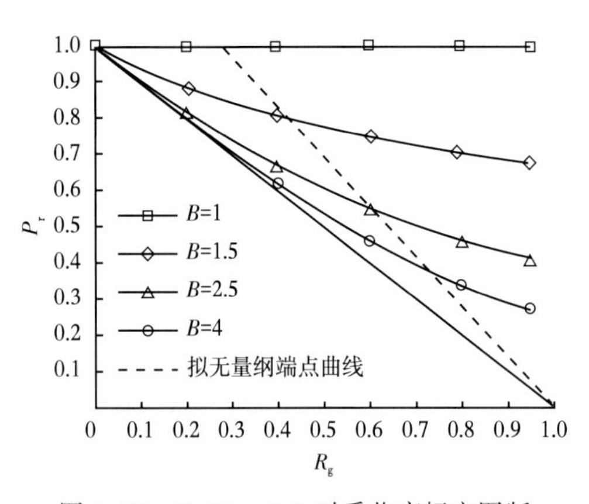

图 3-27 $S_{gr}/S_{gi}=0.3$ 时采收率标定图版

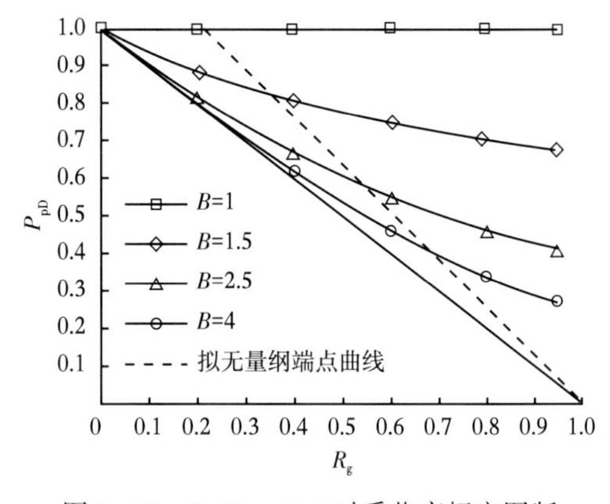

图 3-28 $S_{gr}/S_{gi}=0.4$ 时采收率标定图版

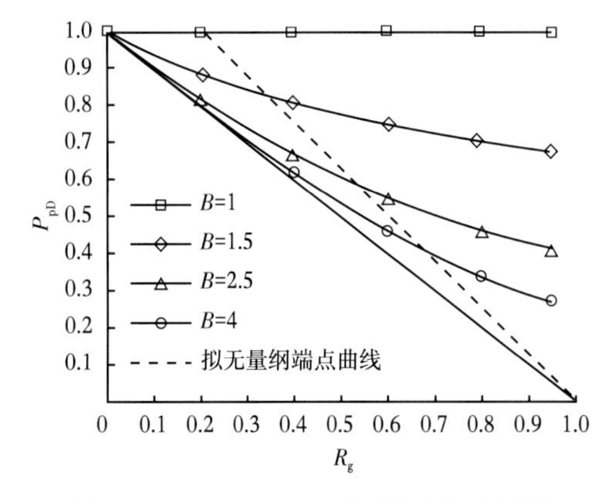

图 3-29 $S_{gr}/S_{gi}=0.5$ 时采收率标定图版

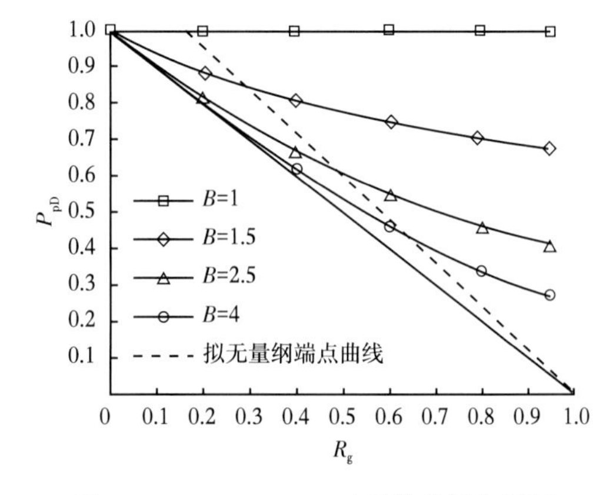

图 3-30 $S_{gr}/S_{gi}=0.6$ 时采收率标定图版

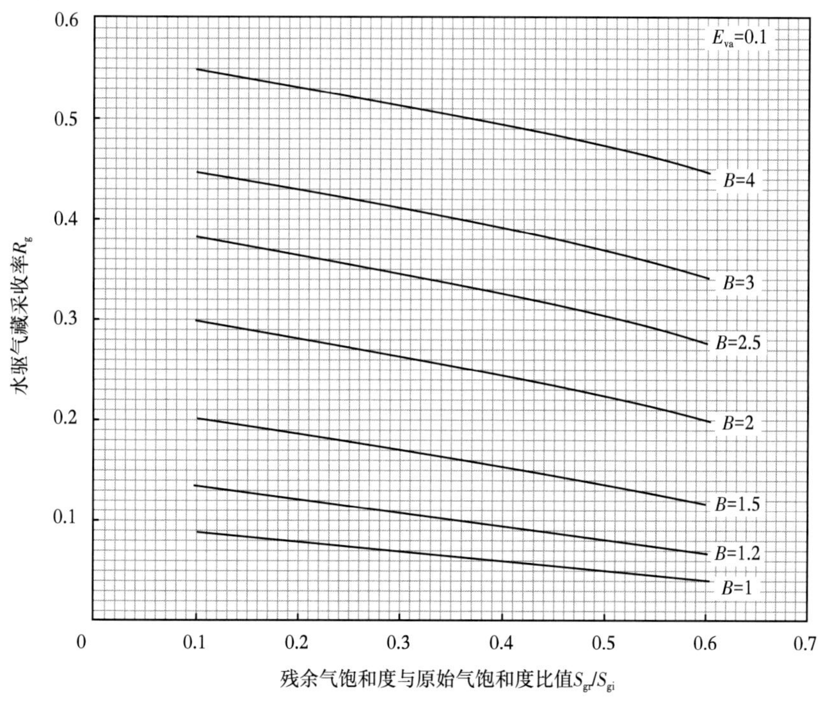

图 3-31 $E_{va}=0.1$ 时水驱气藏采收率标定图版

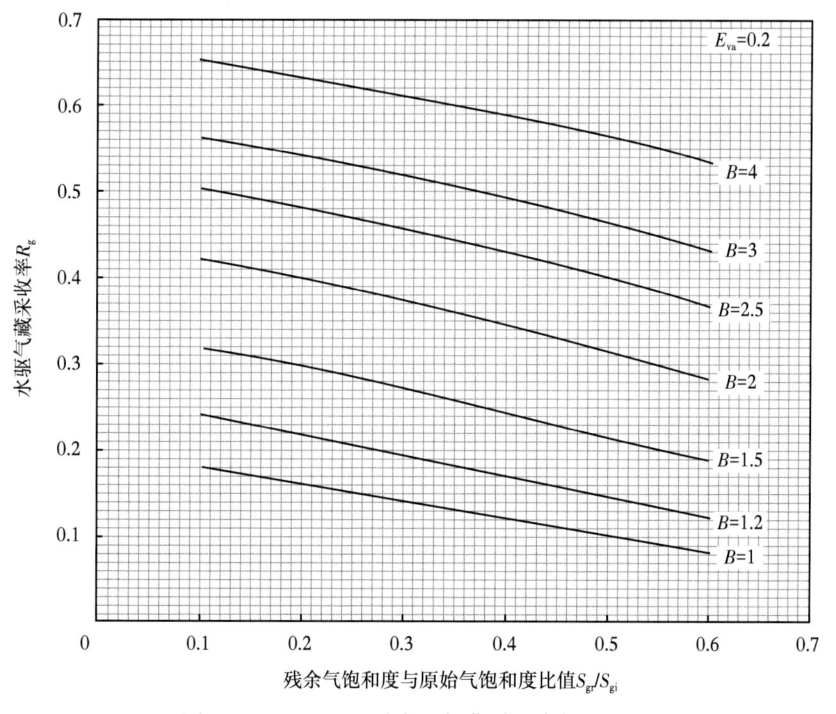

图 3-32 $E_{va}=0.2$ 时水驱气藏采收率标定图版

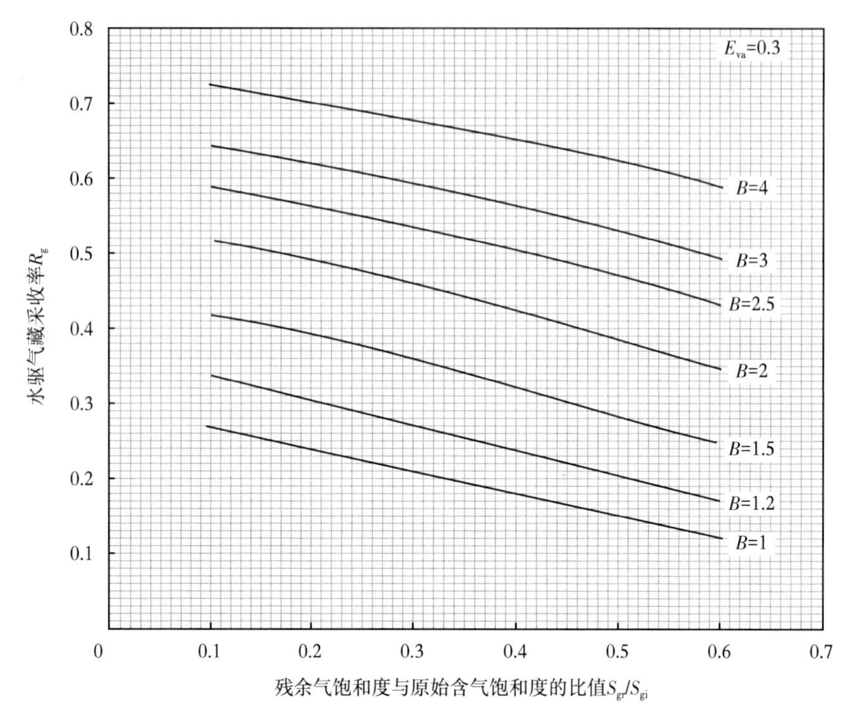

图 3-33　E_{va} = 0. 3 时水驱气藏采收率标定图版

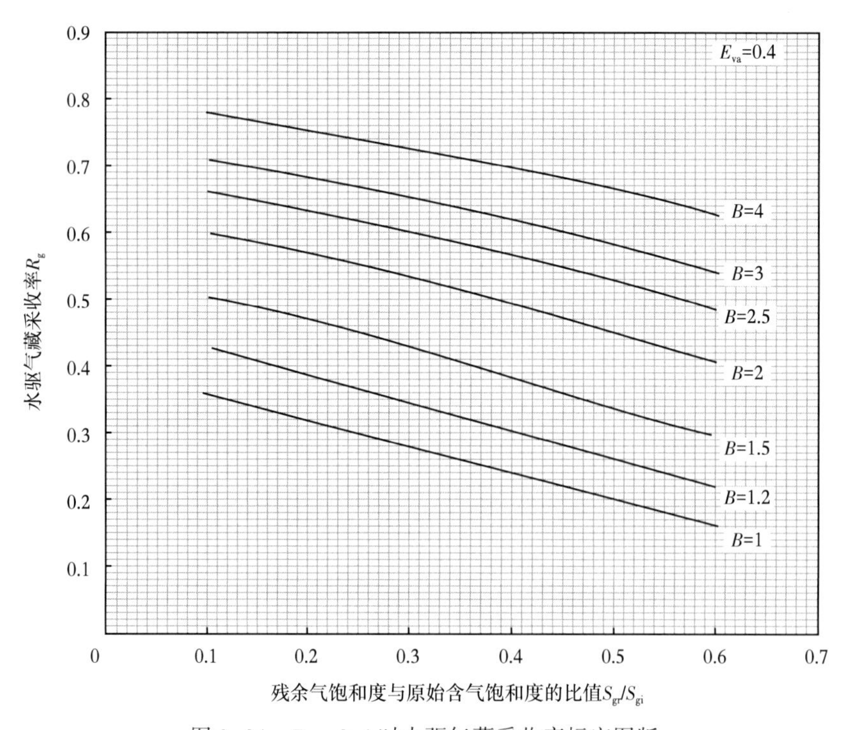

图 3-34　E_{va} = 0. 4 时水驱气藏采收率标定图版

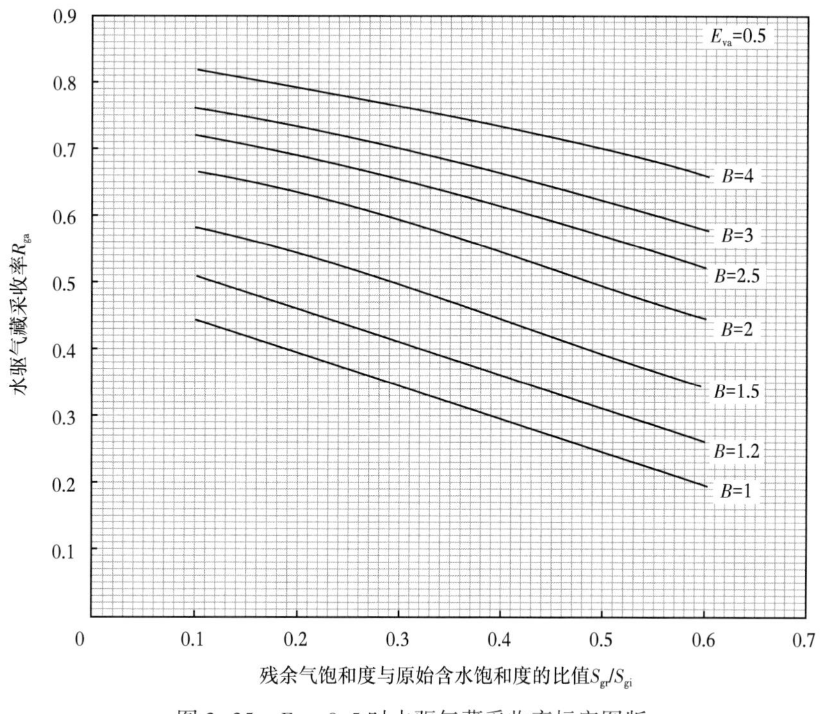

图 3-35　E_{va} = 0.5 时水驱气藏采收率标定图版

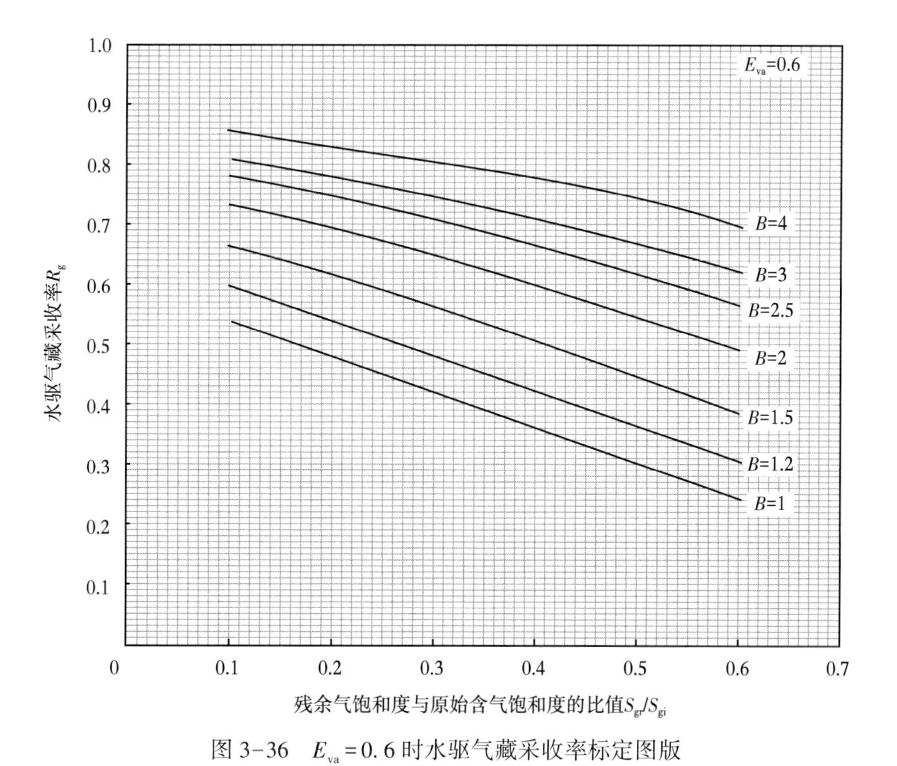

图 3-36　E_{va} = 0.6 时水驱气藏采收率标定图版

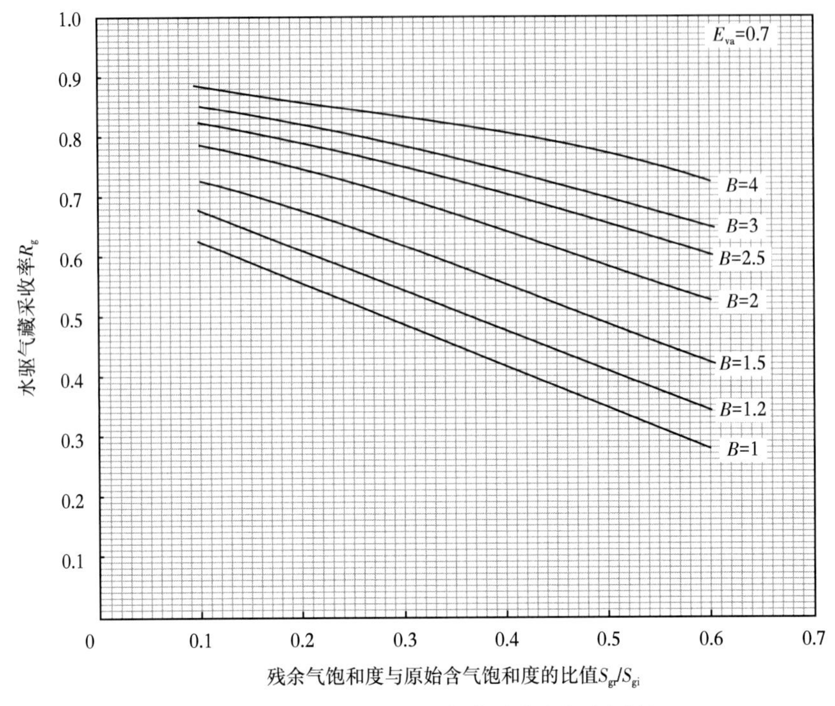

图 3-37 E_{va}=0.7 时水驱气藏采收率标定图版

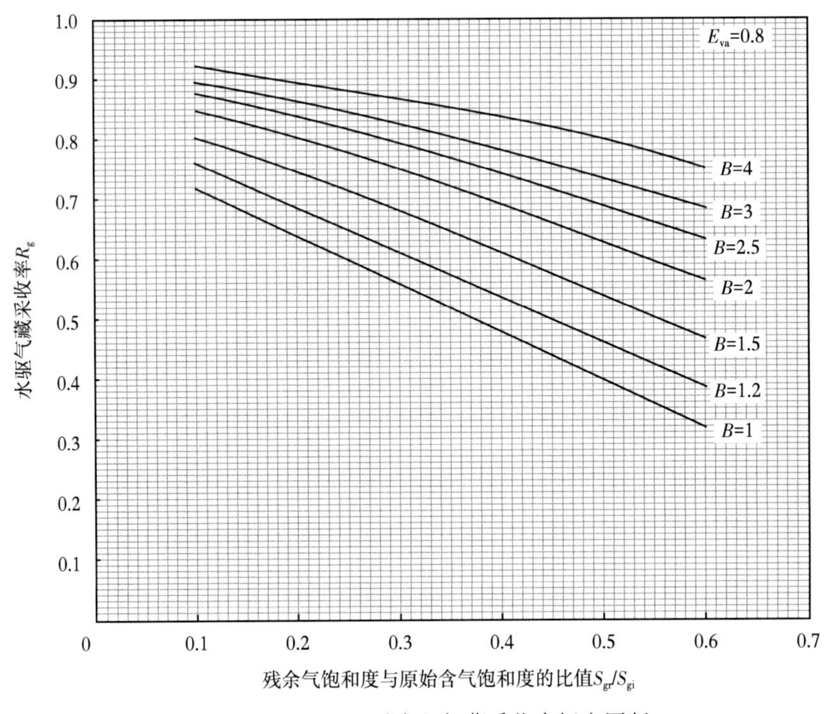

图 3-38 E_{va}=0.8 时水驱气藏采收率标定图版

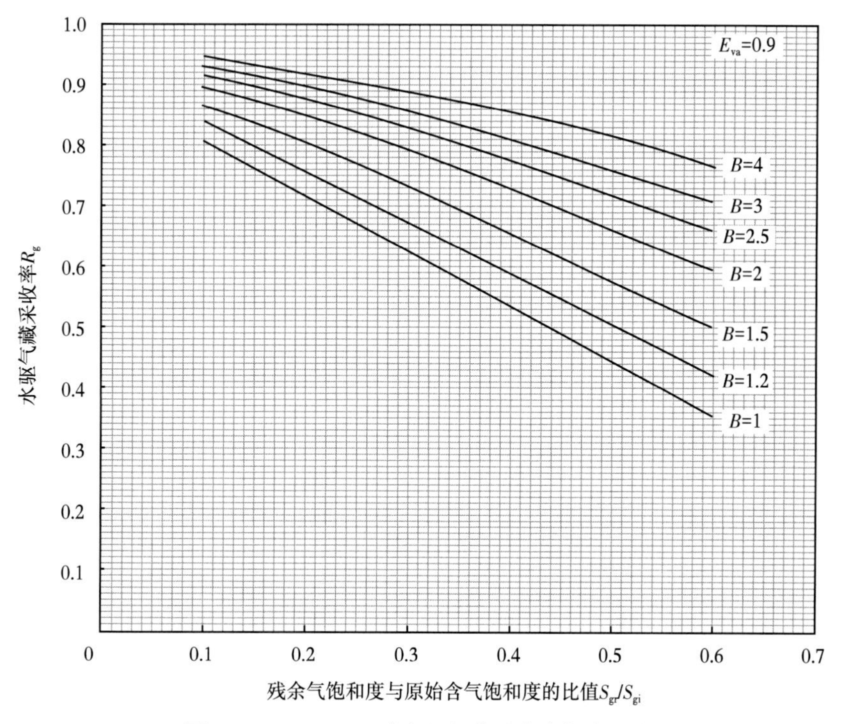

图 3-39　$E_{va}=0.9$ 时水驱气藏采收率标定图版

2. 水驱气藏采收率计算实例

以下为崖城 13-1 气田 N1 区块+N2 区块+N3 区块采收率标定实例。

1）目前体积波及系数

加拿大学者 Stoian 和 Telforod，在 1966 年提出了水驱气藏体积波及系数的计算公式：

$$E_v=\frac{W_e-W_pB_w}{V_p(1-S_{wi}-S_{gr})} \tag{3-26}$$

式中　W_e——累计水侵量，10^4m^3；

W_p——累计产水量，10^4m^3；

V_p——孔隙体积，10^4m^3；

S_{wi}——原始含水饱和度；

S_{gr}——残余气饱和度。

根据 N1 区块+N2 区块+N3 区块水侵量计算结果，原始含气饱和度为 0.7452，原始含水饱和度为 0.2548，实验残余气饱和度为 0.3200，计算出 N1 区块+N2 区块+N3 区块 2012 年 12 月的体积波及系数为 0.3237。

2）降压开采前后体积波及系数

根据 N1 区块+N2 区块+N3 区块降压开采前后水侵量计算结果，原始含气饱和度为

0.7452，原始含水饱和度为0.2548，残余气饱和度为0.3200（根据实验得到的残余气饱和度与原始含气饱和度的关系式所得），计算出N1区块+N2区块+N3区块降压开采前后的体积波及系数。当输气压力为2MPa时，体积波及系数为0.7021；输气压力为1.38MPa（200psi）时，体积波及系数为0.7305；输气压力为0.69MPa（100psi）时，体积波及系数为0.7544。

3）N1区块+N2区块+N3区块采收率

N1区块+N2区块+N3区块残余气饱和度S_{gr}为0.3200，原始含气饱和度S_{gi}为0.7452，残余气饱和度与原始含气饱和度之比为0.429，水体活跃程度为二级不活跃，采用插值法，得到N1区块+N2区块+N3区块降压开采前后采收率。当输气压力为2MPa时，采收率为77.77%；输气压力为1.38MPa（200psi）时，采收率为78.59%；输气压力为0.69MPa（100psi）时，采收率提高到79.28%。

第四节　海上气田见水后综合治理及成效

一、气田常用治水措施

在有水气藏出水治理方面，20世纪80年代后期，国外开始采用强排水采气的措施，对释放封闭气起到积极作用，使采收率提高了10%～20%；20世纪80年代之后发展了气藏整体治水技术。目前国内外气田所采取的治水措施及工艺繁多，出水的形式不同，其相应的治水措施也不相同，归纳起来可以分为三种措施，一是控水采气，二是堵水，三是排水采气。

1. 控水采气措施

控水采气工艺技术是通过控制井底回压来减小水侵压差，从而降低水侵影响的一种工艺措施，目的是尽量延长气井的无水采气期和气水同采期。以边水推进方式活动的出水气井，可通过分析氯离子，利用单井系统分析曲线，确定临界产气量（压差），控制气井，使气井产气量在小于此临界值条件下生产，保持无水采气。

2. 堵水措施

目前国内外应用较为广泛的堵水工艺技术主要包括机械法堵水技术和化学法堵水技术两大类。机械堵水是通过井下管柱来实现的，主要是为了解决层间矛盾，其基本原理是利用封隔器将出水层卡住，而后投堵塞器封堵高含水层，机械堵水具有施工成本较低、地层、无伤害污染的特点。化学堵水是采用化学堵剂对高含水层位进行封堵，达到减少气井产水、增加单井产量的目的；化学堵水措施不仅能减小水淹大裂缝的干扰、调整产气剖面、挖掘生产潜力，而且能有效地控制产量递减、改善开发效果。

对水窜型气层出水，应以堵为主，通过生产测井搞清出水层段，把出水层段封堵死。对水锥型出水气井，先控制压差，延长出水显示阶段。在气层钻开程度较大时，可封堵井底，使人工井底适当提高，把水堵在井底以下。

3. 排水采气措施

所谓排水采气是指开发的中期和后期，根据不同类型的气井特点，采用相适应的人工方式或机械方式的助喷工艺，排出井筒积液，降低井底回压，增大井下压差，提高气井带水能力和自喷能力，确保气水井的正常生产。

目前应用较为广泛的排水采气工艺技术主要包括优选管柱排水采气、泡沫排水采气、气举排水采气、柱塞举升排水采气、机抽排水采气、电潜泵排水采气、水力射流泵排水采气等共七种类型。针对具体的产水气井，在甄选合适的排水采气方法时需要考虑三方面：一是气藏的地质特征，二是产水气井的生产状态，三是经济投入。

二、南海西部有水气藏治水对策

基于海上气田开发多为少井高产，且因平台空间有限、作业实施费用高等因素，南海西部有水气藏治水措施的提出必须达到可行、可靠、可实施的要求，对于见水气井的治理，需要有明确的治水思路和对策。首先要明确有水气藏的水体能量及水侵强度，弄清水侵方式和途径，针对不同的气井特点进行综合研究，筛选合适的治水方式，最后进行治水方案的论证及实施。

1. 不同开发阶段的治水对策

1）气藏开发早期以预防措施为主

调整气藏井网布置使气藏以合理的采气速度均衡开发，实施低生产压差工作制度，避免局部强化采气，实现气藏压力的均匀下降，延缓水侵的发生。同时应做好动态监测工作，尤其是及时掌握水样矿化度与水气比方面的变化情况。

2）气藏开发中期以控水措施为主

气藏产水后应及时合理地降低采气速度控水，实现产量、气水比及压力的缓慢下降。具体措施应及时调节单井配产，保证气井以“三稳定”状态生产；应充分利用地层自然能量，使气井带水自喷生产，在自喷状态维持困难时采取适当的排水采气工艺措施。

3）气藏开发后期应以排水措施为主

随着气藏开发进程进入后期阶段，气水关系、水体大小与水侵规律等会逐渐明确，应根据气藏的具体开发状况及时调整治水方案。

2. 不同类型水源的治水对策

（1）对于井筒无积液、低水气比的稳定型生产井，水源多是凝析水，产水对气井生产的影响很小，治水措施以防为主，应加强对出水的监测，及时消除和防止井筒积液。在生产过程中，尽量减少开关井次数，密切注意生产动态，一旦发现氯离子含量有升高趋势，迅速降低气井产量，减缓水侵速度，以延长无水采气期。

（2）对于位于构造边部主要出水水源是边水的井，防水策略应该是适当控制采气速度，避免或减缓边水沿高渗透带突进。对其生产过程进行跟踪模拟分析，探究水气比变化规律，以便及时制订相应有效的开发对策，减小单井水锥风险。对于边水水侵井，应首先落实出水层位，少数处于构造边部但产水相对较少的井，可以适当提高采气速度，调整水侵前沿，防止边水沿单一方向突进或区域突进，避免造成气田局部水淹；水气比持续增长的产水气井，考虑气藏温压特征，建议采取机械堵水措施，堵水层位选择的条件为：①在出水层位以上堵水；②堵水位置处需有泥岩隔层，且无射孔；③堵水位置附近的固井质量好。若不满足机械堵水条件，可考虑换小油管的排水采气措施，使气井的携液能力增强，携带积液排出地面，避免气井水淹。

（3）对于全面出水、难以正常生产的气井，可以考虑在构造高部位、剩余气密集处进行侧钻处理。

（4）对位于出水水源主要是底水的井，防水策略应该是降低采气速度，控制生产压差，保证平稳的气井工作制度，尽量延长低水气比开采阶段。在气井管理上，对可能存在层间水水窜的产层，应尽量在小生产压差下生产，还要避免频繁的开关井引起的地层机动。

（5）配套进行补孔措施实施，当气藏发生水侵之后，若进行关井，井筒及其周围的水会有选择性地沿着大孔道退回地层，出现反向渗流现象，将一些原来未被水淹小孔道中的气体封闭起来，通过补孔提高气井射孔完善程度，补孔重新建立产气通道，解除地层伤害，恢复产能。

三、南海西部有水气藏治理效果

经过多次研究及整改，南海西部在生产有水气藏治水措施逐渐成熟。自 2010 年起，各见水气井开始尝试综合治理，包括侧钻、堵水作业、补孔及换小管柱等，到 2012 年已经形成初步完善的治水措施，措施效果逐步提高，增气量显著。

以崖城 13-1 气田 A3 井为例进行该井治水措施的相关分析。由出水水源判断研究可知该井 2007 年出现见水迹象，分析出水来源是气田边水，经研究论证，决定对该井进行机械堵水作业，堵水作业较为成功，但是气井产量未出现明显增加，同年底对该井进行压力恢复测试测，发现该井污染较为严重，决定对该井进行补孔解除污染作业，补孔后该井增气明显。

决定气井堵水深度的因素多种多样，如气井固井质量、气藏夹（隔）层分析、气井产水层位分析等。一体化堵水分析技术是通过一体化平台，综合分析这些因素，从而得到最佳的堵水层位（图 3-40）。

由图 3-40 可知：

（1）2010 年 PLT 测试表明该井主要出水层段为下部 A1～B1 流动单元；

（2）根据该井的测井解释可以发现该井夹层较为发育，在 C1 流动单元存在一厚度为 3m 左右的夹层，可以有效地分隔水体；

（3）通过该井声幅变密度（VDL）及声幅（CBL）测井可以看到该井 C1 流动单元第一界面和第二界面固井质量均较好，如在该层堵水可避免水体管外窜的可能性。通过以上综合分析，最终确定该井的堵水位置位于 C1 流动单元。2012 年 6 月 11 日，在 C1 流动单元对该井进行堵水，封堵下部 A 砂体的水。该井堵水作业效果明显，水的氯离子含量从堵水前的 6000mg/L 左右下降到堵水后 100mg/L 左右，并且一直保持稳定（图 3-41）。由此可见，成功的堵水气井必须具有稳定的隔（夹）层和较好的固井质量。

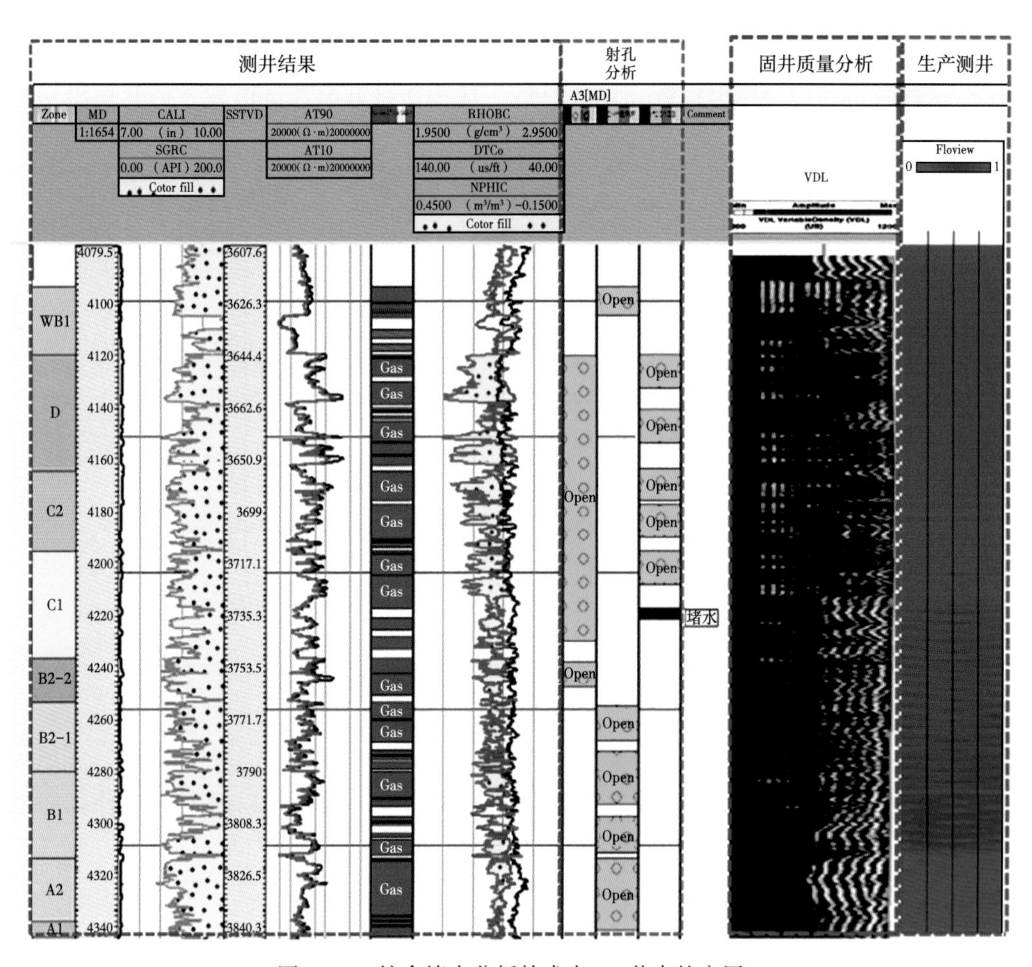

图 3-40 综合堵水分析技术在 A3 井中的应用

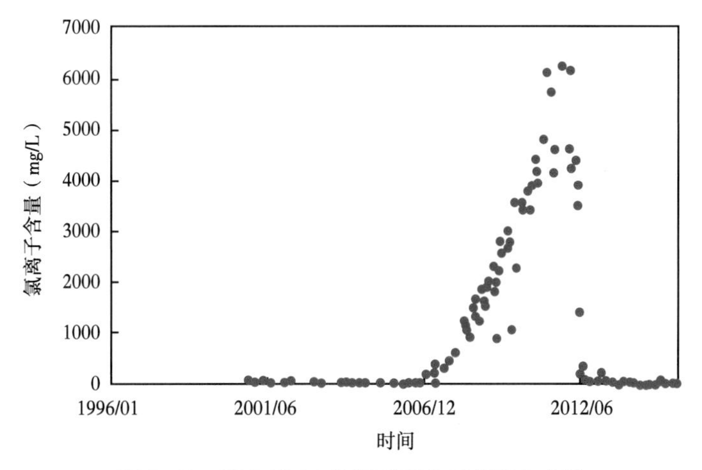

图 3-41 堵水后 A3 井氯离子含量的变化曲线

A3 井的堵水效果较好，但堵水后该井的产气量没有明显增加，怀疑出水对上部气层造成了一定的伤害。2012 年 12 月，对该井进行了压力恢复测试，解释机械表皮系数为 13.38，表明该测试层受伤害较重（图 3-42）。认为通过补射孔可以解除近井地带堵塞伤害，恢复产能。

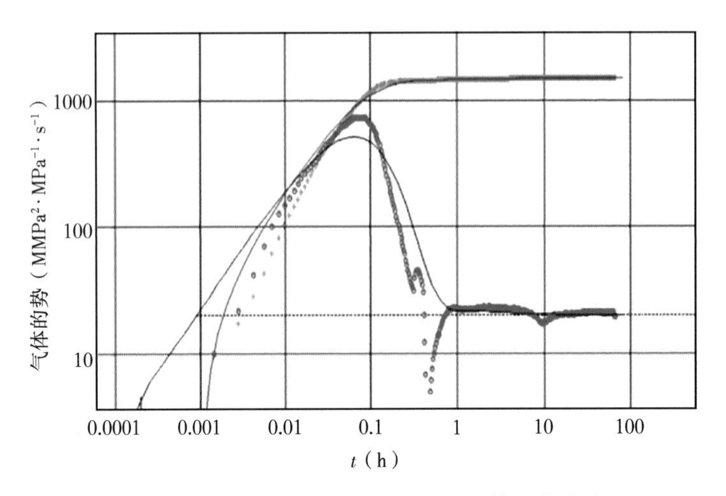

图 3-42　崖城 13-1 气田 A3 井双对数拟合曲线

结合该井产能测试及压力恢复解释情况可以预测该井解除不同伤害程度后产能增加的情况，通过补孔效果预评价技术深入剖析气井表皮构成，最终可以确定气井补孔后增产效果。

影响气井产能的主要因素有：

（1）地层产能系数（Kh）值；

（2）地层压力和生产压差；

（3）表皮系数。

对于高产气井，必须考虑高速非达西流，引入视表皮系数 S_a。

$$S_a = S + Dq_g \tag{3-27}$$

式中　S_a——视表皮系数；

S——表皮系数；

D——紊流系数，$10^4 m^3/d^{-1}$；

q_g——气井产量，$10^4 m^3/d$。

为获得气井产能，准确计算视表皮系数就显得尤为重要。

通过 A3 井表皮系数和流量的关系曲线（图 3-43）可计算出该井紊流系数为 $0.39 \times 10^4 m^3/d$。考虑紊流系数后，该井 4 个工作制度测试产量获得较好的拟合（图 3-44）。

通过拟合完成的参数对 A3 井进行产能预测，考虑补孔后不同解堵条件下该井的产能，预测机械表皮系数降为 0 时，该井最多可以增气 $15 \times 10^4 m^3/d$（图 3-45），该结果与 A3 井补孔后稳定后增气效果一致。

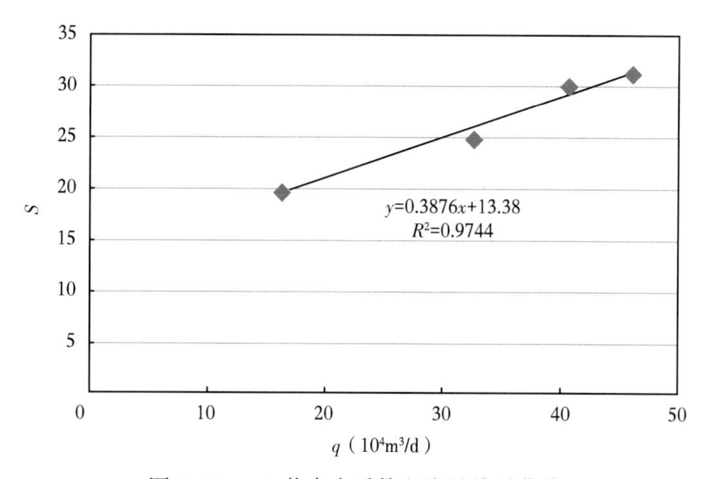

图 3-43　A3 井表皮系数和流量关系曲线

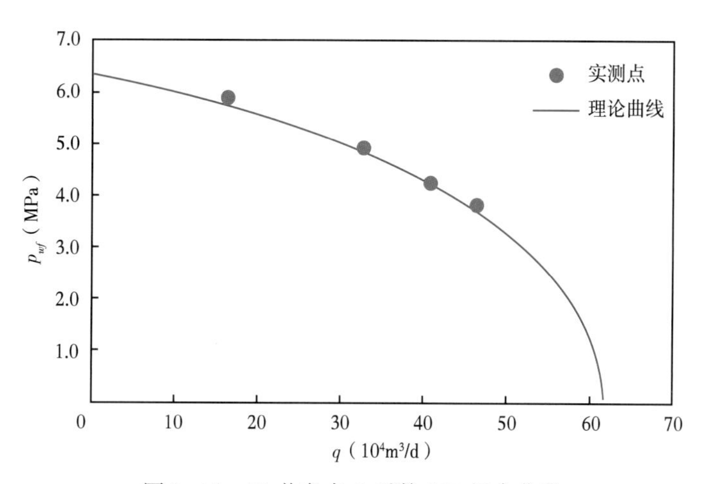

图 3-44　A3 井考虑 D 系数 IPR 拟合曲线

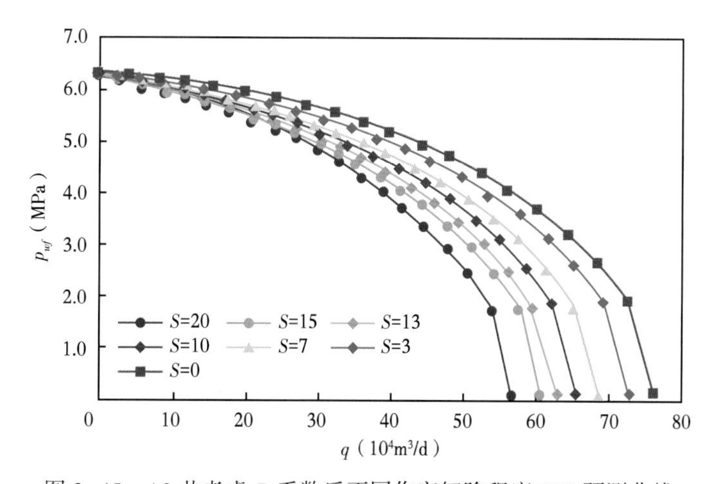

图 3-45　A3 井考虑 D 系数后不同伤害解除程度 IPR 预测曲线

有水气藏的治水措施需从气藏开发现状和单井出水特征出发，以气藏水侵影响因素敏感性分析结论为指导方针，分别从气藏和单井角度提出相应的治水对策，治水措施的有效实施对见水气井的产能释放起到积极作用。

南海西部气田见水气井在2010—2015年之间，已成功实施治水措施9口井，措施前后增气量为$185\times10^4m^3/d$。截至2020年，预计可累计增气$10\times10^8m^3$左右，克服了产水气井防水治水措施选择的盲目性，开启了南海西部有水气藏治水的新纪元，对气藏后续开发具有重要意义。

第四章　综合调整提高采收率技术

第一节　开发效果评价及综合调整思路

一、气田开发效果评价及存在问题

1. 气田开发效果评价

随着天然气工业的发展，建立一套合理的、规范的、适用于不同类型天然气藏的生产效果评价指标和评价标准，对于天然气工业的宏观规划和决策变得越来越重要（刘月田等，2004）。

根据国内外天然气藏实际情况并参考以往的气藏分类标准，把气藏分为六类：无水气藏、浅层气藏、高压气藏、低渗透气藏、含硫气藏、有水气藏。

对于不同气藏，需要建立规范的生产效果基础指标体系。如对于有水气藏，在不同阶段有着不同的评价指标。(1) 对于试采阶段，主要为反映气藏天然能量大小并确定和能否保证气田长期稳产高产生产效果指标：平均采气速度、采出程度；(2) 对于产能建设阶段主要评价指标为产能建设期年限、累计采气量、平均采气速度、气采出程度；(3) 对于稳产阶段主要评价指标为：采气速度、累计采气量、累计产水量、产水率、稳产年限、稳产期末采出程度、无水采气期年限、无水采气期累计采气量、无水采气期采出程度；(4) 对于递减阶段主要评价指标为：产能递减率、累计采气量、累计产水量、产水率、递减期末采出程度；(5) 对于排水采气阶段，该阶段主要依靠修井、排水采气、降压开采和增压输送等治水措施，减缓气藏递减，以提高气藏的最终采收率。主要评价指标为：工业开采年限、开采期末累计采气量、开采期末累计产水量、天然气采出程度。综合以上分析，评价有水气藏生产效果的基础指标体系为：试采速度、产能建设期年限、平均采气速度、无水采气期年限、无水采气期末累计采气量、无水采气期末采出程度、开采年限、开采期末累计采气量、开采期末累计产水量、开采期末采出程度、井数、气藏日产气量、井网密度、单井控制储量、地质储量、可采储量等。

以上所给出的基础指标基本能够反映采气过程中的全部生产特性，但有些指标是相关指标、重复指标，还有些指标反映的生产特性并不重要。为了高效而准确地对气藏生产效果进行评价，就需要统观不同类型气藏开发生产特点，对其基础指标体系进行分析与筛选，建立有效指标体系。有效指标体系要求：(1) 全面反映气藏生产效果，具有理论上的完备性；(2) 各指标相互独立，满足理论上的离散性；(3) 各指标必须反映重要的生产特性，满足理论上的有效性；其结果见表 4-1。

表 4-1 各类气藏生产效果评价的有效指标体系

有效指标	无水气藏	浅层气藏	高压气藏	低渗气藏	含硫气藏	有水气藏
采气速度	有	有	有	有	有	有
稳产年限	有	有	有	有	有	无
无水采气期年限	无	无	无	无	无	有
稳产期末采出程度	有	无	无	无	无	无
开采期末采出程度	无	有	有	有	有	有

各种不同类型气藏生产效果评价的有效指标有些相似或相同，但由于不同类型气藏具有不同的地质特征，采用了不同的开采工艺，所以它们的评价标准各不相同，需要对有效生产指标进行标准化和归一化处理。综合气藏开发的大量资料和生产实践，确定表 4-2 所列的评价标准。

表 4-2 各类型气藏生产效果指标评价标准

气藏类型	采气速度（%）	稳产年限（a）	无水采气期年限（a）	稳产期末采出程度（%）	开采期末采出程度（%）
无水气藏	4~12.4	4~15		37.8~70	
有水气藏	1.4~10.9		2~20		42~88.4
含硫气藏	4~10	6~19			56~81
低渗透气藏	2.5~5.5	2~17			40~80
浅层气藏	2.1~5.0	9~26			73.9~95
高压气藏	3~6	10~20			49~89

有效指标的归一化的流程如下。设气藏开发方案的某一生产指标值为 q，该指标评价标准的区间为 $[X_1, X_2]$，用下标 I 代表指标的归一化量。则有：

$$q_I = (q - X_1) / (X_2 - X_1) \tag{4-1}$$

评价标准的确定应使各指标归一化后在［0，1］区间内的概率分布相同，以便保证指标统一分级评价的正确性。指标归一化后就可以用统一的级别进行评价。归一化区间［0，1］分为四个级别：较差为［0，0.25］、一般为［0.25，0.5］、较好为［0.5，0.75］、好为［0.75，1.0］。

对于任一类型气藏的开发方案，求出任意一个生产指标的隶属度（归一化值），对比以上级别范围，便可判定其优劣程度，同时为气藏工程的技术经济综合评价提供必要而直接的数据基础，为天然气工业的宏观规划和决策提供依据。

通过雷达图可以较好地表述各种不同类型气田、井区的开发效果。如通过统计崖城 13-1气田各块的采气速度、稳产年限、无水采气期年限、稳产期末采出程度及开采末期的采出程度，并进行各块指标的归一化。可以发现主体区 N 块采气速度低，稳产年限指标好，无水采气期年限指标较好，稳产期末采出程度及开采末期的采出程度指标好，整体而言 N 块见水对开发有一定影响，但该块开发效果好。WA 块主要表现为采气速度较快，稳产年限指标一般，无水采气期年限指标好，稳产期末采出程度及开采末期的采出程度指标好，整体而言，WA 块主要存在采气速度高的问题，整体开发效果好。S1 块主要表现为采气速度快，稳产年限指标差，无水采气期年限指标差，稳产期末采出程度一般及开采末期的采出程度指标较好，整体而言 S1 块主要存在问题为采气速度高及水侵严重，整体开发效果一般至较好。

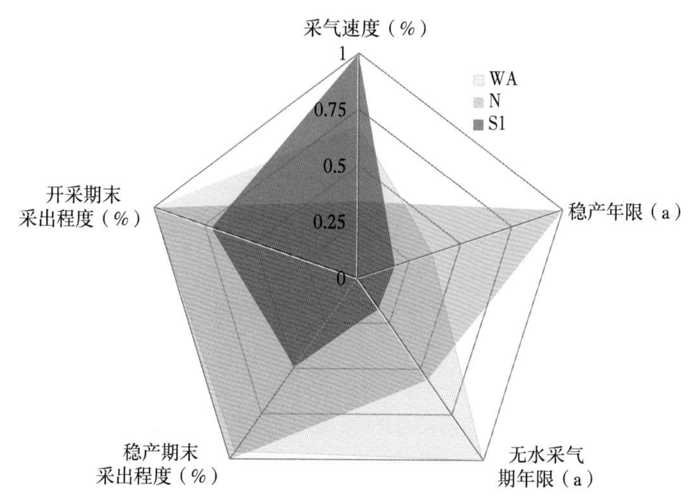

图 4-1 崖城 13-1 气田部分区块开发效果评价

2. 气田开发目前存在问题

通过对气田及井区的开发效果评价可以看到开发存在的一些主要问题，另外结合各井区的开发动态特征研究、动储量、储量动用程度评价、产水情况、出砂等实际情况，可以综合分析气田或井区存在的问题。如崖城 13-1 气田及东方 1-1 气田存在的主要问题如下：

1）崖城 13-1 气田

崖城 13-1 气田经过十余年的开发，气田开发效果明显，但仍存在一些问题。

（1）气田初期产能旺盛，目前已有大幅度下降。

崖城 13-1 气田于 1995 年 6 月生产至今，经历了早期生产与一期开发调整阶段（1996—2001 年），后续开发调整一期阶段（2001—2004 年），后续开发调整二期阶段（2005—2010 年），后续开发调整三期阶段（2011 年至今），目前气田已经处于产量递减期，产能下降明显（图 4-2）。从目前气田各井的生产状况看，气田生产形势严峻，满足合同供气有困难。

（2）气田动静储量差异大，动态储量趋于稳定，内部区块采出程度高，挖潜潜力小。

气田动静储量差异较大，高达 20.26%，除去地质储量计算误差原因，研究认为部分低渗透区域动用程度低及断层对部分区域的封堵有一定的作用。

通过近年来动储量计算结果来看，近 10 年来气田动储量没有明显提高，虽然存在较高的动静储量差异，但是气田开发已经进入拟稳态阶段，内部区块采出程度高，挖潜潜力小。

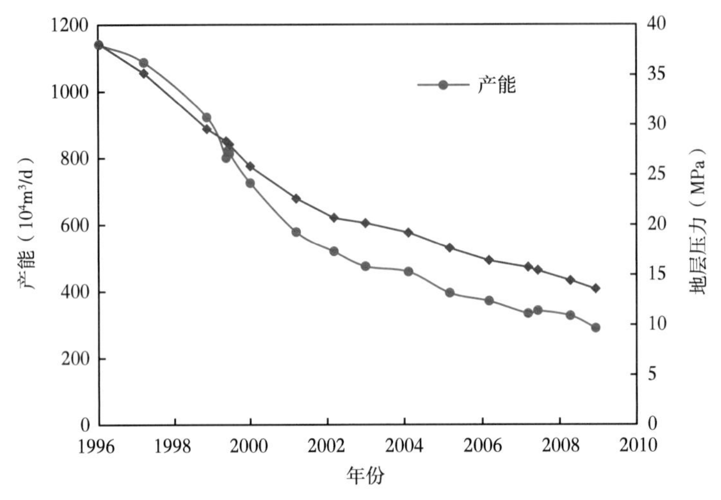

图 4-2　崖城 13-1 气田某井产能和地层压力变化趋势

（3）气田见水明显，过半生产井不同程度见水。

随着采出程度的逐步增加和地层压力的递减，水体的活跃程度加剧，气田产水量不断增加，水气比上升趋势明显（图 4-3）。综合氯离子含量与凝析水研究，气田过半生产井已有地层水侵入。部分生产井受水体侵入影响，水气比升高，压降快，面临停喷的风险，若不及时上调整措施，气田产能将受影响。

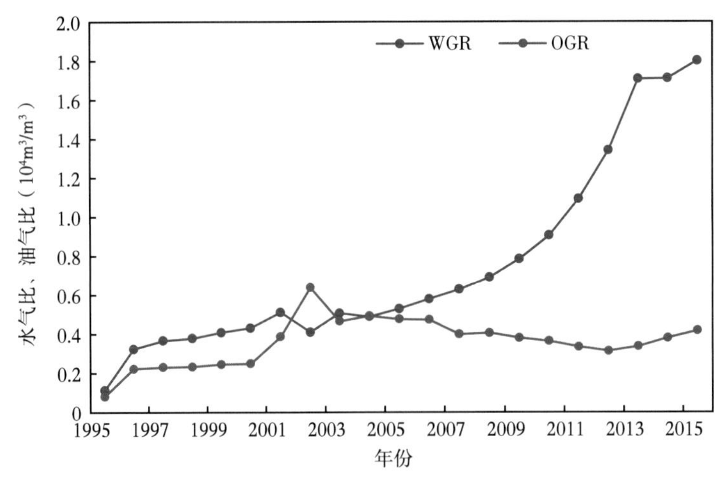

图 4-3　崖城 13-1 气田生产曲线

（4）低渗透气藏难开发。

2010 年调整井钻遇的 NT 区及 WB1 区都属于低渗透地层，储层物性差，且已被主体区动用，开发效果不尽人意，气田面临低渗透气藏难开发的问题。

（5）气田压力系数低，井口回压相对较高。

气田经历了长达十几年的高产高效开采，气田压力下降明显，气田投产初期压力系数为 1.03，气田陵三段主体区压力系数仅为 0.17，三亚组 WA 区压力系数为 0.21，陵二段

WB1 区压力系数为 0.5，气田进入了超低压生产阶段。加上气田温度高，陵三段气藏中深温度为 176℃，气田增产措施作业开展困难。

但是在湿气压缩机改造前，气田现有设备的最大能力只能将井口压力运行在 420psig 左右（湿气压缩机入口压力为 370psig），井口压力仍具有一定下调的空间。

2）东方 1-1 气田

东方 1-1 气田 2003 年投产以来开发效果明显，但仍存在一些问题。

（1）气田高烃井生产负荷较重，产能及压力下降快；高碳井井口压力较高，产能仍比较充足。

高碳井（纯烃含量小于 30%）目前井口压力高（图 4-4，产能充足，但面临出砂限产），高烃井井口压力 3.5~4.0MPa，基本都已接近管汇压力，高烃井产量都将进入快速递减。

高烃井动态产能下降幅度相对较大，下降速度相对较快，高碳井下降速度相对变化较慢。东方 1-1 气田高烃井无阻流量近 6 年内下降幅度 40.22%，而高碳井无阻流量下降幅度 22.95%；高烃井无阻流量近 1 年内下降幅度 15.10%，而高碳井无阻流量下降幅度 5.69%。高烃井无阻流量下降速度明显高于高碳井，高烃井无阻流量下降速度为 $0.852\times10^4m^3/d$，而高碳井无阻流量下降速度为 $0.156\times10^4m^3/d$。主要原因是由于下游对外输天然气纯烃组分必须满足要求，因此实际生产中尽可能释放高烃井的产能，使得高烃井的无阻流量下降幅度相对较大，而高碳井的产量在生产过程中却未充分发挥产能，产能仍保持较高水平。

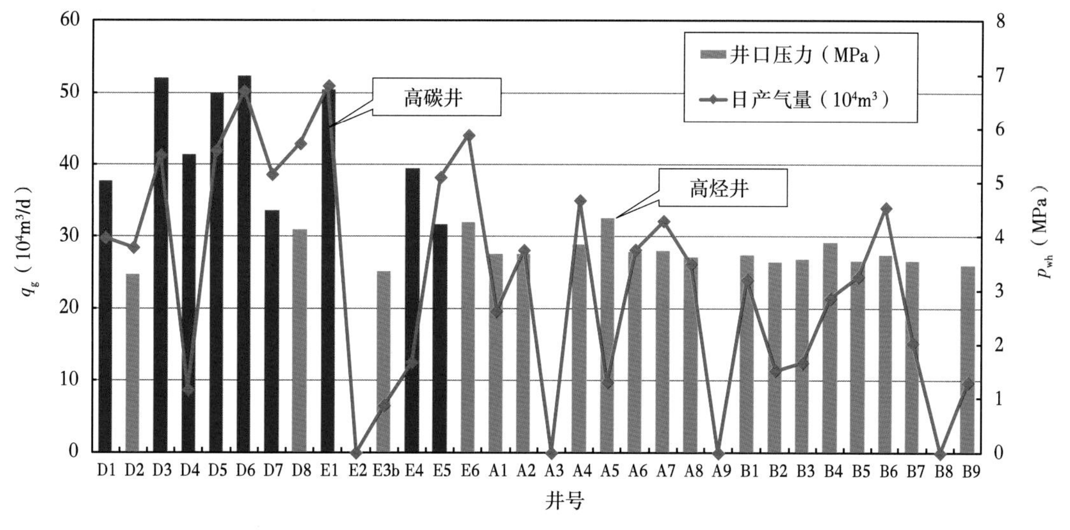

图 4-4 东方 1-1 气田各井井口压力及日产气量图

（2）部分高烃井组分有变差的趋势

部分井区单井组分逐渐变化，表明砂体之间气体存在窜流现象，组分分布情况复杂。$Ⅱ_下$气层组部分井 CO_2 含量持续上升，组分分布情况复杂。$Ⅱ_下$气层组东南区只有 D2h 井在生产，生产基本保持稳定，该井投产初期组分测试 CO_2 含量仅为 1.04%，是一口高烃井

(纯烃含量 84.41%)，与之相邻的 D4h 井却为高碳井，D2h 井和 D4h 井位于冲沟两侧，生产多年，两口井组分比较稳定，从 2010 年开始，D4h 井与 D2h 井两口井组分呈现逐渐融合接近的趋势，组分曲线如图 4-5 所示。

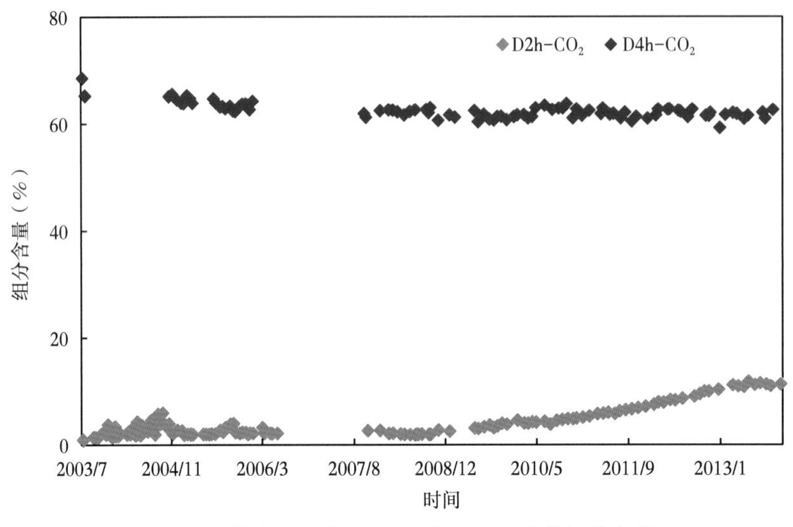

图 4-5 东方 1-1 气田 D2h 井和 D4h 井的组分曲线

(3) 气田动静储量差异较大，存在较多的未动用储量。

通过对气田动储量及地质储量的综合分析，发现部分区块储量动用程度低，剩余纯烃储量较高。全气田探明地质储量 $1071.29\times10^8m^3$，其中已开发地质储量 $947.98\times10^8m^3$，p/Z法计算目前井网动态储量约 $610.06\times10^8m^3$ (图 4-6)，说明已开发区块中仍有约 $337.92\times10^8m^3$ 的混合气储量未被动用，纯烃储量为 $187.81\times10^8m^3$，占混合气储量 55.58%。其中Ⅰ气层组 9 井区、3 井区，$Ⅱ_{上}$气层组 A 区、$Ⅱ_{下}$气层组东南区等井区的储量动用程度仍较低，井网还不够完善，剩余纯烃储量较高。

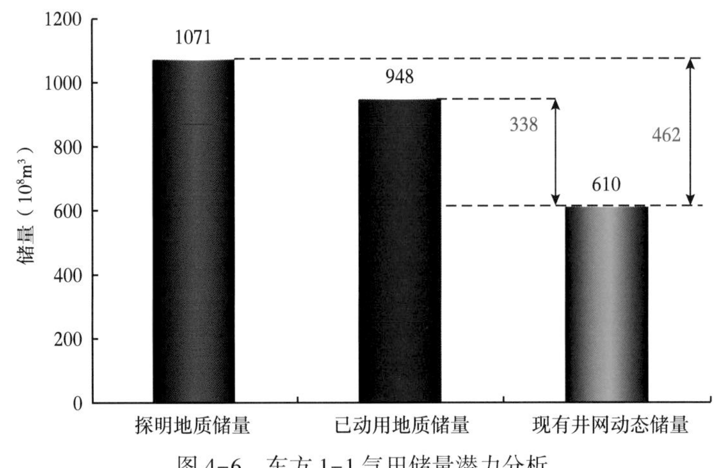

图 4-6 东方 1-1 气田储量潜力分析

另外东方1-1气田浅层探明地质储量与已动用地质储量仍有$123.31\times10^8m^3$的差异，部分区块暂未开发，主要包括浅层莺歌海组Ⅰ气层组D3h井区、7井区、$Ⅱ_{上}$气层组7井区。

（4）气田存在多口生产井出砂。

气田于2012年开始出砂。2012年11月14日至15日，现场判断E2h井出砂并调小油嘴，E2h井于12月12日关井，E2h井由于出砂影响日产气量$40\times10^4m^3$左右。

2013年2月中旬，陆续监测到D、E平台多口生产井出砂，目前对于D平台、E平台监测到的出砂井主要采取调小油嘴继续生产，9口出砂井主要为$Ⅱ_{下}$气层组及$Ⅲ_{上}$气层组的高产井，9口出砂井合计影响气田日产气量$119\times10^4m^3/d$。

（5）气田存在个别低产低效井。

气田部分井区储层物性较差，生产井产能较低，正常生产时率较低；东方1-1气田3口低产低效井均无法开井生产。气田低产低效井成因主要有：一是储层物性较差，二是储层连通性较差，三是存在一定伤害。

二、气田综合调整思路

针对崖城13-1气田及东方1-1气田开发存在的问题形成图4-7所示的调整思路，首先根据测井、地球物理、气田地质等相关资料进行储层物性、构造、储层平面及纵向非均质性、储层含气性、储层连通性、沉积相等相关研究；而后结合动态资料进行产能、储量

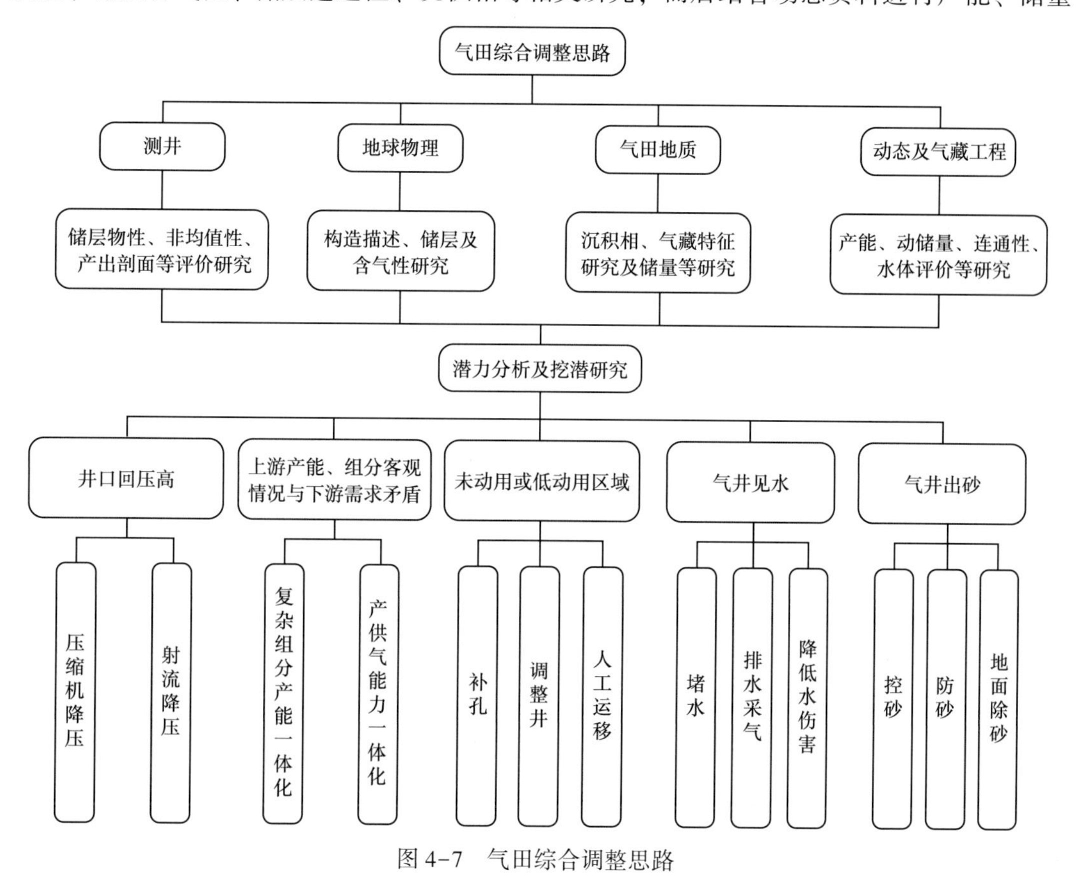

图4-7　气田综合调整思路

动用情况、水侵情况、连通性等分析。通过研究获得气田开发存在的问题及潜力，针对具体问题提出可靠的措施。

根据气田综合调整思路及各气田存在问题，提出六方面的具体举措。

（1）地面降压开采提高气田采收率。

针对井口回压相对较高的气田进行地面降压开采研究，提高气井产能，最大程度释放气田潜能。

（2）复杂组分气田产供气能力一体化优化配产。

针对气田不同气井天然气层组分差异大，大斜度井或水平井资料录取困难，下游不同用户对供气量的不同需求，对供气层组分含量的不同要求，进行气田产供气能力一体化研究，优化气田及单井配产，实现上下游的双赢。

（3）低动用或未动用区块调整井挖潜。

通过气田的效果评价及潜力分析可进行调整井挖潜研究，主要体现在以下两个方面：①已开发区块完善开发井网，提高储量动用程度；②未开发区块滚动评价开发。

（4）合采井、伤害井补孔提升产能。

补孔开发是增加储量动用程度、减少伤害、提高单井产量的一项有效措施，费用也远少于调整井开发。

（5）见水气田综合治水。

针对水侵严重气田，研究水侵模式及相关机理，进行水侵动态综合评价预测，并形成相关控水治水措施，控制气田产水稳定气田产气量。

（6）出砂井多角度治砂。

针对出砂使气田的产气量大幅降低影响下游的供气合同、已实施治砂措施效果不明显问题，进行多角度治砂保证气井产能，减缓气田递减。

第二节　气田地面降压开采研究

按照气井井口流动压力和输气压力的关系，衰竭式气田开发一般经历三个阶段，井口流动压力大于输气压力的定产量阶段、井口流动压力等于输气压力的产量递减生产阶段、生产末期低压小产量生产阶段（孙晓群，2009）。针对气田进入递减期后，通过相关地面设施降低气井的井口压力可以有效地增加气井的产能，延长气井的稳产期或减缓递减趋势，从而最终提高气田的采收率。

崖城 13-1 气田、东方 1-1 气田均进入了定压降产阶段，气田进入了递减期，但井口回压较高，因此有必要提高降压开采提高气田的产量，从而减缓气田产量的递减趋势。

一、降压开采的必要性及意义

2011 年 5 月，崖城 13-1 气田现有设备的最大能力只能将井口压力运行在 2. 90MPa 左右，湿气压缩机入口压力为 2. 55MPa，根据油藏的模拟预测结果，即使考虑后续调整井及修井成功，气田在 2012 年夏季因下游用户用气高峰期间将面临较大的供气短缺风险。

通过进一步挖掘地面设施的能力，降低井口压力来提高单井的产量和解决大部分气井的携液能力不足的问题，可以有效解决当前存在的生产和供气问题，因此有必要启动降压开采项目。通过降低井口压力可以有效降低气田废弃压力，增加气田的最终可采储量，延长气田经济生产年限，满足下游供气需求。

二、降压开采油藏方案可行性分析

通过多种方法可以对不同的降压方案进行模拟研究，实现气田降压方案的最优化。崖城 13-1 气田降压开采采用物质平衡法及数字模拟法两种方法进行预测。

1. 物质平衡法预测降压增产预测

物质平衡法是判定降压的效果的方法之一，通过物质平衡公式计算出油气田可采储量，对比降压前后可采储量变化情况，即可得到措施增产效果。崖城 13-1 气田驱动类型属于弱边水弹性驱动，对已开发的区块可以采用压降法进行可采储量计算。

压降公式为：

$$\frac{p_R}{Z}=A-B\times G_p \tag{4-2}$$

式中 p_R——地层压力，MPa；

Z_a——废弃地层压力条件下气体偏差因子；

G_p——累计产气量，10^8m^3；

Z——气体偏差因子；

A、B——物质平衡方程系数。

取气藏压力为 0 时的储量，即为压降法计算的动态地质储量。将废弃地层压力 p_a/Z_a 代入计算即可得到技术可采储量。把气藏静压值与对应的累计采气量按公式中的关系作图，线性回归计算出方程的系数 A 和 B，最后把系数 A 和 B 代入方程，取气藏压力为废弃压力时的储量，即为压降法计算的可采储量。

在进行物质平衡法计算时一个关键参数为废弃地层压力，对于废弃地层压力的求取常采用公式计算法。具体流程如下：首先根据崖城 13-1 气田生产测试，得到不同压缩机入口压力下每口井的井口压力，而后计算气井的临界携液流量作为气井的废弃产量，再采用崖城 13-1 气田垂直管流计算程序进行气井废弃产量下的井底流压计算，即可得到气井对应的废弃井底流压，最后根据气井的产能方程计算得到气井对应的废弃地层压力。

崖城 13-1 气田如按湿气压缩机入口压力最终降到 0. 69MPa 考虑，计算各块对应的废弃地层压力，最终计算得到气田主体区废弃地层压力在 3. 5MPa 左右。

如在压缩机降压至 0. 69MPa 情况下，主体区废弃地层压力可从 5. 3MPa 减少至 3. 5MPa，通过降压开采可以增加气田技术可采储量 $35\times10^8m^3$ 左右，由于物质平衡法未考虑后期产水等因素，因此计算结果存在一定的误差。

总体而言，通过压缩机降低井口压力，可以降低废弃地层压力，增加可采储量，进而提高气田的采收率。

2. 数值模拟法预测降压增产预测

进行降压开采油藏可行性研究的另一项重要方法为数值模拟法。根据建立的崖城 13-1

气田数模模型、历史拟合结果及目前的生产动态，针对崖城 13-1 气田进行不同方案的降压方案预测。

1）降压方案预测条件

（1）降压水平（设备能力）。

2012 年降压方案实施前，压缩机最低可降到 370psi，受工期影响，于 2012 年 7 月可改造完毕，之后考虑适时降压。

（2）压耗。

在进行降压方案预测是，应充分考虑每口井的压耗情况，从而获得准确的预测。根据 2011 年历次降压测试后的结果（表 4-3），可以发现崖城 13-1 气田在 2011 年 8 月湿气压缩机入口压力为 2. 55MPa 时，各井的压耗差异较大，因此在进行降压方案预测时应分析每口井的压耗及变化趋势，在预测方案中每口井均考虑一定范围的压耗。

表 4-3　崖城 13-1 气田 2011 年 8 月份平台测试压耗数据（WGC 入口压力 2. 55MPa）

井名	油嘴（%）	WHP（嘴前）（MPa）	WHP（嘴后）（MPa）	嘴前嘴后压差（MPa）	嘴后到湿气压缩机入口间压差（MPa）	总压差（MPa）
A1	100	3. 11	2. 90	0. 21	0. 35	0. 56
A2	100	3. 92	2. 90	1. 02	0. 34	1. 36
A3	100	3. 21	2. 86	0. 35	0. 31	0. 66
A4	100	3. 37	2. 97	0. 40	0. 42	0. 82
A5	100	3. 33	2. 98	0. 35	0. 43	0. 78
A6	100	3. 23	2. 96	0. 27	0. 41	0. 68
A8	100	3. 48	3. 00	0. 48	0. 45	0. 93
A9	100	2. 88	2. 85	0. 03	0. 30	0. 33
A13	100	2. 89	2. 71	0. 18	0. 16	0. 33
A14	100	3. 47	2. 74	0. 73	0. 19	0. 92
A15	100	2. 83	2. 83	0. 00	0. 28	0. 28

（3）降压前后的气田修井措施。

崖城 13-1 气田在降压生产前后需要做大量的修井及钻完井措施，包括两口调整井和 7 口井的修井工作。

2）降压增产效果预测

本次降压效果预测在 2011 年 8 月的气藏指标预测基础方案上进行考虑。在降压效果预测中同时考虑了单井降压后每口井的压耗。

通过方案预测，实施降压后，经济年限末气田可增气 $12\times10^8\mathrm{m}^3$ 左右，具有很好的经济效益。

通过改造压缩机来实现气田的整体降压生产对保障下游用户的供气和提高气田的整体采收率具有较大的意义，项目实施的经济效益明显。

三、降压开采工艺方案及可行性研究

1. 海上常用降压开采工艺方案

1）湿气压缩机降降压工艺

海上气田的工艺流程如图 4-8 所示。井口物流分两路进入生产分离器进行气、油、水三相分离，生产分离器顶部湿气进入湿气压缩机，增压后经换热和分离液相后进入三甘醇接触塔，脱除湿气中的水，接触塔顶部干气经换热后经 JT 阀降压，进入低温分离器，脱水后的干气经换热后进入干气压缩机，增压后的干气经海底管道送至香港。

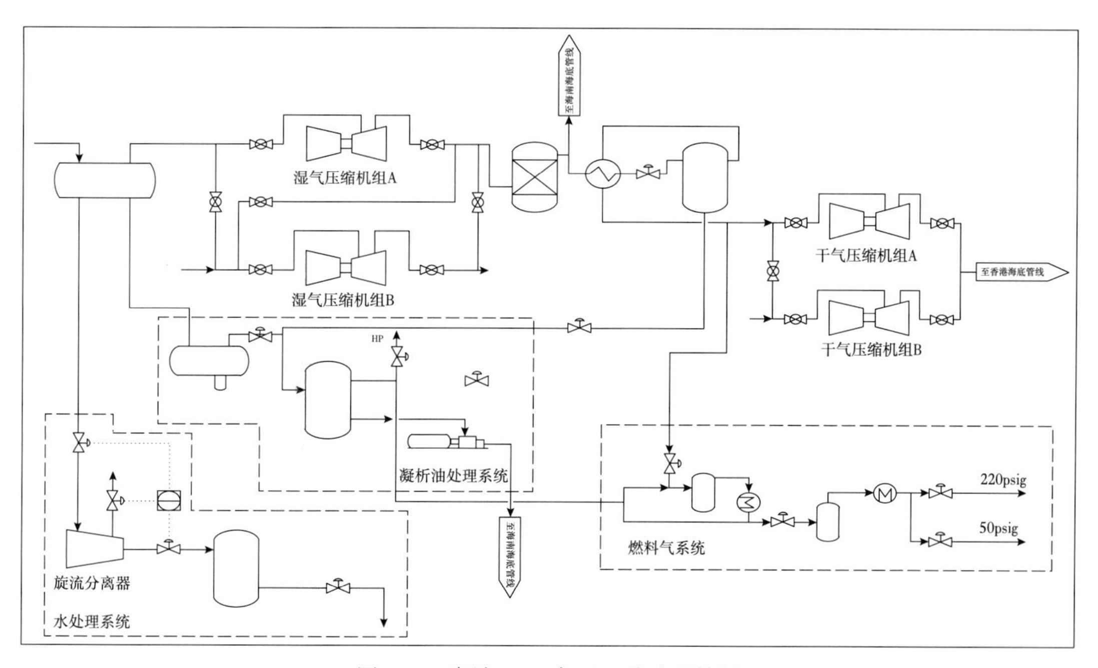

图 4-8　崖城 13-1 气田工艺流程简图

生产分离器分离出的凝析油进入凝析油聚结器脱水后去凝析油闪蒸罐，凝析油闪蒸出较轻组分后送至海南终端进行处理。闪蒸罐闪蒸出的轻组分进入高压燃料气系统。

生产分离器分离出的水进入生产水旋流分离器脱除所含油，油含量合格后排海。

湿气压缩机降压方案是通过对湿气压缩机进行改造、更换、增加等方法降低其入口压力，从而达到降低井口压力的目的。

2）射流泵降压工艺

射流降压增效技术主要是利用射流混合管控制井筒中油气水多相流动的流体力学参数来调节井筒中的流动特性，从而减少能量损失，提高举升能力（图 4-9）。具体为：利用其变截面流道形成突扩减缩的流道，通过压力转换和强化紊流作用，达到局部增压的目的；同时因井筒中的高速气体与相对低速的液体之间的摩擦减小，也可以显著降低动态压力降和滑脱造成的损失，最终达到气液混合液力增效的目的（金发荣等，2012）。

射流泵工作时，通过高压气体喷射将来自井底的气水流体吸入，经过喉道两股流体达

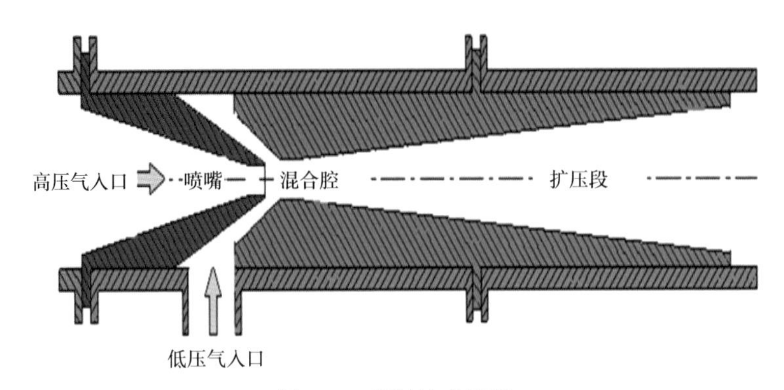

图 4-9　喷射技术原理

到“速度一致，均匀混合”。因此，气液两相间也就形成了均匀混合，无速度差，也就无滑脱损失。一般气液两相垂管举升滑脱压力损失最严重的情况，发生在接近油管末端的部位，因为这里压力高，且气体流速低。气体射流泵位于油管末端，从它的出口流出均匀混合、速度一致的两相流体进入油管，在上升过程中再次滑脱和达到没有喷射泵工作时的滑脱程度，将有一个过程，这就改善了气液两相垂管流状态，减少了滑脱，降低了垂管流压力损失（贺遵义，2000）。

由于气体射流泵用于油气井人工举升的时间还不长，经过气体射流泵后垂管流压力损失减小值的计算方法或经验公式未见文献报道。因此，不能对此项效果（降低垂管流压力损失）进行计算。但是射流泵的这一作用在现场实践中改善了油井的结蜡程度，以及气水井排水效果明显超过理论预计值，已得到了证实。

射流泵降压工艺应用的优点有：射流泵无运动部件，结构简单，工作耐久可靠，与气举工艺一样，适应的排水量范围大，对排水采气井下的腐蚀介质环境、高温、井斜、井弯曲、出砂、结垢、气水量变化等复杂条件适应力强。且与气举工艺相同，操作管理简便、易掌握，全套工艺装置结构简单，工作耐久可靠，建造、运行及检修作业费用低。

2. 崖城 13-1 气田降压开采工艺方案可行性研究

1）湿气压缩机降降压工艺可行性分析

通过工艺研究表明可以通过压缩机改造方案达到需要的降压目标。

（1）压缩机改造。

经现场设计工艺测试，在目前设备条件下，气田的经济运行模式是 2 台湿气压缩机并联+1 台干气压缩机，最低可将湿气压缩机入口压力降低至 2.65MPa，最大外输流量为 $748\times10^4m^3/d$。如想进一步降压，必须克服如下瓶颈：

①干气压缩机目前为低压缩比、高流量设计，已经不符合气田中后期生产的实际需求；

②湿气压缩机在低压情况下流量通道太小，无法满足流量要求，也不适用于串联运行，现场测试可将湿气压缩机串联运行并将入口压力降低至 1.52MPa，但压缩机能通过的流量仅为 $345\times10^4m^3/d$，无法满足气田供气要求。

为寻求进一步降低井口回压，崖城 13-1 气田委托压缩机厂家美国 Dresser-Rand 公司展开压缩机改造可行性研究。Dresser-Rand 的研究结果显示，目标压力体系可通过更换压缩机转子的方式实现，将干气压缩机转子叶轮由5级改为7级，牺牲部分闲置的流量通道而将设计压缩比从1.8提高至2.5；将前级湿气压缩机叶轮更换为新型大流量通道叶轮，保留级数不变，将设计压缩比从1.8提高至2.4，流量通道增加50%；将后级湿气压缩机叶轮更换为新型大流量通道叶轮，并增加一级叶轮，将设计压缩比从1.8提高至3.5，流量通道增加50%。

从性能预测的结果看，通过更换压缩机转子后，压缩机的能力达到预期。

（2）压缩机附件校核及改造。

在确认压缩机改造方案可行后，仍需对压缩机的附件进行新压力流量体系下的工况进行校核，崖城13-1气田压缩机改造项目中针对压缩机附件校核的内容包括出口热交换器、入口流量文丘里管、回流及防喘振系统、干气密封及密封器控制系统，其中前三项校核由压缩机厂家Dresser-Rand完成，后两项校核由干气密封厂家John Crane Seal International完成，校核中发现不适应新压力流量工况的系统包括：

①防喘振阀 C_v 值过小，不满足新工况下的防喘振流量回流要求；崖城13-1气田创造性地通过修改压缩机控制软件及更新部分回流阀附件，成功将回流控制阀门改造成在保持原有回流量控制功能的同时，并联原防喘振阀一起作为压缩机防喘振阀保护；

②密封气系统中的流量计孔板压差过小，将导致密封气流量难以检测，不利于稳定的流量控制，该问题通过更换小孔径孔板得以解决。

（3）工艺系统校核。

通过改造压缩机实现降低井口回压目的后，仍需校核工艺系统及设备在新的压力流量工况下是否满足工艺安全要求，及探索工艺系统是否存在瓶颈。

崖城13-1气田通过现场实际工艺测试、HYSIS工艺软件模拟及工程校核计算等手段，对包括压力容器、工艺管道、热交换器及工艺阀门等进行全面校核。校核结果显示，除个别阀门需更换大流量通道阀芯及发现三个主要工艺瓶颈外，压力容器、工艺管道、热交换器等均在原设计容许工况范围内。

校核过程中发现的主要工艺瓶颈包括：

①降压后，原生产水处理主要设备水力旋流分离器入口压力过低，不满足设备工况要求；

②原凝析油闪蒸气被引入燃料气系统进行利用，降压后，凝析油闪蒸气压力低于燃料气系统压力，无法作为常规燃料气再利用；

③生产分离器在降压后，气相空间偏小，存在液体从气出口带入下级工艺流程的风险。

（4）工艺瓶颈改造。

①生产水系统处理系统改造。

崖城13-1气田在生产分离器和水力旋流分离器之间增加2台增压泵，为最大限度地降低增压泵可能产生的乳化物，加大水力旋流分离器的水处理难度，气田选用螺杆泵作为生产水增压泵；同时采用变频调节的方式来控制生产分离器油水界面，而不是常规的使用回流方式控制液位。

②凝析油闪蒸气再利用改造。

利用气田存在使用低压燃料气设备的便利，改造原闪蒸罐闪蒸气出口管线，将其接入低压燃料气系统供三甘醇重沸器使用，增加新的燃料气调压阀，保持原低压燃料气系统也能使用。

③生产分离器气相处理能力改造。

由于生产分离器液处理能力存在较大富余，采用降低三相分离器中的液体挡板的方式，调减液处理空间，增加气相处理空间，成功解决气相处理空间不足的瓶颈。

2）射流泵降压工艺可行性分析

结合崖城 13-1 气田现场实际情况，从设备安装场地、高压驱动气源、运行工况范围、喷射流量选择、喷嘴材料选择、水合物的解决等方面研究表明射流泵降压方式是可行的。

通过进口设备与国产同类技术进行全面比较，在排除国外技术的基础上，在国内同类技术不同行业间进行比较，最终选用蒸汽行业的射流器。具体工艺流程如图 4-10 所示。

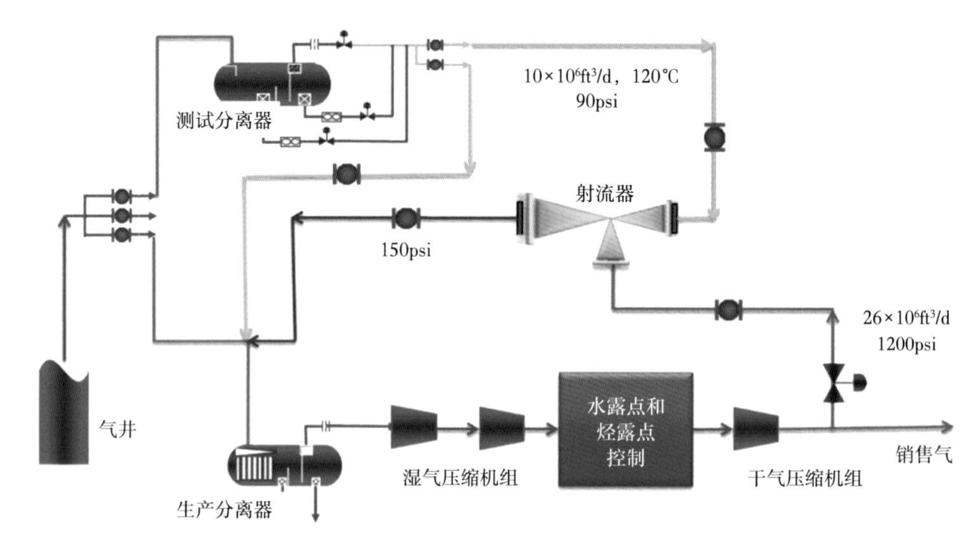

图 4-10　射流泵降压工艺流程

四、降压开采实施效果

1. 崖城 13-1 气田压缩机改造后降压效果分析

2012 年 8 月，崖城 13-1 平台升级改造后的湿气压缩机 2801 成功运行，改造后的压缩机最低入口压力可降至 2.07MPa，后续干气压缩机 3601 改造成功，改造后的压缩机最低入口压力可降至 1.79MPa。2012 年 9 月，湿气压缩机 2701 压缩机改造成功，改造后的压缩机最低入口压力可降至 1.38MPa。

1）测试产气量分析

在压缩机压力 2.07MPa 下测试气田总外输产气量较降压前压缩机压力 2.48MPa 下气田总外输产气量增加了 $34\times10^4m^3/d$。在压缩机入口压力降到 1.38MPa 下测试气田总外输产气量较降压前气田总外输产气量增加了 $42\times10^4m^3/d$，两次降压后气田外输产气量合计增加了约 $76\times10^4m^3/d$，效果略好于油藏数模预测的增产结果。

总的来说，两次降压测试全气田及单井增气效果较好，由平台实际的压缩机降压测试结果判断压缩机降压是可行、有效的。

2）测试产水量分析

降压开采需要关心的另外一个问题即产水问题。首先是降压开采后凝析水产量问题，由于降压生产后压力的降低，气田的凝析水量会有一定的增加，根据气田凝析水公式对各区块的凝析水进行了计算，计算目前气田的凝析水水气比在 1.23~2.02$m^3/10^4m^3$。

在压缩机压力降至 2.07MPa 下测得全气田水气比为 1.11$m^3/10^4m^3$，较降压前最后一次测得的水气比 1.06$m^3/10^4m^3$，升高了 0.05$m^3/10^4m^3$，增加幅度不大。在压缩机压力降至 1.38MPa 下测得气田水气比为 1.45$m^3/10^4m^3$，较降压前测得的水气比 1.35$m^3/10^4m^3$ 升高了 0.1$m^3/10^4m^3$。

考虑到单井水量情况及气田水气比增加不大，气田及单井的氯离子含量未有较大的增加，因此初步认为气田产水量增加是由于凝析水的增加，暂时无地层水突进的现象。但部分井氯离子含量波动较大，因此在降压过程中对氯离子含量波动较大的气井及其他产水气井仍需进行密切关注，定期监测全气田及单井水气比变化及单井氯离子含量。

3）井口压力及压耗

两次降压测试后各井井口压力均有所下降，达到了预期效果。

气田单井压耗包括两部分，一部分是生产井井口到测试分离器之间，也就是油嘴前后的压耗，另一部分是测试分离器到 WGC 入口压力之间的压耗。降压后各井的压耗均有所上升，且均在预期范围。对于第一部分油嘴前后压耗，降压后各井的压耗均有所上升。对于第二部分测试分离器到 WGC 入口压力之间的压耗，降压后各井的压耗均有所上升。

4）单井组分分析

气田降压后部分井组分变化较大，两口井 CO_2 含量上升较快，一口井的 CO_2 含量由 12.94%上升到 14.56%，另外一口井的 CO_2 含量由 13.21%上升到 15.36%。

2. 崖城 13-1 气田压缩机改造降压后关注问题

根据降压后测试分析，气田降压开采仍然存在一些关键问题需要研究。

1）气田及单井产水问题

目前生产及测试情况未证实降压后会加剧地层水的产出，但是部分井氯离子含量波动较大，需继续密切跟踪见水井动态。鉴于单井测试产水量不准确，建议现场每天增加监测排放生产水的氯离子含量分析，每周至少进行一次总生产水气比的校核工作。

2）单井产气量问题

气田降压至 1.38MPa 进行生产后，根据两次单井测试对比结果，大部分气井测试井口最大产气量均有所下降，因此在以后的降压生产中，要重点关注这些井，并进行加密监测，对于见水井的产量递减及修井措施后的，仍需要重点监测。

3）单井压耗问题

气田降压开采除了降低井口压力外，降低各井气嘴及管汇节流压耗也是行之有效的方法。对于第一部分压耗增加较多的井，建议换大油嘴以降低油嘴前后的压耗；对于第二部分压耗增加较多的井，判断与单井的产气量有关。不同压缩机入口压力下单井的具体压耗还需与现场结合，首先提高压力测量精度，其次寻找设备压耗不同的原因及规律，找出合理的降低压耗的方法。

4）单井组分问题

降压后部分井组分变化较大，两口井 CO_2 含量上升较快，结合生产动态及文献资料进行分析，考虑是否为见水的标志，因此建议控制产量，同时进行加密组分及水样的监测，做好见水的准备。

3. 崖城 13-1 气田压缩机改造后降压效果预测

本次降压效果预测在 2012 年 9 月气藏指标预测方案的基础方案上进行考虑，在降压效果预测中同时考虑了单井降压后每口井的压耗。压缩机降至 1. 38MPa 下气田按目前情况生产，截至 2020 年，降压后全气田增气 $12\times10^8m^3$，具有很好的经济效益。

对于东方 1-1 气田这类较低地层压力的浅层气藏，降低井口压力开采是提高气田采收率的有效途径。因此有必要对现有设施进行改造，进一步降低井口压力，达到提高气田采收率的效果。目前东方 1-1 气田已启动相关降压开采项目。

第三节　气田产供气能力一体化研究

南海西部海域在生产气田大量采用大斜度井或水平井开发，由于井身轨迹复杂、井斜度大，使得气田在压力、产能等气藏的资料录取和研究工作面临种种困难。另外，这些气田不同气井天然气层组分差异大，有些井天然气非烃含量（主要是 CO_2 和 N_2）高，而且下游不同用户不仅对供气量的需求不同，对供气层组分含量的要求也不一致，使得气田在开发研究、生产及供气等方面面临诸多难题。

针对上述问题，以东方 1-1 气田为例，开展了多专业的联合专项研究，主要包括：(1) 改进复杂组分气田天然气产量计量方法、优化产量分配模式；(2) 创新气井产能研究方法、改进产能测试工艺；(3) 开展复杂组分气井管流研究；(4) 创新复杂组分气井产能一体化研究方法；(5) 开展复杂组分气田产供气方案优化研究。最终形成了适用于海上复杂组分气田的、从气藏→井筒→井口→地面生产集输处理系统→供气的整个气田产(供) 气一体化优化研究的方法、流程和工具。

该研究成果在东方 1-1 气田开发研究和生产管理方面得到了很好的应用，不仅解决了气田在开发研究、生产和供气等方面面临的诸多难题，而且显著地提高了工作效率，方便了气田开发研究和生产管理工作，同时运用于海上类似气田，有广泛的应用前景。

一、复杂组分气田产能一体化研究

要实现气藏合理、均衡开采的目标，首先需要准确掌握气井以至整个气田的产能状况，科学制订产量和组分配产计划。因此开展气井产能研究是产供气一体化研究的重要基础。

1. 水平井稳定点产能二项式公式及动态产能研究

东方 1-1 气田在投产以前、投产初期和生产过程中，安排了多次回压产能试井。但由于东方1-1气田的生产井均为水平井和大斜度井，在产能试井测试工艺上存在诸多难点，录取到的回压试井现场资料出现了许多难以解释的现象，导致有的生产井经前后几次推算出的无阻流量值无规律、时高时低，或者与实际生产情况不匹配，甚至有相当数量气井根本建立不起合适的产能方程表达式。

因此，2006年5月至2007年10月，在重新核算一期投产的D平台、E平台各井投产初期产能测试的产量数据和系统整理东方1-1气田投产以来的所有动态资料的基础上，开展了东方1-1气田试井资料综合研究，改进了产能测试方法，创新了产能分析方法。

针对东方1-1气田在常规产能测试过程中面临的种种问题，需要研究一种普遍适用于东方1-1气田的、新的产能试井分析方法，经过广泛调研，最后推导了水平气井的产能方程（李世伦，2000）：

$$p_R^2 - p_{wf}^2 = A_h q_g + B_b q_g^2 \tag{4-3}$$

其中：

$$A_h = \frac{12.69\bar{\mu}_g \overline{ZT}}{K_h h}\left(\ln\frac{0.472 r_{eh}}{r_{wh}} + S\right) = \frac{A'_h}{K_h h} \tag{4-4}$$

$$B_h = \frac{12.69\bar{\mu}_g \overline{ZT}}{K_h h} \cdot D = \frac{B'_h}{K_h h} \tag{4-5}$$

上述理论推导公式中，公式可变为垂直气井产能二项式方程的表达式。因此，对非水平气井也适用。

初始稳定点产能二项式方程的建立方法如下。

（1）确定初始稳定生产点。

选取气井投产初期可靠地层压力、较长时间稳定产量及稳定流压数据点作为建立气井初始稳定点产能二项式方程的基础，确定地层压力 p_R、p_{wf}及产量 q_g。

（2）气井参数选择。

根据测井解释资料、完井工艺资料、天然气物性分析资料以及其他有关气藏的综合评价资料，选择气井用于产能分析的参数，包括水平井段长度 L、气层垂直有效厚度（测井）h、水平/垂直渗透率比 K_h/K_v、井底半径 r_w、供气半径 r_e、水平段机械表皮系数按正常完井取值 S、气井非达西流系数 D（初始取0.01，可利用成功的回压试井解释结果进行校正）、地层条件下天然气物性参数 Z 和 μ_g、地层温度 T。

（3）产能方程系数计算。

利用公式推算 A_h'和 B_h'的值，得到：

$$p_R^2 - p_{wf}^2 = A'_h (K_h h)^{-1} q_g + B'_h (K_h h)^{-1} q_g^2 \tag{4-6}$$

（4）建立气井初始稳定点二项式产能方程。

将确定的初始稳定点参数 p_R、p_{wf}、q_g 代入公式（4-6）得到 $K_h h$，从而得到气井的初始二项式产能方程，进而推算出无阻流量。

依据上述方法建立的初始产能方程，在地层压力 p_R 衰减以后，其系数 A_h 和系数 B_h

也随之变化。在系数 A_h、B_h 的表达式中，影响其变化的主要因素是天然气地下黏度 μ_g 和压缩因子 Z，至于产能系数 $K_h h$ 值，除非异常高压的压敏性地层，不需要考虑其变化的影响，认为是常数。

式（4-4）、式（4-5）中随着地层压力从 p_{R1} 下降为 p_{R2}，$(Z\mu_g)_1$ 变化为 $(Z\mu_g)_2$，系数 A_h、B_h 也跟着变化：

$$A_{h2}=A_h\times\frac{(Z\mu_g)_2}{(Z\mu_g)_1}$$

$$B_{h2}=B_h\times\frac{(Z\mu_g)_2}{(Z\mu_g)_1}$$

从而推导出动态产能方程：

$$p_{R2}^2-p_{wf}^2=A_{h2}q_g+B_{h2}q_g^2 \tag{4-7}$$

此时的地层压力 p_{R2} 已不是原始的地层压力，因此方程（4-7）在应用前还必须确定新的地层压力 p_{R2} 值。做法是，先选择新的稳定产能测试点，即 p_{wf2} 和 q_{g2}。基于初始产能方程中确定的 A_h、B_h、$(Z\mu_g)_1$ 和新的稳定产能测试值 p_{wf2} 和 q_{g2}，可以运用迭代方法确定 p_{R2} 和 $(Z\mu_g)_2$。

以气井初始二项式产能模型为基础，嵌入复杂组分物性参数计算模型，并建立相应的 p_R 与 Z 和 μ_g 的迭代算法。编写复杂组分水平气井动态产能推导模型，模型对非水平气井也同样适用。

将新产能分析方法在东方 1-1 气田成功地进行了应用：首先对已有的投产初期或生产过程中录取的回压产能试井资料，以及下有地面直读式永久压力计井的生产动态资料，选择其中没有积液影响、并校正了的产量的稳定产能测试点，重新进行了测试深度点气井初始产能和动态产能分析，计算得到的各井初始产能方程参数。针对东方 1-1 气田专门推导开发的"水平井稳定点产能二项式方程"能较好地解决气田在产能研究面临的种种困扰。新产能分析方法不仅可以建立气井初始产能模型，还可基于初始产能模型推导气井动态产能模型，用于了解气井产能稳定性和衰减过程，规划现场生产。

2. 复杂组分水平气井管流动态研究

针对东方 1-1 水平气井提出了新的产能测试和研究方法，新方法虽已极大地简化了气井产能测试工艺，但实施时仍然需要取得稳定的井底流压、井底静压。对于井身轨迹复杂、井斜度较大的气井，要直接获取井底流压、井底静压数据仍然存在难度，除非在井底下入永久压力计。

东方 1-1 气田一期和二期生产井投产以来，为了定期取得气井压力、产能等资料，对没有下入井底永久压力计的 16 口气井分别开展了多次钢丝测压作业，但是有一半以上的气井由于井斜度大，在历次作业中，压力计下入深度都距产层较远。因此，这部分气井未能直接测得井底压力数据。

对于类似东方 1-1 气田的大斜度井或水平井，无论是为了研究气井压力、产能动态，还是气井井筒采气工艺优化研究，都需要开展气井管流动态研究工作。

为此，在搞准气田各节点产量、创新产能测试及分析方法等研究工作的基础上，开展了适合复杂组分水平气井的管流动态研究，建立了适合复杂组分水平井的管流计算模型。根据气井管流模型求解方法，建立气井天然气层组分数据、井身结构及轨迹数据、产层数据等为单井资料数据库，并嵌入复杂组分天然气物性参数计算模型，编写适用于计算复杂组分水平气井井筒静压和流压分布、操作简单，并能实现批量数据处理的程序。程序对垂直或者倾斜气井的管流计算同样适用。利用程序，只需输入井号、井口温度、压力和产量等参数，即可自动计算东方1-1气田各井对应的井底静压或者流压值，也可以计算气井井筒的压力分布。

利用编制的管流计算程序，与东方1-1气田近3年来完成的大量实际测压结果进行对比。其中与25口井54井次钢丝压力计实测静压相比，程序计算静压值几乎100%吻合，误差小于1%（图4-11）；与19口井、26井次、40个测点钢丝压力计实测流压值相比，程序计算流压值仍然吻合很好，流压平均绝对差值为0.08MPa，平均误差为0.74%（图4-12）。为了检验井筒深度对管流程序计算结果的影响，还选取部分有代表性气井的钢丝压力计实测静压梯度和流压梯度，用管流程序进行了对比计算，可以看出，无论高含烃井还是高碳井，程序计算的静压梯度和流压梯度都与实测梯度都吻合较好。另外，从流压梯度对比还可以看出，气井流压与垂深之间的线性关系比静压与垂深间的线性关系差，流

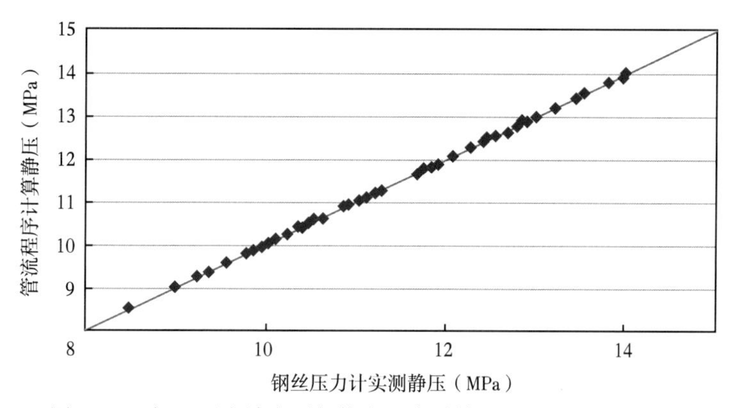

图4-11　钢丝压力计实测与管流程序计算的井底静压结果对比

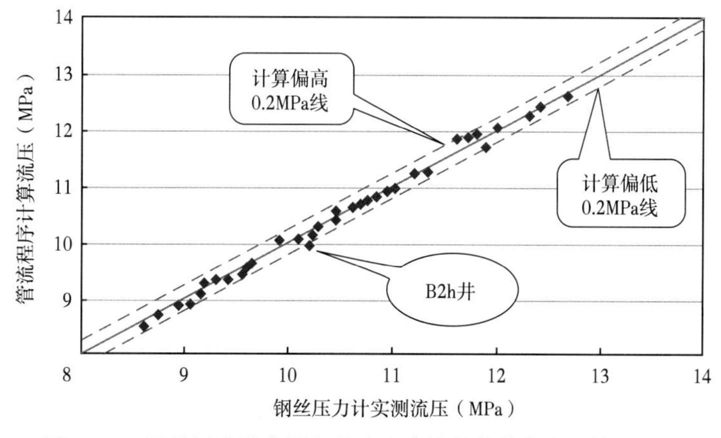

图4-12　钢丝压力计实测与管流程序计算的井底流压结果对比

压与斜深的线性关系也不好。因此，即使是单相流动的气井，井筒上部流压梯度并不一定适用于推算井筒下部的流压值。

另外，还对已下入井底永久压力计的 11 口气井进行了一次钢丝压力计测压，以验证永久压力计的准确性，同时，利用管流程序进行了对比计算（管流计算结果与钢丝压力计实测值均基本一致），通过对三组压力数据的相互对比，确认气田 11 口已经下入井底永久压力计的气井中，3 口井的永久压力计读数与钢丝压力计实测值和管流程序计算值吻合很好。有 3 口井的井底永久压力计读数与钢丝压力计实测值和管流程序计算值之间存在较大误差，误差最大的偏差达到 1.2MPa。同时，还选择部分气井，利用管流程序，根据气井生产历史数据，计算了气井的井底压力历史（图 4-13）。

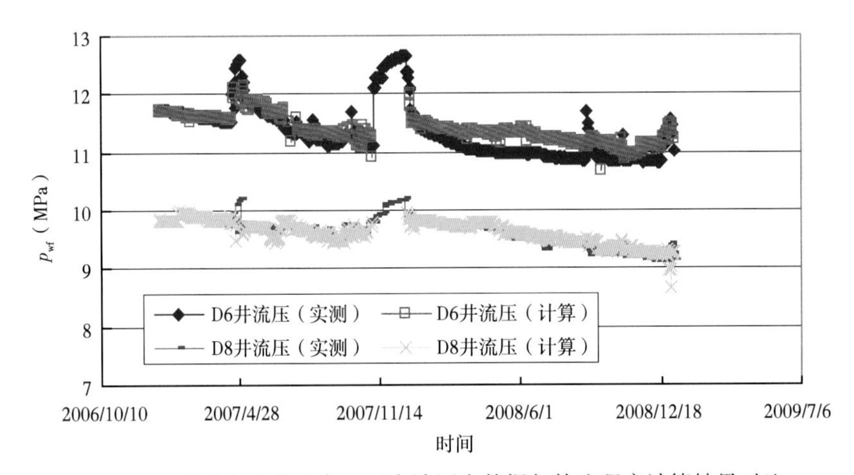

图 4-13　部分气井井底永久压力计历史数据与管流程序计算结果对比

通过上述的大量管流程序计算与实测压力结果对比，研究的管流计算程序对复杂组分气井的井筒流、静压计算均适用，计算结果具有较高的精度。

在编制出了适合复杂组分气井管流计算程序后，不仅可以很方便地用于计算气井井筒压力动态（包括井底静压和流压），还可以结合水平气井稳定点二项式产能分析方法，对因未能测得井底压力的气井重新建立气井产能方程。

经过多年的实践，管流计算及动态产能计算方法在东方 1-1 气田日常动态管理研究中得到了较好的应用。近年来气田由于产量任务紧张，无法进行系统的取资料，2014 年 3 月根据大修气田关停，对东方 1-1 气田 31 口生产井均利用管流进行了静压计算，并与井下压力计数据进行了对比，计算结果偏差较小，具有较高的精度。由月度井口产量测试及井口压力资料，运用垂直管流及动态产能运算程序对动态产能实行实时监控。

3. 复杂组分气井产能一体化研究方法及应用

气井产能预测方法主要有定产降压预测法和产能递减预测法。定产降压预测也称稳产期预测，即给定气井配产量，运用数模模型预测气井压降趋势；产能递减法则是预测气井在给定生产条件（通常是给定井口压力）下的产能递减趋势。该方法可以获得气井以及整个气田在不同生产条件下和不同时期的产气能力指标。气井产能一般是通过气井生产系统分析方法得到的。

气井生产系统是从气藏→井筒→井口的整个流入和流出系统。气井生产系统分析的一般步骤是：首先，通过产能试井建立气井产能方程，得到气井流入动态模型；然后，根据气井管流理论进行管流计算，得到一定生产条件或采气工艺条件下气井相应的流出动态模型，最后，求解流入动态曲线和流出动态曲线的协调点，即得到气井的协调产量，即气井产能。

在前述研究基础之上，提出无须开展常规的气井产能试井，只需进行井口单点产量测试，以复杂组分气井管流计算程序为工具，研究气井井底压力和流出动态，采用前述的“气井稳定点法动态产能推导模型”，推导气井的“稳定点二项式动态产能方程”，获得气井的流入动态模型，进而开展气井生产系统分析，即可计算和预测不同生产条件下气井的产能指标，实现了从气藏→井筒→井口的气井产能一体化研究的目标。

根据产能一体化研究方法，编制了用于计算和预测气井产能的程序，并在东方 1-1 气田得到了较好的应用。

1）用于计算和预测气井及气田产能

以东方 1-1 气田 28 口气井井口稳定点产量测试结果为例，利用产能一体化程序处理数据资料，包括原始数据整理的时间，一体化计算分析 28 口气井的产能只需要不到 30min。不仅进一步提高了工作效率，而且数据质量也大幅提高。

分析气田不同时期各单井一体化产能研究结果，即可了解气田目前的产能动态，并可预测产能变化未来趋势。统计气田 28 口生产井在湿气压缩机不同工况条件下的合计产能，并根据产能递减趋势预测了气田产能递减。根据一体化产能研究成果，预测在目前湿气压缩机运行工况下（入口压力 6.0MPa 至不同平台井口回压在 6.1~6.5MPa 之间），气田到 2009 年底总体产能将低于 $800\times10^4m^3/d$ 的排产要求；如果按湿气压缩机串联模式（最低入口压力 3.5MPa 至不同平台井口回压在 3.5~3.9MPa 之间），气田到 2012 年初总体产能将低于 $800\times10^4m^3/d$ 的排产要求。而考虑到天然气层组分配比的需要，出现产能缺口的时间将更早。预测结果与实际生产情况较为一致，证明了产能一体化研究方法和配套程序的可靠性和准确性。

2）用于气井采气工艺优化分析

气井生产系统分析确定的协调点仅反映了气井在某一条件下的生产状态，并不一定是气井的最佳生产状态。还需要在气井节点分析的基础上，对影响气井流入节点动态和流出节点动态的各种因素加以分析比较，进行敏感性分析，才能找出气井生产系统的合理参数，确定气井最佳生产状态，使流入状态和流出状态达到最佳协调点，发挥气井的最大潜能。

通过对东方 1-1 气田各井开展井口压力和生产管柱尺寸的敏感性分析研究。认为，与气田二期 A 平台、B 平台气井相比，一期 D 平台、E 平台生产井的产量对井口压力更敏感些（图 4-14）。

相较井口压力对东方 1-1 气田气井产量的影响幅度而言，生产管柱尺寸对气井产量的影响更明显（图 4-15）。

通过分析认为，东方 1-1 气田有 11 口高产能气井的油管尺寸偏小，而 3 口低产能气井的管柱尺寸则偏大。

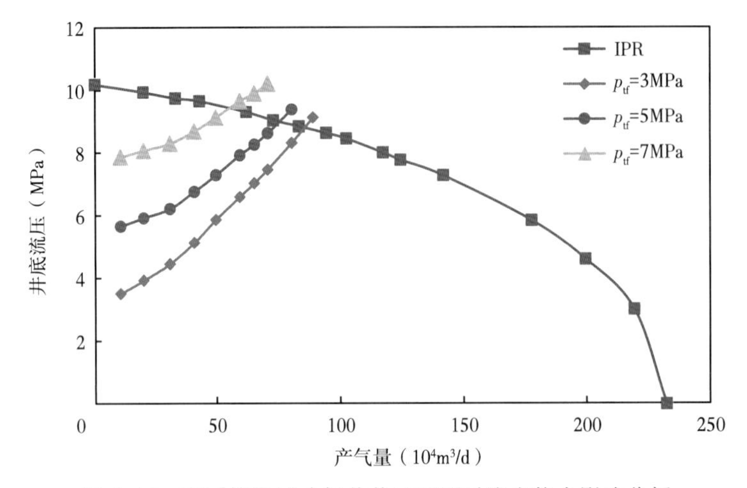

图 4-14　不同管柱尺寸气井井口回压对流出能力影响分析

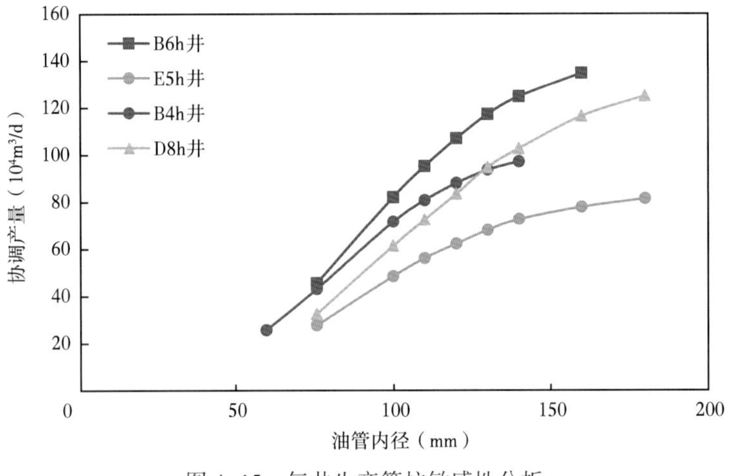

图 4-15　气井生产管柱敏感性分析

3）用于优化气田单井配产

在气田的开发生产中，对气井进行优化配产是关系到气田效益及能否长期稳产的关键，尤其对于东方 1-1 气田不同气层组、不同区块的气井产能及产出天然气层组分存在较大差异，单井优化配产应考虑因素如下。

（1）考虑气井的产能。在配产过程中充分考虑单井的产能，尽量发挥高碳井的产能，保护高烃井，同时尽量使气田达到均衡开采。

（2）考虑气体流速能携带出天然气中的凝析水。在气井生产过程中，凝析水如果不能及时随气带出，则有可能在井底形成积液，造成气井不能正常生产，为此，在制订工作制度时应考虑当前油管直径下气井的携液能力。

（3）保持气井具有一定的稳产年限。合理的配产对保证气井稳定向下游长期供气，保证气藏的可持续稳定高效开发是非常重要的。

该方法同时也可应用于出砂井的优化配产。出砂不仅致使气田的产气量大幅降低，影响下游的供气情况；同时还会导致砂埋产层或井筒，造成生产井减产或停产，使地面和井下设备严重磨蚀、砂卡，严重时甚至造成套管损坏、油气井报废。给生产带来极大的安全隐患。东方1-1气田自2012年底起，气田的产气量急剧下降，分析原因主要是气田陆续发现9口井的出砂影响。调研国内外气井出砂资料，对东方1-1气田出砂井从地质因素、开采因素、完井因素并采用多因素方法全面进行了分析，分析认为东方1-1气田储层整体较疏松、易出砂为内在因素，随着生产年限增长，气体流速的冲蚀能力、抗CO_2腐蚀能力增强，造成防砂筛管破损是造成本次气井出砂的直接原因，在筛管破损的情况下，生产压差增大、工作制度的改变又加剧了气井出砂。在认识到气井的出砂原因后，针对各井的实际情况，采取了一系列的措施并制订了开发策略，其中一些措施在现场实施，还有一些准备实施，已采取的措施及下步开发策略主要包括控制生产压差、临时防砂、二次防砂、侧钻方案研究、加密井网研究及地面出砂研究。其中控制生产压差就是在产能一体化研究基础上，进行控砂研究。由于计算气井临界出砂生产压差，需要一些岩石参数如泊松比、比奥特（Biot）系数、岩石固有剪切强度等，而确定这些参数比较困难，使得临界出砂生产压差难以确定。结合不同井口压力协调点产量分析结果，出砂后通过现场人员加密监测调小油嘴来控制出砂。

利用产能一体化研究方法和配套程序开展气井动态产能分析和不同生产条件下的产能敏感性分析，可以进一步优化气田单井配产。

二、复杂组分气田产供气能力一体化优化研究

应用新的产能一体化研究方法及配套程序，能够较为容易地确定气田的产气能力。但是产能指标没有考虑气田管网集输能力、终端处理能力及下游用户的供气需求等因素，而这些因素直接制约着气田的供气能力。

实际上天然气的生产、集输、处理及销售是个一体化的管理过程。气田生产管理不仅要研究气田的产能，同时还要分析气田的供气能力。复杂组分气田的产能与供气能力不是直接相关的指标，二者通过气田日常配产进行衔接。

在气田配产方案确定的情况下，要确定对应的供气方案，需要满足多个限制条件，包括各下游用户供气层组分达标、供气量满足合同要求、管输能力和脱碳能力限制等。基于以上认识，将复杂组分气田配产与供气方案的换算过程看成是一个单目标、多约束条件优化的过程。根据相应的数学模型编制了复杂组分气田配产方案与供气方案优化程序。在程序中只需输入配产方案（产量及组分）、气田自耗气量、各用户对供气量和供气质量限制条件等参数，运行程序，就可以得到各用户最优供气方案（最大供气量和最优供气层组分）。

由于复杂组分气田生产和销售的天然气层组分存在差异，相同的外输产量方案，可以有多个组分配比方案和供气方案。配产优化的内容除了常规的单井配产量的优化外，还包括对混合天然气层组分含量的优化。

气井配产量的优化首先需要综合考虑气井产能、合理生产压差等因素，在气井产能一体化研究方法应用中已经介绍。这里主要以东方1-1气田为例，介绍复杂组分气田组分配产方案优化。

按此原则，基于复杂组分气井产能一体化研究方法及成果，结合产供气方案优化程序，针对东方1-1气田目前气井产能、集输处理能力、下游需求状况，分析了气田最优配产方案。在维持气田外输混合天然气产量约$800\times10^4m^3/d$的情况下，天然气配比组分的合理范围是：CH_n含量56%~58%，CO_2含量24.5%~26.0%。对应的供气能力在（670~695）$\times10^4m^3/d$之间，脱碳量在（75~95）$\times10^4m^3/d$之间。同时，需要对产能较高的低含烃气井的配产量做适当控制，湿气压缩机入口压力应比所有生产井中最低井口压力低1MPa以上，以确保低产高含烃井的正常生产。为了延长稳产期，必须尽快在未动用或动用不好的高含烃区域钻调整井，以弥补烃类产能的短缺。

综合上述分析，针对复杂组分气田，研究最终形成了从气藏→井筒→井口→地面生产集输处理系统→供气的整个气田产/供气能力一体化优化研究的方法和流程（图4-16）。

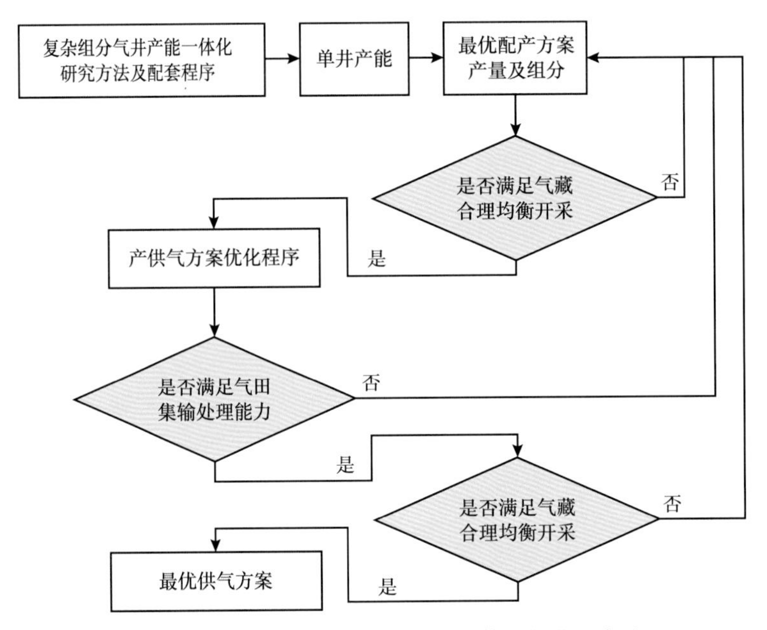

图4-16　复杂组分气田产供气能力一体化优化研究流程

2009年8月至2010年1月，乐东22-1气田和乐东15-1气田相继投产，这两个气田也是与东方1-1气田类似的复杂组分气田，在“复杂组分气田产供气一体化研究”成果的基础上，乐东22-1气田和乐东15-1气田相继应用了复杂组分气田产量回配技术，编写了管流计算程序和一体化产能计算程序，并进一步优化并形成了东方和乐东3个气田联网配产和终端优化配气、供气流程和模板，实现了多个复杂组分气田联网生产和供气的优化管理。

通过开展海上复杂组分气田产供气一体化研究，不仅有利于气田地下资源的合理利用，提高最终采收率，完善气田生产管理工作，而且对下游用户的稳定生产及地方社会经济建设也产生了积极作用。既形成了气田开发、生产、研究、管理一体化的思路和方法，也体现了上下游双赢的理念。同时，通过产能一体化研究，明确了单井及全气田的合理配产指标，为实现气田地下资源的合理利用、延长气田稳产期、提高气田最终采收率产生了积极作用。

三、产供气能力一体化技术的应用效果

（1）通过产量计量及单井产量分配方法研究，显著地提高了单井产量计量及单井产量分配结果的准确性。使气田单井产量计量误差从25%（高碳井）降低至2%以内（全部井），根据配产结果计算的混合天然气层组分误差从2%以上降至0.5%以内，提高了气藏动态研究和生产管理所需天然气产量数据的精度。

（2）通过建立与气田生产日报模板相结合、同时具备自动单井产量分配及对产量分配结果进行组分验证的模板，极大地方便了气田生产管理工作，利用此模板，气田一次调产所需时间从30~60分钟缩短至5分钟以内，基本避免了因调产而引起的气田外输天然气层组分的大幅波动。实现在需要的情况下，能够快速、准确地满足调产要求。

（2）通过产能分析及产能测试方法创新研究，推导出了适用于水平气井的稳定点产能二项式方程及其参数计算方法，解决了困扰东方1-1气田气井产能试井存在的问题，将产能测试时间缩短了2/3，减轻了产能测试对复杂组分气田正常生产的影响。为类似气田提供可供借鉴的产能测试工艺及产能分析方法。

（4）通过复杂组分气井管流动态研究，编写出了可用于准确地模拟计算复杂组分气井不同生产条件下井筒压力动态的实用程序。经与大量实际测压数据对比，证明管流程序计算结果误差小于2%。不仅为气井管流动态研究和流出能力提供了可靠的工具，还可以减少气田测压作业工作量。

（5）提出的产能一体化研究方法及配套程序是一种快捷的、经济的、可靠的技术方法。与常规产能测试和研究方法相比，实施时间从7~10天缩短至2~4小时，资料处理时间从7天缩短至30分钟，费用从20万元/井减少至无费用，并可获取更多的有用资料，资料获取的把握性大幅提高。应用该方法及配套程序，可以实时地指导气井的合理配产，了解气田的产能动态，预测产能变化趋势，合理规划气田产供气计划，同时还能够分析限制气井产量的不合理因素，提出有针对性的改造和措施建议。气井一体化产能指标比无阻流量指标更具代表性，也更为实用。

（6）复杂组分气田产供气一体化研究方法和配套程序已经在东方气田实际应用多年，用途广泛，效果显著。

通过这些专项科研攻关，形成了一种对海上复杂组分气田开发研究和生产管理普遍适用的方法。方便气田开发研究和生产管理工作，节省了大量的人力、物力和财力。既形成了气田开发、研究、生产、管理一体化的思路和方法，又体现了上下游双赢的理念；也为南海西部海域更多气田联网开发、联合配产和天然气质量控制积累了宝贵的技术和实践经验，为中国海油培养了一批相关领域的专家。研究成果已经在湛江分公司5个在生产气田得到了应用，部分成果同时推广至番禺30-1气田。实现了多个复杂组分气田联合稳定产/供气，基本避免了因气田天然气层组分波动造成下游化工用户意外关停事件，同时每年减少气田系统试井37井次以上，每年节省操作成本2000万元以上，预计累计可带来20亿元的经济效益。

第四节　提高储量动用措施

对于未开发区域及已开发区域的潜力区块可以通过调整井及补孔方式完善开发井网，提高储量动用程度。

一、调整井研究

1. 调整井研究主要内容

调整井研究的主要内容应包括以下方面的内容：地质油藏再认识、调整依据、调整井方案设计及优化、风险潜力分析及实施要求。

1）地质油藏再认识研究内容

（1）构造特征：

构造类型、闭合面积、闭合高度及圈闭纵向叠合情况，重点是构造形态精细描述；断层的性质、分布及组合特点，断层对油气的封隔作用，以及断块单元的划分。

（2）储层特征：含油气层系主要储层岩性、单井相分析及沉积模式分析，特别是沉积微相的识别与分布；储层的层数、单层厚度、累计厚度，储层岩性和厚度在纵横向上的变化特点及小层对比关系分析；对储层非均质性进行认识，包括隔层、夹层分布，层内旋回性、韵律性；储层孔隙度、渗透率的大小及分布特征。

（3）温压系统：在压力研究的基础上，预测钻调整井时的地层压力、压力系数及压力梯度；预测油气藏的温度和平均地温梯度。

（4）流体性质：在已动用油气藏平面上、纵向上油气水性质和分布状况认识的基础上，研究目的层油气水的地面和地下性质。根据开发需要应对特殊流体进行分析，如凝析气田流体的相态特征、气藏流体中的非烃组分等。

（5）气藏类型：评价已动用气藏天然能量，描述油藏类型及对开发的影响。

（6）地质储量：分析储量的动用状况，评价调整目的层地质储量的可靠性。

2）调整依据研究内容

（1）开发现状分析：分析调整目的层生产井单井和井组的开发指标（如产气量、产油量、产水量、水气比、气层压力、采气速度、采出程度、动储量、储量动用程度等指标）。

（2）剩余气分布研究：在精细地质研究的基础上，结合动态资料，运用油藏数值模拟等方法，确定剩余气分布。

3）调整井方案设计及优化研究内容

（1）调整原则：提高储量动用程度，增加产量；利用现有设备的生产能力和可能的改造能力，在平台设计使用年限内或经加固后的安全使用期内，确保调整井实现经济有效开发；借鉴类似油藏开发经验，调整井井位要协调好与相邻井的合理开采关系。

（2）开发方式：依据调整原则、地质油藏特征、可利用的天然能量及生产能力评价结果等确定开发方式。

（3）井位、井型和井数优化：根据调整原则，结合平台、设施实际情况及油藏数值模拟结果，对井位、井型和井数分别加以论证和优化。同时应考虑以下因素：储层的非均质性及断块的分割性，剩余油（气）分布状态，对比采用各种井型生产的差异和风险，预留井槽或新增井槽数；当利用老井进行侧钻时，还需考虑侧钻的合理性及可行性及侧钻时机。

（4）调整井的配产：根据邻井同一或类似层位开发情况，采用类比或者公式法计算产能，利用数值模拟等方法合理配产。

（5）开发指标预测：利用油藏数值模拟、类比、经验公式等方法对调整目的层的开发指标进行优化、预测，当采用油藏数值模拟时，包括对于已开发层位应进行历史拟合，对于未开发生产层，若有合格的测试资料，则宜对测试资料进行拟合；针对气藏不确定因素进行敏感性分析；预测日产气量、累计产量、累计增气量、采收率提高值等开发指标。

（6）推荐方案：在以上研究基础上，提出推荐方案，包括调整井的目的层；调整井井别、井型和井位的设计；调整井的生产指标；预测气田的开发指标。

4）风险潜力分析研究内容

（1）分析调整井的构造、储层、储量、产能等风险、潜力。

（2）提出应对风险的对策。

5）实施要求研究内容

（1）钻井实施要求：包括钻井顺序、靶点偏差要求、固井质量要求、储层保护要求。

（2）完井实施要求：包括储层保护要求、防砂层段和射孔要求、完井管柱要求。

（3）资料录取要求：包括取心、测井、测试和流体取样或其他动态监测设备要求等。

（4）随钻跟踪和研究工作要求。

2. 调整井研究实例

这里以东方1-1气田Ⅲ$_{上}$气层组调整方案进行调整井研究实例的分析。

1）气藏地质特征

（1）构造特征。

东方1-1构造是在泥底辟发育背景下形成的穹隆背斜构造。整体上构造具有较好的继承性。上下各层构造高点重合，构造中心部位即为泥底辟。构造近南北走向，东陡西缓，埋藏较浅（1200~1600m）。Ⅲ$_{上}$气层组构造面积超过200km^2，闭合幅度超过200m，构造面积大，幅度大。

Ⅲ$_{上}$气层组构造中心部位为气田构造的断裂复杂带，复杂带由一系列断层组成。断层都是因泥底辟上拱形成的张性断裂，断层落差大小不均（在4~20m之间），有的落差仅为4~5m。一系列断层把构造分成东区和西区两个部分，地震剖面上可见两侧平点不同。钻井也证实，构造东区和西区气水界面不同，表明断层带具一定的封隔作用。

（2）储层特征。

东方1-1气田目前在生产的浅层气藏，属新近系莺歌海组二段，将莺二段的含气层段自上而下划分为Ⅰ、Ⅱ$_{上}$、Ⅱ$_{下}$、Ⅲ$_{上}$、Ⅲ$_{下}$、Ⅳ共6个气层组，气田目前开发的是Ⅰ、Ⅱ$_{上}$、Ⅱ$_{下}$、Ⅲ$_{上}$气层组。

莺二段储层沉积环境为临滨—滨外环境，沉积亚相分为临滨亚相和滨外亚相；将临滨亚相细分为临滨沙坝、临滨滩砂、临滨泥三种微相；将滨外亚相细分为泥流冲沟、滨外泥、滨外浅滩、滨外沙坝四种微相。

莺二段各气层组储层岩石类型以石英砂岩为主，主要岩性为极细砂岩和粉砂岩，岩石的成分成熟度较高，砂岩分选中等—好。储层物性具有中高孔、中低渗的特点。Ⅲ$_{上}$气层组储层孔隙度分布范围为14%~30%，平均值为22%，渗透率分布范围为0.3~160mD，平均值为12.9mD。

莺歌海组二段储层单层厚度大，分布广。Ⅲ$_{上}$气层组均为席状砂体，基本受构造所控制，气田范围内储层分布较稳定，Ⅲ$_{上}$气层组厚度在40~65m之间。

（3）气藏特征。

①气藏温压系统。

莺二段气藏具有正常的压力系统和统一的温度系统，受泥底辟的影响，地温梯度较高。

压力系统：莺歌海组二段Ⅱ气层组、Ⅲ气层组属正常压力系统，压力系数为1.03~1.14。各气层组、各区块有各自的压力系统。气田探井、评价井及开发井均取得了丰富的压力资料，气田开发实施后对压力系统的认识没有变化。

温度系统：如前所述，莺歌海组二段气藏具有统一的温度系统，地温梯度偏高，为4.6℃/100m。

②流体性质。

天然气层组分具有以下特点：Ⅲ$_{上}$气层组全区为高含CO_2区。

探井测试过程中均产出少量凝析油（小于$10g/m^3$），其密度为$0.77 \sim 0.81g/cm^3$，地面黏度为0.63~1.0mPa·s。实际开发井凝析油产量很少，单井产油$0.5 \sim 4m^3/d$，油气比为$0.02 \sim 0.1\ m^3/10^4m^3$。

地层水总矿化度在32160~35487mg/L之间，氯离子含量为17305~18152mg/L，水型为$NaHCO_3$型。

③产能特征。

Ⅲ$_{上}$气层组无阻流量$(99.47 \sim 173.85) \times 10^4m^3/d$。

④流体分布与气藏类型。

流体分布：Ⅲ$_{上}$气层组被断裂带分成东西两个区，不同区块不同气层组都是独立的气藏。Ⅲ$_{上}$气层组分为东西两块，两块各自独立，具有不同的气水关系。

气藏类型：Ⅲ$_{上}$气层组属层状边水构造气藏。

驱动类型：气驱为主。水层测试过程中生产压差较大（1.134~5.399MPa），产水量小，压力恢复较慢，推测边水不活跃。

（4）地质储量。

东方1-1气田开发目的层Ⅲ$_{上}$气层组被断层分成东西两个断块及中间断裂带，共分2个计算单元（图4-17），分别是Ⅲ$_{上}$气层组的西区、东区；

东方1-1气田Ⅲ$_{上}$气层组干气地质储量为$310.31 \times 10^8m^3$。

2）Ⅱ下气层组及Ⅲ上气层组调整方案

（1）生产动态及潜力分析。

Ⅲ上气层组按中间断层划分为西区和东区，均为高 CO_2 区。Ⅲ上气层组已开发天然气地质储量 $310.31\times10^8m^3$，4 口井均于 2003 年投产（D1 井、D3H 井、D5H 井、D6H 井），生产 10 年，累计产气 $48.20\times10^8m^3$，地质储量采出程度为 15.53%。通过动静差异分析认为未动用储量主要分布在Ⅲ上气层组西区、东区的南部，因此本次主要开发Ⅲ上气层组西区、东区的南部。通过生产动态资料等综合分析，Ⅲ上气层组西区未动用储量为 $80.58\times10^8m^3$、纯烃含量为 27.3%；Ⅲ上气层组东区未动用储量为 $24.83\times10^8m^3$、纯烃含量为 26.6%；Ⅲ上气层组共计剩余未动用储量 $105.41\times10^8m^3$。

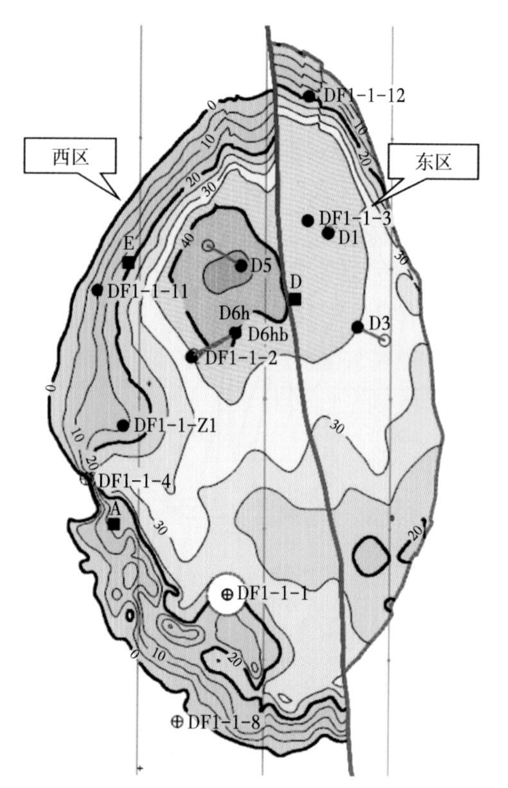

图 4-17　东方 1-1 气田Ⅲ上气层组计算单元划分图

（2）开发原则。

根据东方 1-1 气田Ⅲ上气层组南区的地质和气藏特征，制订以下开发原则：

①依托现有生产设施，新建 C 平台进行开发；

②水平井开发为主，提高储量动用程度和单井产量。

（3）动用储量。

根据已开发气田的开发经验，海上气田开发无法动用全部地质储量，一般为 90%左右。东方 1-1 气田Ⅲ上气层组南区 C 平台开发设计动用天然气地质储量 $94.9\times10^8m^3$，动用纯烃储量 $25.7\times10^8m^3$。

（4）开发方式和采气方式。

开发方式：气田采用天然能量衰竭式开发。

开采方式：气井采用自喷开采。

开发层系和井网：考虑采用一套层系一套井网开发。

（5）井网部署。

根据开发原则及考虑井型井数敏感性结果，共布 4 口水平井进行开发，其中Ⅲ上气层组南区部署 4 口水平井（C4h 井、C5h 井、C6h 井、C7h 井），西区未动用储量较大，考虑部署 3 口水平井（C4h 井、C5h 井、C6h 井），东区部署 1 口水平井（C7h 井）。另外，为了充分动用断层区的地质储量，考虑 C6h 井、C7h 井与Ⅱ下气层组合采（图 4-18）。

（6）产能分析及配产。

根据Ⅲ上气层组生产井初期无阻流量及目前产气量，Ⅲ上气层组初期无阻流量在（100~

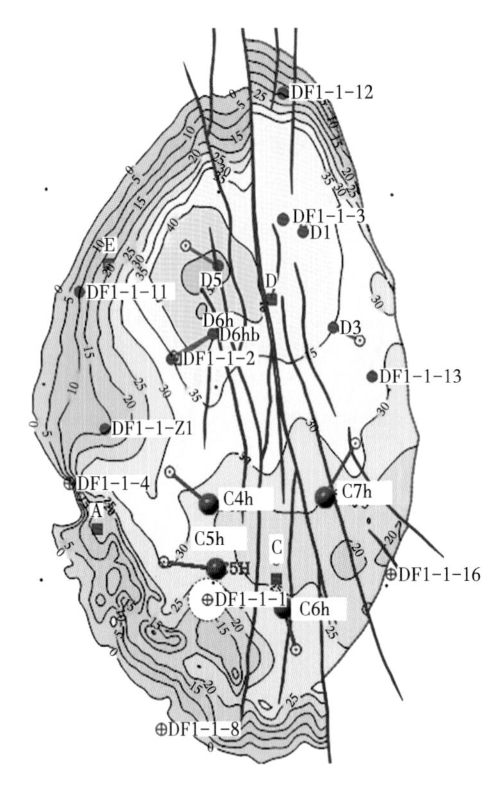

图 4-18 东方 1-1 气田Ⅲ$_{上}$气层组井位部署分图

360)×$10^4m^3/d$之间。通过类比及考虑Ⅲ$_{上}$气层组采气速度敏感性结果，C4h 井、C5h 井、C6h 井、C7h 井的配产分别为 $50×10^4m^3/d$、$50×10^4m^3/d$、$60×10^4m^3/d$、$40×10^4m^3/d$。在此配产下Ⅲ$_{上}$气层组采气速度为 8.94%。

（7）采收率预测。

气田的采收率主要通过物质平衡法、油藏数值模拟法综合确定。

根据天然气物质平衡方程，计算Ⅲ$_{上}$气层组南区未考虑降压采收率 62.9%，考虑降压采收率为 77.0%。

采用数值模拟法计算Ⅲ$_{上}$气层组南区采收率 69.8%，其中西南区为 70.6%，东南区为 67.3%。

数值模拟方法综合考虑了对气田地质油藏的认识，考虑的因素较全面，本次气田的采收率以数值模拟计算成果。

（8）油藏数值模拟。

在模型建立及拟合的基础上，对气田相关方案进行模拟预测。

①基础方案。

基础方案动用地质储量为 $94.9×10^8m^3$，部署 4 口水平井开发，单井配产为(40~60)×$10^4m^3/d$，4 口水平井合计配产为 $200×10^4m^3/d$。

②不确定因素对开发效果的影响。

针对目前对地质油藏认识的一些不确定性，在基础方案的基础上，对Ⅲ$_{上}$气层组采气速度、Ⅲ$_{上}$气层组西区生产井数和井口压力进行了敏感性分析。在此基础上，综合确定 C 平台的开发方案。

模拟表明：Ⅲ$_{上}$气层组采气速度为 7.4%时的开发效果较好。Ⅲ$_{上}$气层组西区推荐 3 口水平井开发。井口压力越低，累计产气量越高。根据计算，考虑降压开采后平台最小井口压力可降至 1.4MPa，因此单井最小井口压力推荐为 1.4MPa。

（9）推荐方案。

这里不再详细叙述，推荐方案应包括：动用天然气地质储量、开发方式（天然能量衰竭式开发）、开采方式、平台数、开发井数、单井配产、投产时间、最小井口压力、高峰日产气量、高峰年产气量、高峰采气速度、累计产气量、采出程度等指标。

（10）潜力及风险分析。

①潜力分析。

Ⅲ$_{上}$气层组整体潜力不大。

②风险分析。

部分井穿越断层及近断层，虽然断距不大，但钻完井还是存在一定的风险，因此考虑了顺断层布井的开发方案。

通过已有生产井分析，在断层带内及附近生产井 CO_2 组分存在上升的趋势，因此在生产过程中纯烃组分存在降低的风险；另外对于Ⅲ$_上$气层组南区由于探（评价）井资料较少，储层的物性及天然气层组分也存在一定的不确定性。

（11）方案实施要求。

①钻完井要求。

考虑Ⅱ$_下$气层组南区及Ⅲ$_上$气层组南区存在部分潜力，建议考虑 1 口调整井的调整余地；建议钻完井方面针对低渗透储层开发采用合适的配套钻完井工艺，以保护储层；原始地层压力系数在 1.05~1.09 之间，但 C4h 井、C7h 井存在地层压力已下降的风险，根据钻进情况选择合适的钻井液相对密度，保护储层；完井作业结束后应立即放喷清井，把井下完井液清喷干净，以防止完井液长时间浸泡气层造成伤害；完井管柱建议根据油藏配产选用合适的生产管柱；由于储层较为疏松，所有井需采用优质筛管防砂；要求 C6h 井、C7h 井下入井下永久压力计。

②资料录取要求。

测井要求：4 口井需进行电阻率（伽马、中子、密度、井径）测井；常规流体取样和测试要求：4 口井投产后需进行静压梯度、产能及压力恢复测试，并取常规流体样。

③随钻跟踪要求。

及时进行随钻分析和跟踪研究，根据钻后情况和研究成果对设计井位进行及时必要的调整。

二、补孔研究

补孔开发是增加储量动用程度、提高单井产量的一项有效措施（吕新东等，2016），其费用也远少于调整井开发。以下以东方 1-1 气田 B2h 井补孔研究为例进行简单叙述。

东方 1-1 气田 B2h 井原生产层位为Ⅱ$_上$气层组 B 区，水平段长度 677m，天然气层组分性质为高烃，纯烃组分含量为 66.1%，2013 年 3 月的关井井口压力折算井底压力约为 7.89MPa，压力系数为 0.59，压力系数较低，单井产气量仅为 $9.6\times10^4m^3/d$，产量较低，井口压力 3.6MPa，已进入定压降产阶段。

B2h 井路过Ⅰ气层组 9 井区气层斜厚 14.3m（垂厚 6.35m），具备上返补孔的条件。补孔层位Ⅰ气层组 9 井区平面非均质性较强，通过对 9 井区在生产的两口生产井动用储量及动态分析，预计生产井对 B2h 井路过 9 井区东南面储量动用程度较低，且测井解释储层物性较好，补孔挖潜潜力较大，因此利用 2013 年 B 平台钻调整井机会，对 B2h 井进行了上返补孔Ⅰ气层组 9 井区，以通过 B2h 井上返补孔增加 9 井区的动用储量，并提高 B2h 井的产量，预计合采后可增产 $4\times10^4m^3/d$。

B2h 井于 2013 年 9 月对Ⅰ气层组 9 井区进行了补孔，补孔后根据开井井口压力进行折算井底压力 8.92MPa，压力系数 0.67，补孔投产后产气量上升至 $17.8\times10^4m^3/d$，生产比较稳定，产量较补孔前增加了 $7\times10^4m^3/d$，纯烃组分含量也上升至 77.6%，补孔效果显著。

第五章　海上大型气田开发策略

崖城 13-1 气田和东方 1-1 气田均是海上大型高产气田，其中崖城 13-1 气田是我国首个海上气田，也是南海西部海域发现和开发的第一个高产大气田。本章通过对气田开发历程进行思考回顾，总结探索出指导海上高产气田开发的策略和途径为南海西部大气区的实现奠定了基础，为后续其他海上气田的开发提供了重要的指导借鉴作用。

第一节　崖城 13-1 气田、东方 1-1 气田开发历程回顾

通过从勘探评价阶段、总体开发方案和调整实施阶段、气田生产及措施调整阶段及综合挖潜阶段等方面对气田的开发历程回顾，可以全面了解整个气田的开发历程情况，从而更好地了解气田的开发策略和应对措施。

一、崖城 13-1 气田开发历程

崖城 13-1 气田是中国海洋石油公司与美国阿科石油公司合作勘探开发的海上气田，后与 BP 石油公司合作开发。崖城 13-1 气田是我国南海海域发现的第一个气田。迄今为止，崖城 13-1 气田的勘探开发经历了四个大的阶段。

1. 勘探和评价阶段

1983 年，钻探第一口探井，发现了 97.6m 气层，发现了气田。随后又相继钻了 4 口评价井，均获高产工业气流，证实了崖城 13-1 气田的含气性和产能。1990 年，国家储委批准了崖城 13-1 气田的基本探明储量。

2. 总体开发方案和调整阶段

1990 年后，开始进行开发方案设计；1992 年，总体开发方案设计获得批准，气田进入开发实施阶段。建处理平台一座、井口生产平台两座，钻开发井 14 口。气田产能设计为年产 $34.8\times10^8m^3$ 天然气，稳产 20 年。

1994 年，完成三维地震勘探资料的采集、处理和解释后，对该气田又进行了评价，将 A 平台的井数由 8 口优化为 6 口，至 1995 年 11 月，基本完成气田的开发生产设施建设。

3. 气田生产及措施调整阶段

1995 年 12 月，开始试生产；1996 年 1 月 1 日，崖城 13-1 气田正式投产，早期 6 口生产井生产情况良好，日产气量（900~1100）$\times10^4m^3$。生产资料分析表明，气藏纵向上的连通性较差，故于 1998 年对 3 口井进行了补射孔作业。根据当时生产动态分析，6 口井生产有产量短缺的风险，于 2000 年 7 月开始钻 3 口调整井。

4. 内部综合挖潜阶段

2010 年，崖城 13-1 气田进入了内部挖潜阶段，钻了四口调整井。2011 年，为了满足下游供气需求，又增加了一口调整井。后续同时开展降压开采及见水井治理工作。

二、东方 1-1 气田开发历程

东方 1-1 气田浅层莺歌海组气藏的勘探、开发大致可划分为勘探评价、总体开发方案设计、一期开发实施、二期开发实施、气田开发调整共五个阶段：

1. 勘探评价阶段

东方 1-1 构造于 1990—1991 年间经地震勘探评价落实。1991 年底，钻第一口探井，在新近系上新统莺歌海组和中新统黄流组发现两套气层，从而发现了气田。1992 年 7 月，钻探第二口探井，该井经测试，证实了东方 1-1 气田浅层上新统莺歌海组二段气藏。

1994—1996 年又先后钻了 6 口评价井，并在 1995 年 10 月至 1996 年 8 月，先后进行两次加密地震勘探测网，进一步落实了气田浅层气藏的构造和含气范围，同时还补取了必要的地质油藏资料。

另外，1996—2012 年先后以中深层黄流组为目的层钻了 5 口探井，均钻遇浅层气藏，增加了浅层气藏的评价资料。

2. 总体开发方案设计阶段

气田总体开发方案的编制是基于 1996 年探井钻后重新申报的天然气探明地质储量展开，于 2000 年 12 月正式确定最终 ODP 方案。根据最终 ODP 方案，气田开发采用全面开发、平衡开采的原则，分两期（一期 D 平台、E 平台，二期 A 平台、B 平台）建成四座生产平台。

3. 一期开发实施阶段

气田最终 ODP 方案确定并获得批准后，即进入开发实施阶段。2001 年 6 月，完成第一期三维地震勘探采集，新三维地震勘探资料有力地指导了气田的开发实施。2002 年 6 月，开始一期开发实施现场钻完井作业；2002 年 12 月，钻完井作业全部完成。气田一期开发实施共完成 12 口开发井作业；2003 年 8 月，一期开发井开始试生产。

4. 二期开发实施阶段

2003 年 9 月，在最终 ODP 方案的基础上，结合一期开发实施结果及其投产后的生产情况，编制了《东方 1-1 气田二期开发方案》。2004 年 6 月，二期开发井开钻。2004 年 4 月至 8 月，在气田西部区域补充采集、处理了三维高分辨率地震勘探资料；2005 年 9 月，开钻二期其余 14 口井；至 2006 年 7 月，钻完井作业全部结束并顺利投产。

5. 气田开发调整阶段

气田二期开发实施完成后，即进入稳定的开发生产阶段。为了提高气田的动用储量和采收率，保证气田长期稳定地向下游供气，先后于 2010 年钻了 4 口调整井，于 2013 年钻了 2 口调整井。未来将根据气田的实际生产及下游用气情况，择机实施一定数量的调整井。

第二节　海上大型气田开发策略研究

通过对气田开发历程进行回顾和思考，总结探索出指导崖城 13-1 气田和东方 1-1 气田开发的经济可行的技术策略和途径，为后续海上大型气田的开发提供指导借鉴。

一、方案编制及实施阶段

气田方案编制及实施阶段需要做好储层精细描述，打好扎实基础；复杂气田分期实施，有效规避风险；少井高产开发，提高开发效益和经济效益；而开发井的防砂工作，可以有效地减少后期气井出砂的风险。

1. 整体部署，分步实施

为了实现投资的最大效益，确保下游长期稳定供气，气田采用“整体部署、分步实施”的开发策略。通过复杂气田的分期实施，可以有效规避气田开发可能存在的构造、储量、投资等风险。

崖城 13-1 气田 ODP 计划建一座处理平台，两座井口生产平台（A 平台、B 平台）。计划先上 A 平台，开发北块，钻 8 口井，后建 B 平台，开发南块，钻 6 口生产井。建 B 平台的时机视 A 平台前 7 年的生产情况而定，如果 A 平台在前 7 年的生产情况良好，远离平台的气层储量能充分得到动用，就不用 B 平台。如 A 平台开发效果差，远离 A 平台的南块储量不能充分动用，将需要上 B 平台。2008 年，为了评价落实 S3-2 断块的地质储量、成藏模式及构造展布特征，为气田南块后续开发策略提供决策依据，在 S3-2 断块钻探了一口评价井（YC13-1-9 井），钻探结果显示 S3-2 块除顶部有 4.5m 含气水层外，其余为纯水层，最终确定不上 B 平台。崖城 13-1 气田根据 ODP 进行分期实施，有效地规避了储量、投资风险。

东方 1-1 气田分两期开发实施，一期 D 平台、E 平台生产井于 2003 年 8 月陆续投产，二期 A 平台、B 平台生产井于 2006 年 8 月全部投入生产。一期生产井钻后采集的三维地震勘探资料无法解释钻井所揭示的地质现象，生产井水平段所钻遇的储层非均质性强，水平段经常有干层交互出现，部分水平井产能达不到设计要求；同一气层组，组分出现较大差异，高碳区出现低碳井，如$\mathrm{II}_{下}$气层组东区原为高碳区，但现 D2h 井为低碳井。低碳区出现高碳井，如$\mathrm{II}_{上}$气层组和$\mathrm{II}_{下}$气层组西区原为低碳区。气田强非均质性及气体组分分布差异给后期二期生产井开发实施带来了风险。针对这些问题，东方气田在二期开发实施前，进行了储层的精细描述，一方面采集了高分辨率三维地震勘探资料，通过特殊处理及反演技术，精细刻画砂体及隔（夹）层分布；另一方面从储层沉积学角度研究砂体的展布、隔（夹）层的成因及储层内部的非均质性。在此基础上对开发井进行精细的井位优化和调整，尤其是针对低阻气层，采用大位移水平井开发。在实施中利用水平井随钻技术、优化配产技术和地质建模、数模一体化等技术，保证了生产井水平段的有效长度，使气田开发井在投产后产能和组分均达到或超过设计要求，为气田产量达到 ODP 设计水平及保持长期稳定地向下游供气打下了坚实的基础。

2. 少井高产，高效开发

海上油气勘探开发由于海上作业条件的特殊性，具有“高投入、高风险、高经济门槛”的特点，所以“少井高效”是海上经济有效评价油气田的主要策略（李茂等，2013），既要少钻井，又要达到满足探明储量计算的地质认识程度。力争用最少的井、最理想的投入，生产最多的天然气。

崖城 13-1 气田充分贯彻少井高产的开发理念，利用单井产量高、气藏埋藏深、平面非均质性弱、平台控制范围大等优势，采用以平台为中心的不规则丛式组井方式布井，选取储层最发育的部位布井；避开断层以免断失气层，且确保大断块内有井控；井距离边水距离不小于 500m，纵向上最低气层底离气水界面高度不小于 50m，即确保气井的地下产能，又有效防止边水入侵。ODP 方案中在气层探明含气面积 45.7km^2 中共布井 15 口，井距 300~900m。

井的产能不仅取决于井钻穿储层的生产能力，还受到油管通过能力的限制。崖城 13-1 气田通过节点分析、气流冲蚀速度及携液能力的综合分析，所有生产井均下 7in 大油管完井，生产管柱简单，降低了井筒压力损失，确保了单井产能，实现了开发井的产能远高于预期。

东方 1-1 气田含气面积大，达 322.7km^2，储层物性相对较差，气井产能较低，储层非均质性较强。根据气田这些特点，通过井位、井网优化部署，最终通过 32 口水平井来开发气田，32 口生产井控制了气田 83%左右的储量，各生产井产气量高、生产情况好，达到了少井高产的开发效果，提高了气田的开发效益。

3. 防砂治砂，保证产量

出砂不仅致使气田的产气量大幅降低，影响下游的供气情况；同时还会导致砂埋产层或井筒，造成生产井减产或停产，使地面和井下设备严重磨蚀、砂卡，严重时甚至会造成套管损坏、油气井报废。给生产带来极大的安全隐患。因此需要对出砂原因进行分析，以采取措施降低出砂的危害。在气藏开发开采过程中，往往会面临严重的出砂问题，需要投入大量的人力、物力来研究和防治，因此，做好疏松砂岩防砂治砂的工作是极其必要的。

二、气田开发生产早期

崖城 13-1 气田保持了 16 年的稳定生产，高峰年产量达到 $35.5\times10^8m^3$，其高产稳产与开发过程中准确认识气藏，不断滚动调整均衡开采息息相关，东方 1-1 气田相关开发策略也值得借鉴。

1. 资料全准，打牢基础

资料取全、取准，对于夯实研究基础是非常重要的一环。气田在评价阶段及开发阶段都非常重视基础资料的采集，为后续研究和管理积累了大量系统、准确的基础资料。

崖城 13-1 气田自 1983 年第一口探井开始，陆续对所钻评价井生产井进行取心，包括 5 口评价井（含探井）和 4 口生产井，取心长度 1020.9m，建立了完整的储层岩心物性剖面，且开展了全面的岩心及流体分析，为地质油藏综合研究提供了大量系统的基础资料，并为气田开发后期储层伤害评价及渗流特征研究提供了物质研究基础。

地震资料采集方面，气田先后多次采集地震资料，包括 1990 年以前由作业者 ARCO 公司采集多批次二维地震勘探测线，1992 年首次三维地震勘探资料采集，2001 年完成第二次三维地震勘探采集。针对这些批次采集的地震勘探资料，曾做过多轮构造和储层方面的研究，也率先应用了多项先进技术，为气田开发挖潜及其周边目标的勘探评价提供了有力依据。

动态监测方面，气田坚持前五年每半年测一次气藏平均地层压力，之后每年测一次地层压力，以验证地质储量的可靠程度与估算更可靠的可采储量；单井产能测试方面，在稳产阶段坚持每个月都进行 3~4 个不同工作制度下的井口产量测试，获取井口 IPR 曲线，了解不同产量下井口压降情况，在递减阶段，同样坚持每个月测试不同压缩机工况下井口最大产量，为后续降压生产的顺利实施提供基础保障。

2. 技术政策，不断调整

开发技术政策是指相对于经济角度而从技术角度实现油田的有效开发而采取的主要政策及相应界限。国内外油气田开发实践证明，油气田开发效果的好坏，不仅取决于其先天地质条件，关键是制订出与油藏动态相适应的开发技术政策及合理界限（聂海峰和董伟，2013）。

气藏开发是一个动态过程，随着开发的深入，气田逐步进入不同的开发阶段，展现出不同的生产特征，与之相应的技术政策也因时而异。开发技术政策研究作为崖城 13-1 气田高效开发的重要技术支柱，贯穿了开发的全过程。在充分认识油气田的地质特点和动态特征，进行深入的开发分析后，针对气田存在的主要问题及潜力，提出改善气田开发效果的措施建议，并对目前阶段开发技术政策执行情况及效果分析，及时调整并改进。

崖城 13-1 气田各时期都制定相应的开发技术政策，主要概括为：早期生产阶段需实现均衡开采，增加动用程度；开发中期实施调整挖潜，保证稳产，减少动静储量差异；递减阶段寻找有利增产措施，控水降压，减缓递减，提高采收率等，并形成配套的措施计划，有效地指导气田高效开发。

3. 连通研究，重视深入

注重储层连通性等相关研究，增加储量动用程度。

崖城 13-1 气田发育三套含气层，其层位从下到上为陵三段、陵二段及三亚组，陵三段为主力层。陵三段储层属于受潮汐控制的辫状河三角洲沉积，具有良好的沉积环境，形成了厚层稳定分布的砂砾岩储气层，储层中明显起隔挡作用的层段是不同级别沉积旋回中上潮坪泥岩、潮间带泥岩和滨外—浅海相泥岩。

早期研究认为，虽然大部分井各流动单元间均存在隔层，但厚度差异较大，流动单元间的隔层分布均较不稳定，不存在大面积连续分布的泥岩隔层。因此早期投产的 6 口生产井的射孔程度只有 49.6%。但实际生产证明，储层纵向上各流动单元间的泥岩具有一定封隔性，是隔（夹）层同时作用的结果，降低了地层的垂向渗透性，抑制了流体的垂向流动，表现出区块动用程度低、生产井压降比 ODP 预测的快。为了提高动用程度，于 1998 年，分别对生产井的下部产层补射孔，补射孔后效果较好，补孔井压力上升，未补孔井压降减缓，随采气压力降低补孔井已开始解堵，CO_2 含量有所变化，补射孔增加了动用储

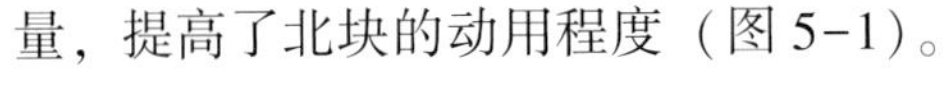

量，提高了北块的动用程度（图5-1）。

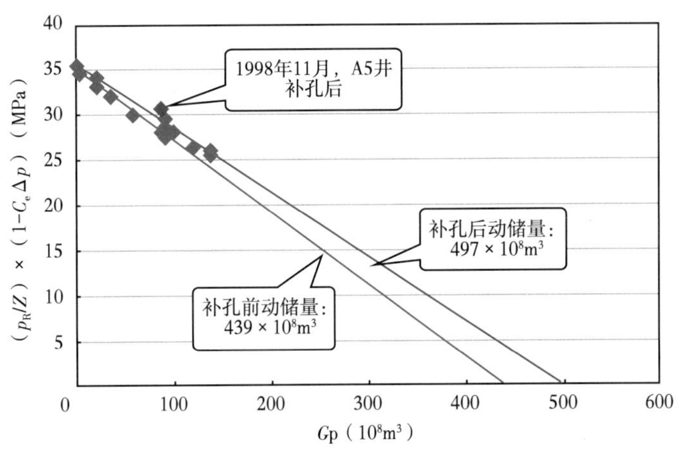

图5-1　崖城13-1气田北块补孔前后动用储量对比图

生产井补射孔证实了气层各流动单元间隔挡层的影响，也表现出平面连通性好的特征，补射孔提高了开发区的储量动用程度，使得储层下部流动单元得到更有效的动用。鉴于隔挡层对开发效果的影响，在随后的开发调整井中，射孔方案都充分考虑了隔挡层的作用。

4. 产供一体，上下结合

通过产供气一体化，可以较好地促进上下游结合。莺歌海海域已发现探明了多个气田及含气构造，这些气田和含气构造的天然气成分都比较复杂，烃类气、CO_2和N_2含量变化范围大，其中甲烷含量在5.62%~85%之间，CO_2含量从低于1%到高于90%，N_2含量在4.6%~35%之间。并且普遍存在着烃类含量与CO_2含量成负相关关系、与N_2含量成正相关关系的规律。受海上气田开发工艺和成本限制，气田的开发需要大量采用大斜度井或者水平井。另一方面，由于天然气中非烃组分含量高，气田面对下游的不同用户，不仅供气量需求不一样，而且可能对供气层组分的要求也不一样。这些特点使得类似的海上复杂组分天然气田的开发生产面临着特殊的难题，急需进行产气、供气一体化研究。

在气田配产方案确定的情况下，要确定对应的供气方案，需要满足多个限制条件，包括各下游用户供气层组分达标、供气量满足合同要求、管输能力和脱碳能力限制等。基于以上认识，将复杂组分气田配产与供气方案的换算过程看成是一个单目标，多约束条件优化的过程。根据相应的数学模型编制了复杂组分气田配产方案与供气方案优化程序。在程序中只需输入配产方案（产量及组分）、气田自耗气量、各用户对供气量和供气质量限制条件等参数，运行程序，就可以得到各用户最优供气方案（最大供气量和最优供气层组分）。基于复杂组分气井产能一体化研究方法及成果，结合产供气方案优化程序，针对东方1-1气田目前气井产能、集输处理能力、下游需求状况，分析了气田最优配产方案，有效地解决了上下游的矛盾。

5. 滚动调整，合理开发

通过积极滚动评价调整，可以较为合理地开发气田。

崖城 13-1 气田开发生产过程中经历了 4 次较大的开发调整阶段，分别为 2000 年期间的一期开发调整、2001 年期间的后续开发调整一期、2005—2010 年期间的后续开发调整二期及 2011 年以后的后续开发调整三期。

通过积极的滚动调整，不仅使气田各气层组各区块得到均衡开采，还保证了气田的稳定供气，实现气田的合理开发。其中一期开发调整，投产 3 口生产井，开发气田陵三段北 2 块、南 3 块，同时新开发三亚组储层，使得气田稳产期延长至 2002 年；后续开发调整一期中，投产两口井，位于陵三段南 1 块、南 2 块，预计可使气田稳产至 2004 年；后续开发调整二期中，投产 4 口井，位于陵三段北 3 块、北块锲谷区及新储层陵二段，同时实施压缩机降压，预计可使气田稳产至 2012 年；后续开发调整三期中，投产 1 口三亚组的加密调整井，并实施压缩机降串联降压，目标是尽量减缓气田递减，以延长稳产期。

评价井的基本原则是用最少的井达到对油藏尽量准确的认识，并最大限度地减少开发风险。崖城 13-1 气田在滚动开发过程中，非常重视评价井的滚动勘探，很好地实现勘探开发一体化。投产前的 5 口探评价井有效地准确认识气藏，指导方案的编制及开发实施；后续在 2006 年又钻评价井 10 井，落实构造，证明陵三段南北块具有统一的气水界面，同时证明了储层楔状体 WB2 不含气，及时放弃了开发 WB2 储层的开发设想；2009 年又钻评价井 9 井，作为 B 平台开发的重要决策树，落实了陵三段南 3 区的构造储层，认为不具备开发潜力，及时进行方案调整，放弃了 B 平台的开发，有效地规避了开发风险，指导了气田合理开发。

6. 措施调整，事不宜迟

气田开发调整要趁早，减少后期措施实施风险。气田与油田开发的一个主要区别是气田采用衰竭式开发而油田一般采用注水保压开发。当气田处于开发中后期时，气田压力相对较低，如此时进行相关措施实施必然要克服由于地层压力低导致的种种不利因素，如储层漏失、钻完井伤害等，因此气田开发应尽量趁早。

崖城 13-1 气田开发生产过程中经历了 3 次较大的开发调整阶段，分别为后续开发调整一期、后续开发调整二期以及后续开发调整三期。其中，后续开发调整一期为 2001—2004 年，后续开发调整二期为 2005—2010 年，后续开发调整三期从 2010 年至今。根据 2000 年压降资料计算，仅按原有的 6 口井生产有产量短缺的风险；2000 年 7 月，气田开始钻调整井，增加储量动用范围；到 2001 年底，分别在 N2 块、S1 块、S2 块、S3 块的陵三段各钻一口调整井，在三亚组楔状体 A 钻 1 井，总共 5 口调整井。由于 5 口调整井完钻时压力系数较高，且生产状况非常好，5 口井初期产气量在 $(200\sim280)\times10^4m^3/d$，截至 2014 年底，5 口调整井累计产天然气 $144.7\times10^8m^3$，累计产油 $107.1\times10^4m^3$，累计产水 $108.3\times10^4m^3$。2010 年，崖城 13-1 气田进入了内部挖潜阶段，分别于 NT 区、N3 区、S3-1 区、WB1 各布一口调整井来动用气田内部存在的未动用储量。钻后综合四口井生产情况认识，两口井钻后产能未达预期效果，两口井钻后达到预测产能。四口调整井初期产气量在 $(9\sim35)\times10^4m^3/d$；截至 2014 年底，5 口调整井累计产天然气仅为 $3.03\times10^8m^3$，累计产油 $3.58\times10^4m^3$，累计产水 $5.92\times10^4m^3$。综合对比气田前后期调整井效果可以发现，地层压力较高时，气井的调整效果较好；但当地层压力系数较低时，气井钻完井期间避免不了产生一定的伤害，从而导致气井产能下降，影响气井的正常生产。

三、气田开发生产中后期

气田开发中后期需要加强储层精细描述、开展见水综合评价、周边潜力挖潜等研究，最大限度地保证下游用气及提高气田的最终采收率。

1. 精细描述，认准储层

加强储层精细描述技术，准确认识气藏。储层精细描述的基础是储层沉积学研究，以多种地球物理方法为辅助，并通过运用三维地质建模技术对气藏的非均质性进行精细描述，力求气田开发实施成功，最终在满足下游用户需求的同时，尽可能地平衡开采，提高气田采收率。储层精细描述是气田进入中晚期开发阶段为改善开发效果经常采用的一种重要技术措施。

崖城 13-1 气田随着生产的需要，储层描述研究越来越精细。综合利用地质与地球物理资料，结合生产动态资料，对该气田的沉积储层进行综合研究，依据高分辨率层序地层学理论，建立层序地层格架；综合多种资料研究沉积微相，明确陵水组沉积砂体展布规律：将古近系陵三段由早期的 5 个流动单元细化为 11 个流动单元，将陵二段由 1 个流动单元细化为 2 个流动单元；通过对取心井的岩心观察与精细描述，并结合测井资料分析以及遗迹相分析，在陵二段识别出滨浅海潮坪—障壁岛沉积体系，共 4 个亚相、11 种沉积微相，在陵三段识别出辫状河三角洲沉积体系，共 4 个沉积亚相、9 个沉积微相；将优质储层相带分为最有利储层相带、有利储层相带及最具潜力储层相带，可有效地指导气田开发中后期调整挖潜及增产措施研究。

东方 1-1 气田自评价至开发实施以来，各阶段均进行过不同程度的储层评价研究，取得了一定的成果，但随着气田的开发，急需解决以下地质问题：（1）沉积微相与砂体成因类型、分布特征及沉积模式；（2）各类储层非均质性对天然气分布的控制作用；（3）隔（夹）层成因类型与分布；（4）冲沟的成因及其对储层连续性与连通性的影响。因而很有必要开展储层沉积学及非均质性研究，研究莺二段沉积相模式与莺二段内各气层组及流动单元的沉积微相与砂体的分布特征与规律，并在此基础上对各流动单元的储层各类非均质性及砂体连通性进行研究。通过系统研究，对东方 1-1 气田下一步开发部署提供科学的依据。

2. 周边挖潜，做好接替

在主力气田形成相关配套设施后，周边潜力构造的研究对后期弥补气田的递减有着重要意义。

崖城 13-1 气田发现后，沿着崖城低凸起向周边陆续钻探含气构造，以期取得商业性油气发现，依托崖城 13-1 平台实现区域开发，做好产能接替。

圈闭的落实采用的是 2001 年三维地震勘探采集资料，先后在气田周边开展有利目标评价及井位建议，筛选出 YC13-1E、YC19-3、YC13-4 等潜力构造。其中位于崖城 13-1 气田东北方向 10.8km 处的崖城 13-4 构造经过多轮次的研究，得到开发，可有效地进行产能接替。

崖城 13-4 气田设计三口生产井，依托崖城 13-1 气田海上工程设施实现联合开发；2012 年该气田顺利投产，高峰期日产 $120\times10^4m^3$、年产 $3.5\times10^8m^3$，有效地缓解了崖城

13-1 气田的供气压力，实现产能接替。

3. 经济可采，定期评估

可采储量是确定采收率的必要数据，指现有技术和经济条件下，能从储层中采出的储量。随着经济观念的增强，强调气藏勘探开发过程中的经济效益已提到前所未有的重视高度，经济可采储量是衡量经济效益好坏的主要指标之一，也是评价气藏开发效果、指导气田后续开发调整的主要依据之一。

崖城 13-1 气田已经历 9 次深入全面的可采储量标定研究，分别为投产前 1990 年的气田发现和 1992 年的 ODP 综合研究，投产后 1997 年的储量复算、2000 年的经济可采储量重算（即 ERR 复算，简称 ERR）、2004 年的储量核算、2005 年的 ERR2、2006 年的储量套改、2010 年的国家资源利用调查及 2013 年的储量核算。

每一次储量综合评价都是在气田滚动调整后增加新资料新认识的基础上积极开展，生产井由早期 6 口井逐渐增加到 15 口井资料；地震处理技术日益发展，应用叠前 AVO 反演、时移地震技术等；测井解释采用基于流动单元的测井储层参数精细建模技术；三维地质建模技术也由传统相建模发展为分级耦合相建模；动态地质储量研究也随着动态数据的增加由早期的物质平衡法发展到流动物质平衡法、采气曲线法等多方法的综合研究。从历次计算结果来看，随着滚动开发构造及储层的进一步落实，气田储量规模变化不大，但主力气藏陵三段略有减少，采收率受开发后期水侵影响结果偏低，对应可采储量略有降低。

ERR 是用于商务销售用途的储量研究，合同协议中规定，如 ERR 复算的结果低于初始 ERR，则应调低日合同量，以实现目标稳产期，ERR 复算值越小，日合同量调减幅度越大，日合同量越高，气田采出越快、经济性越好，因此 ERR 复算结果最终反映在气田的经济性上。崖城 13-1 气田分别于 2000 年、2005 年两次启动 ERR，在 ERR 研究基础上，重新确定新的合同售气量，ERR 研究既有技术层面的需求，也是商务利益的驱动。

4. 评治结合，有效降水

崖城 13-1 气田气水关系较为复杂，既存在统一的边水，又存在孤立水体及层间水。随着天然气的开采和地层压力的下降，边（底）水逐渐侵入到原来的含气区域，储层的含气饱和度降低，从而使气相的有效渗透率的降低，最终影响气藏的正常生产；而且产水也会使管柱内的阻力损失和气藏的能量损失显著增大，从而导致气井自喷带水能力变差，甚至严重积液而水淹停喷。

崖城 13-1 气田共有 15 口生产井，先后已有 4 口生产井水淹关停，5 口井不同程度见水，直接影响气田的稳定供气，需要在开发过程中及时开展见水后综合评价技术，有针对性地进行防水控水。

针对崖城 13-1 有水气藏开发特征及难点，从遇水、识水和治水三个层次开展攻关（图 5-2）。其中见水综合评价研究（识水）是关键，以凝析水分析、水化学分析和生产动态等资料为基础，综合水样分析技术、测井解释技术、产出剖面解释技术、出水动态分析技术，形成了一套综合见水类型判断技术，并结合水侵机理及水侵模式分析，对气井出水类型及出水规律进行划分预测，形成一套系统的气田出水识别和见水规律分析技术体系；同时开展气藏水侵识别、水侵量计算、水体大小计算、水体活跃程度评价等定量的水体评价研究，结合气藏水侵规律研究，可对气藏水侵动态特征进行整体认识，为开展气田出水后潜力分析及下一步治水措施的论证与实施提供理论基础。

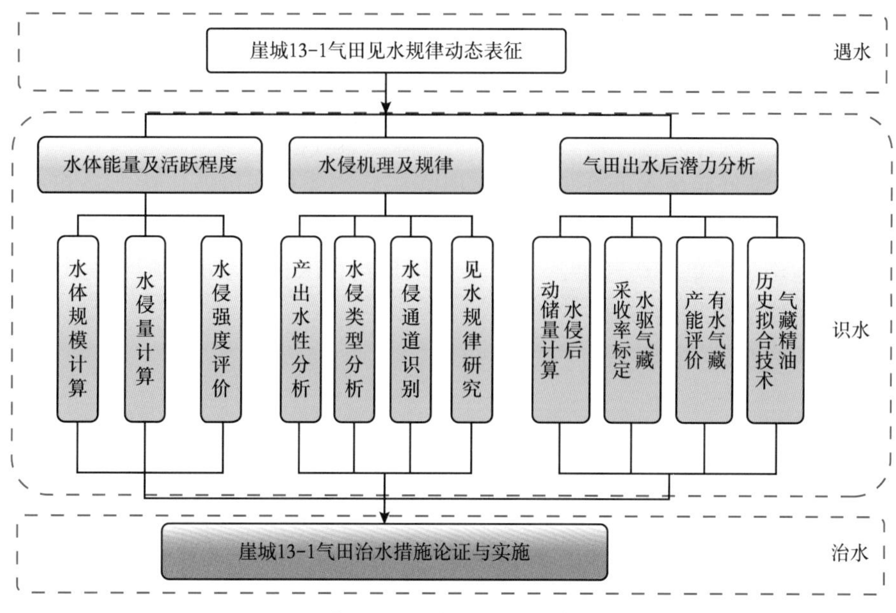

图 5-2 崖城 13-1 气田见水综合评价技术

对崖城 13-1 气田见水后综合评价预测，认为气田水体能量较弱，见水后剩余天然气可采储量较大，仍有潜力，进而提出合理的防水治水策略与措施，治水措施实施后增气效果显著，可有效地指导该气田见水后的合理开发，并为类似气藏的开发提供较好的借鉴。

对于崖城 13-1 气田 9 口不同见水井，分别从控水、排水、降低水伤害等角度进行气井综合治水措施的研究。经过不断探索及总结，崖城 13-1 气田修井治水方案逐渐成熟，逐渐形成侧钻、堵水、换管柱及补孔方法。通过 9 口井的治水措施，气田修井效果也是逐步提高，部分气井治水后产量甚至增加一倍。

5. 工艺配套，保证效果

为保证气井后期调整措施的实施效果，做好与各个气田对应的配套采油工艺研究是极其重要的。

例如 YC13-1-A7 井由于射孔段底部高压水层突破隔层导致气井积液停喷。积液停喷后计划采取打捞、管内机械堵水和连续油管诱喷的方式复活该井。试气举诱喷作业完成后起连续油管至 207. 6m 时发生连续油管从鹅颈管处腐蚀断裂事件，起出连续油管观察发现越接近井底位置腐蚀情况越严重，初步分析为腐蚀造成。根据机理分析结果，后续提出两点防腐对策：（1）气举时控制泵注气体氧气的含量；（2）抑制二氧化碳腐蚀。结合现场实际，具体防腐措施为：（1）气举时使用液氮代替制氮机作为气举气源，以最大限度地降低氧气含量；（2）加入耐高温缓蚀剂；（3）加入除氧剂，除去井筒中原有的氧气，以及加注缓蚀剂和注气时引入的氧气。通过配套技术，最终使后期措施井再未发生类似腐蚀事件。

6. 降压开发，释放潜能

根据气井井口流动压力和输气压力的关系，衰竭式开采气田的开发一般分为三个阶段：初期井口流动压力大于输气压力的定产量阶段、当井口流动压力等于输气压力的产量递减生产阶段、生产末期低压小产量生产阶段。根据崖城 13-1 气田生产状况和趋势预测，早在 ODP 设计阶段，就提出开发后期当井口压力降低到设备正常工作压力的下限时，安装湿气压缩机加压处理并外输，对气田提出实施降压采气措施。

通过开展压力降低后含水上升预测、气田降压后产能预测以及工程改造可行性研究。2012 年气田成功实施湿气压缩机降压项目，实测湿气压缩机入口压力从 2.5MPa 下降至 1.4MPa，有效地增加了单井产气量，气田产量增加约 $78\times10^4m^3/d$，预计将累计增产天然气 $12.5\times10^8m^3$，实施效果非常好。

参考文献

陈宝书，汪小将，李松康，2008. 海上地震数据高分辨率相对保幅处理关键技术研究与应用［J］. 中国海上油气，20（3）：162-166.

成盛景，罗国英，1998. 崖 13-1 气田总体开发方案及开发动态特征［J］. 天然气工业，18（4）：35-39.

戴勇，邱恩波，石新朴，等，2014. 克拉美丽火山岩气田水侵机理及治理对策［J］. 新疆石油地质，35（6）：694-697.

邓鸣放，陈伟煌，1989. 崖 13-1 大气田形成的地质条件［J］. 中国海上油气，3（6）：19-26.

邓勇，杜志敏，陈朝晖，2008. 涩北气田疏松砂岩气藏出水规律研究［J］. 石油天然气学报（江汉石油学院学报），30（2）：336-338.

冯增昭，王英华，等，1994. 中国沉积学［M］. 北京：石油工业出版社.

Fred J. Hilterman 著，孙夕平，赵良武等译，2006. 地震振幅解释［M］. 北京：石油工业出版社.

高建荣，滕吉文，李明，等，2006. AVO 流体反演理论与实践［J］. 石油勘探与开发，33（5）：558-561.

郭令智，钟志洪，王良书，等，2001. 莺歌海盆地周边区域构造演化［J］. 高校地质学报，7（1）：1-12.

贺遵义，2000. 气体射流泵举升工艺及应用［J］. 钻采工艺，3（23）：47-48.

贾爱林，陈亮，穆龙新，等，2000. 三角洲露头区沉积模拟研究［J］. 石油学报，21（6）：107-110.

金发荣，唐玉成，程建军，等，2012. 射流增效技术在文留油田的应用［J］. 石油机械，4（40）：93-94.

李锦，王新海，朱黎鹞，等，2012. 气藏产水来源综合判别方法研究［J］. 天然气地球科学，23（6）：1185-1190.

李茂，李绪深，朱绍鹏，2013. 乐东 22-1 气田“少井高效”勘探关键技术［J］. 天然气工业，11（33）：28-29.

李胜利，2010. 滨浅海泥流沟谷识别标志、类型及沉积模式——以莺歌海盆地东方 1-1 气田为例［J］. 沉积学报，28（6）：1076-1080.

李世伦，2000. 天然气工程［M］. 北京：石油工业出版社.

刘成川，卜淘，张文喜，2004. 新场气田蓬二段气藏二次开发调整研究［J］. 油气地质与采收率，11（4）：46-48.

刘月田，蔡晖，丁燕飞，2004. 不同类型气藏生产效果评价指标及评价标准研究［J］. 天然气工业，24（3）：102-104.

刘桢君，张武，秦国伟，2008. 油田气顶气经济可采储量评价与风险分析［J］. 新疆石油天然气，1（4）：50-51.

吕新东，成涛，王雯娟，等，2016. 海上气田治水关键技术［J］. 天然气与石油，34

（2）：44-48.
聂海峰，董伟，2013. 小型砂岩油藏开发技术政策研究［D］. 成都：成都理工大学.
史全党，王玉，居来提·司马义，等，2012. 呼图壁气田地层水分布及水侵模式［J］. 新疆石油天然气，33（4）：479-480.
孙虎法，王小鲁，成艳春，等，2009. 水源识别技术在涩北气田气井出水中的应用［J］. 天然气工业，29（7）：76-78.
孙嘉陵，1994. 南海崖 13-1 气田特征及富集成藏条件［J］. 天然气工业，14（2）：1-7.
孙晓群，2009. 文 23 气田降压采气技术可行性分析［J］. 石油规划设计，3（20）：42-43.
伍涛，王德发，1998. 建立辫状河储层地质模型的露头调查［J］. 现代地质，12（3）：394-400.
夏竹君，2008. 产气剖面测井技术在涩北一号气田的应用［J］. 天然气技术，2（5）：36-38.
徐仲达，邬庆良，1993. AVO 技术在寻找薄气层中的应用［J］. 石油物探，32（3）：1-13.
杨川东，1993. 四川气田排水采气工艺技术发展及其应用效果［J］. 钻采工艺，16（1）：6-19.
姚园，2015. M 气田主力气藏出水分析及治水对策研究［D］. 成都：西南石油大学.
殷八斤，曾灏，杨在岩，1995. AVO 技术的理论与实践［M］. 北京：石油工业出版社.
殷秀兰，李思田，杨计海，等，2002. 琼西莺歌海盆地断裂系统的成因机制［J］. 地质通报，21（10）：653-658.
于希南，宋健兴，高修钦，等，2012. 气井出水水源识别的思路与方法［J］. 油气田地面工程，31（5）：21-22.
于兴河，王德发，郑浚茂，等，1994. 内蒙古岱海湖现代三角洲沉积考察—辫状河三角洲砂体特征及砂体展布模型［J］. 石油学报，15（1）：26-37.
于兴河，2002. 碎屑岩系油气储层沉积学［M］. 北京：石油工业出版社.
赵翰卿，付志国，吕晓光，等，2000. 大型河流—三角洲沉积储层精细描述方法［J］. 石油学报，21（4）：109-113.
钟志洪，王良书，夏斌，等，2004. 莺歌海盆地成因及其大地构造意义［J］. 地质学报，78（3）：302-308.
Aki K，Richards P G，1980. Quantitative Seismology［J］. Theory and Methods：Volume 1，W H. Freeman and Company，San Francisco.
Connolly P，1999. Elastic Impedance［J］. The Leading Edge，18（4）：438-452.
Daniel P Hampson，Brian H Russel，2005. Simultaneous inversion of pre-stack seismic data［C］. SEG，Houston 2005 Annual Meeting：1633-1637.
Goodway W，Chen T，Downton J，1997. Improved AVO fluid Detection and Lithology Discrimination Using Lame Petrophysical Parameters［C］. Extended Abstracts，Soc Expl Geophysics，67th Annual International Meeting，Denver.